Stability of foundation pit
slopes and bearing capacity
in water-affluent regions

富水地区基坑边坡稳定性
机理与基底承载力分析

宋　扬　李有志　廖　宏　杨小礼◎著

中南大学出版社
www.csupress.com.cn
·长沙·

图书在版编目（CIP）数据

富水地区基坑边坡稳定性机理与基底承载力分析 /
宋扬等著. —长沙：中南大学出版社，2023.6
　ISBN 978-7-5487-5258-5

Ⅰ. ①富… Ⅱ. ①宋… Ⅲ. ①基坑—边坡稳定性—研
究②基坑—边坡—承载力—研究 Ⅳ. ①TU46

中国国家版本馆 CIP 数据核字（2023）第 014591 号

富水地区基坑边坡稳定性机理与基底承载力分析
FUSHUI DIQU JIKENG BIANPO WENDINGXING JILI YU JIDI CHENGZAILI FENXI

宋扬　李有志　廖宏　杨小礼　著

□**出 版 人**	吴湘华
□**责任编辑**	陈应征
□**责任印制**	唐　曦
□**出版发行**	中南大学出版社
	社址：长沙市麓山南路　　　邮编：410083
	发行科电话：0731-88876770　传真：0731-88710482
□**印　　装**	湖南省众鑫印务有限公司

□**开　　本**	787 mm×1092 mm　1/16	□**印张** 15	□**字数** 373 千字
□**版　　次**	2023 年 6 月第 1 版	□**印次** 2023 年 6 月第 1 次印刷	
□**书　　号**	ISBN 978-7-5487-5258-5		
□**定　　价**	118.00 元		

前 言

Foreword

本书主要由文献综述、基础理论、基坑边坡稳定性分析、地基承载力研究、以及边坡加固措施研究五个主要部分组成，其中，第 1 章为引言部分，主要介绍了项目研究的目的和意义，对国内外基坑边坡稳定性以及地基承载力的理论研究现状进行了系统的介绍；第 2 章以深圳某棚户区改造项目所涉及的高边坡及基坑工程为依托，简要介绍了项目工程概况及相关地质勘查结果和建议；第 3 章以项目现场勘查情况为根据，对建筑基础抗浮进行了初步设计，通过不同方案比选提出了相关建议；第 4 章主要对土体的塑性理论和极限分析的上限理论进行了详细介绍，并采用虚功原理对上限定理进行了严格的证明；第 5 章从平面应变假设出发，对二维带裂缝的基坑边坡稳定性展开了研究，同时将材料的非线性强度准则纳入分析；第 6 章同样基于 Hoek-Brown 强度准则将二维边坡稳定性问题拓展到三维情况下；第 7 章以单级边坡为基础，采用变分法分析了地震力作用下边坡稳定性的影响；第 8 章将将单级边坡拓展到二级边坡，采用拟动力法考虑地震力作用，分析了边坡地震稳定性；第 9 章构建了岩质地基的多块体破坏机构，计算了地基的承载力上限；第 10 章和第 11 章将土体的非线性，剪胀性和各向异性特征引入分析，以项目现场的情况为依据，对建筑基底的极限承载力进行了评估；第 12 章基于离散法生成地基的破坏机制，计算了地基的极限承载力；第 13 章将地基与边坡相结合，分析了斜坡地基的极限承载力，基于拟静力法，分别考虑了土质边坡和岩质边坡的地震极限承载力情况，最后结合室内实验进行验证；第 14 章研究了地基的拟动力承载力极限。

在编写本书的过程中，得到了众多博士和硕士的支持与帮助，其中，第 1 章引言和第 4 章极限分析原理内容由杨小礼教授主持完成；第 4 章和第 6 章内容由已毕业博士许敬叔负责整理完成；第 5 章内容由已毕业博士李永鑫整理完成；第 2 章和第 3 章内容来源于深圳罗湖棚改项目现场勘查报告和施工设计说明书；第7章和第8章内容由已毕业硕士李唐负责整理完成；第9章内容由已毕业硕士王素堂负责整理完成；第10章内容由已毕业博士杜佃春负责整理完成；第11章内容由课题组在读硕士徐升负责整理完成；第12章内容由课题组在读硕士陈博海整理完成；第13章内容由课题组在读硕士杨玉山和康旭东共同负责整理完成；第14章内容由课题组在读博士钟军豪负责整理完成；由于作者水平有限，缺点和错误在所难免，敬请批评指正。

作 者

2021 年 12 月

目 录

Contents

第 1 章
引言

　　本章首先介绍了极限分析法在岩土工程中的发展和应用情况，并把它与弹塑性有限元、条分法进行比较，得出条分法求得的解既非上限解也非下限解的结论。从力学意义上讲，应用极限分析法得到的解为精确解。其次指出单元间是否设置速度间断线是上限有限元定理发展的主要问题，非线性规划代表极限分析中优化方法的发展方向。最后总结本章所研究的主要内容。

1.1　本课题研究的意义

　　1975 年以来，以 W. F. Chen *Limit Analysis and Soil Plasticity* 专著的问世为标志，产生了岩土极限分析法这门新的学科分支。几十年来，它得到了突飞猛进的发展，在城乡建筑、铁路公路、水利水电、港口、机场、矿山等工程建设中发挥着重要作用。如今，人们从了解、利用岩土走向主动对岩土进行改造，从被动的岩土稳定性估计走向主动的控制。作为一门学科，它还很年轻。它研究的对象岩土介质是复杂多变的，其物理特性是一种介于固体与流体之间的介质。

　　①岩土介质与固体介质不同，岩土介质的颗粒具有部分流动性，仅在一定范围内能保持其形状。例如，砂土只有在其自由斜面与水平面之间的角度不超过某一极限值时，才能保持本身的形状。岩土介质基本上没有抵抗拉伸的能力，或者抗拉强度很低，一般只能在承受压应力的条件下工作。其抗剪强度随剪切面上的正应力而改变，正应力增加，抗剪强度增加。

　　②岩土介质与流体介质不同，流体介质具有更大的流动性，没有固定的形状，抵抗剪切力的能力更小。

　　基础工程中的路基、路堤、边坡、挡土墙、基坑、建筑物的地基等，都是岩土工程界普遍存在的岩土结构物。近几年来，我国出现许多岩土结构物失稳和坍塌的重大工程事故。基于此，有关部门要求工程建设前必须对场地进行灾害评价，而这种评价与人类对岩土结构物失稳机理有密切关系。岩土结构物承载力或稳定性问题，一直是岩土工程界的基本研究课题之一。正确评价岩土结构物的承载力或稳定性，防患于未然，对于确保生产建设与人民财产安全有着重要意义。

1.2　岩土工程中极限分析法研究进展

对于岩土承载力或稳定性问题，传统分析方法主要有两类：一类是弹塑性法。即根据应力应变关系、具体问题的初始与边界条件、荷载历史逐步求解承载力的解。微分方程的复杂性、岩土本构关系的多样性、弹塑性区分界线的不确定性等因素导致计算过程复杂。另一类是条分法，它是将结构物分成若干条块，根据力的平衡理论求解。该方法简单易懂，在工程中广泛应用。由于各条块之间的相互作用力复杂，从而影响计算结果的准确性；另外，平衡微分方程、流动法则也不能在岩土中的每一点都得到满足。

对许多岩土结构物来讲，有时并不需要知道应力和应变随外荷载如何变化，只需要求出最终达到塑性流动状态(即开始产生无限制塑性流动)时所对应的破坏荷载或稳定性程度。Drucker 和 Prager[1]把静力场和速度场结合起来并提出极值理论，建立岩土结构物的极限分析方法；Chen 和 Liu[2-3]为岩土结构物的极限分析理论奠定基础。如今，极限分析法在岩土力学中得到广泛应用。

1.2.1　极限分析解析解

极限分析法是将岩土介质看成理想刚塑性体，在虚功率原理基础上建立起来的分析方法，它包括上限定理和下限定理。通过上、下定理的分析，可以近似得到极限荷载的大小或结构物的稳定性程度，还可以知道误差的范围。

虚功率原理表明：对于任意一组静力容许的应力场和任意一组机动容许的速度场，外力的虚功率等于物体内能消散功率。由虚功率原理可推导出上限定理为：在所有的机动容许的塑性变形速度场相对应的荷载中，极限荷载为最小[4]。即

$$\int_A T_i u_i \mathrm{d}A + \int_\Omega F_i u_i \mathrm{d}V \leqslant \int_\Omega \sigma_{ij}^* \dot{\varepsilon}_{ij} \mathrm{d}V + \int_L C \cdot \Delta V_t \cdot \mathrm{d}L \tag{1-1}$$

式中：σ_{ij}^* 为由 $\dot{\varepsilon}_{ij}$ 按塑性变形法则求出的应力；T_i、F_i 分别为作用物体上的面力和体力；ΔV_t 为速度间断线两侧切向速度变化量；u_i、$\dot{\varepsilon}_{ij}$ 分别为速度场中的速度和应变率；τ、σ_n 分别为速度间断线 L 上的剪应力和正应力；C 为抗剪强度指标。

由虚功率原理可推导出下限定理为：当物体产生塑性变形达到极限状态时，在给定速度边界上，真实表面力在给定的速度上所做的功率恒大于或等于其他任意静力容许应力场所对应的表面力在同一给定速度上的功率。在所有与静力容许的应力场相对应的荷载中，极限荷载最大。即

$$\int_\Omega F_i u_i \mathrm{d}V + \int_A T_i \overline{u}_i \mathrm{d}A \geqslant \int \sigma_{ij}^0 \cdot \dot{\varepsilon}_{ij} \mathrm{d}V + \int_L C \cdot \Delta V_t \cdot \mathrm{d}L \tag{1-2}$$

式中：σ_{ij}^0 满足静力平衡条件和边界条件的静力容许的应力场；$\overline{u}$ 为已知速度。

基于极限分析的变分原理，钟万勰[6-8]提出"新的上、下限定理"，并研究权因子的计算方法。对"新的上、下限定理"，程耿东[9]用线性规划方法求解。

由下限原理和静力容许应力场(在岩土结构物内部满足平衡条件，处处不违反屈服条件，处处不违反边界条件)，可以确定简单问题的下限解；由上限原理和机动容许速度场

（在岩土结构物内部满足相关联流动法则，以及相应的速度边界条件、由速度场求得的应变率满足不可压缩条件），可以确定简单问题的上限解。如条形基础的承载力，二维边坡的稳定性，竖直边坡的临界高度，圆形基础的承载力[10]，两层地基的破坏形式[17]。近年来，Soubra[11-14]建立一种新的速度场，利用计算机手段，研究土力学中的一些基本问题，得出一些有益的半解析解，使解析解的研究向前迈进一步。

上述是岩土工程中一些简单问题的极限分析。实际上，许多岩土问题具有复杂性，此时人工建立的应力场或速度场很难满足问题的需要。为此，人们致力于开辟另一种途径，即在极限分析理论基础上，应用有限单元法求解。

1.2.2 上限有限元定理

有限元和极限原理相结合的刚塑性有限元法为求解岩土极限荷载以及边坡稳定性问题提供了新的方法。它克服了人工建立静力容许应力场和机动容许速度场的困难，最优的上、下限解分别通过优化方法得到。这种上限有限元定理与一般以结点位移为未知量的常规有限元的主要区别如下。

（1）上限有限元定理以结点速度为未知量。Jiang 等学者[5, 15, 26-29]采用的结点速度：同一位置上结点速度相同。Sloan 等学者[18-24]采用的结点速度：同一位置上由于间断线存在结点速度不连续。

（2）速度间断线上，对于 Mohr-Coulomb 材料速度间断线上的切向和法向速度都不连续；对于 Tresca 材料只有切向速度不连续。

（3）对于 Tresca 材料，单元要满足不可压缩条件，即 $\dot{\varepsilon}_1 + \dot{\varepsilon}_2 + \dot{\varepsilon}_3 = 0$。这要求在单元划分时，要合理布置各单元形状。Jiang（1995）与 Sloan（1989）等学者对二维问题采用如图 1-1 所示的单元布置。即四个单元组成矩形，公共单元节点位于矩形对角线的交点上，这样满足不可压缩条件。

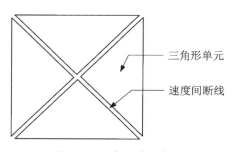

三角形单元

速度间断线

图 1-1 三角形单元布置

（4）刚性单元在破坏前无任何变形产生。

在物体 Ω 上，若存在一组速度场 u_i，满足以下条件，则称 u_i 为机动容许的速度场。在体积 Ω 内满足几何方程，即

$$\dot{\varepsilon}_{ij} = \frac{1}{2}(u_{i,j} + u_{j,i}) \tag{1-3}$$

在边界上满足速度边界条件，并在速度边界上使外力做正功。由上述定义可知，物体

处于极限状态时, 真实的速度场必定是机动容许的速度场; 但机动容许的速度场不一定是极限状态真实的速度场。

应用上限有限元定理法求解土工问题时, 速度场必须满足相关联流动法则、边界条件。在岩土结构物计算时常用 Mohr-Coulomb 屈服函数 F, 其表达式为:

$$F = (\sigma_x - \sigma_y)^2 + (2\tau_{xy})^2 - [2C\cos\varphi - (\sigma_x + \sigma_y)\sin\varphi]^2 \quad (1-4)$$

如果由 $\dot{\varepsilon}_{ij}$ 按塑性变形法则求出的应力 σ_{ij}^* 满足表达式 $F(\sigma_{ij}^*) < 0$, 则理想刚塑体处于稳定状态; 如果满足 $F(\sigma_{ij}^*) = 0$, 则理想刚塑性体处于极限状态, 即处于开始产生无限制塑性流动状态。在物体 Ω 上, 应力 σ_{ij}^* 在相应的塑性应变率上所做的功率为:

$$\dot{W}_1 = \int_\Omega \sigma_{ij}^* \cdot \dot{\varepsilon}_{ij} d\Omega \quad (1-5)$$

假设该物体受到外荷载作用, 其中恒荷载为 $m_0(f_0, T_0)$, 活荷载为 $m_1(f_1, T_1)$。在应力空间中 f_0、f_1 是体力, T_0、T_1 是面力, 对 2-D 问题它们是 (x, y) 的函数; 对 3-D 问题它们是 (x, y, z) 的函数。恒荷载与活荷载在极限分析时所消散的功率为:

$$\dot{W}_2 = m_0 \int_\Omega f_0 u_{ij} d\Omega + m_1 \int_\Omega f_1 u_{ij} d\Omega + m_0 \int_S T_0 u_{ij} dS + m_1 \int_S T_1 u_{ij} dS \quad (1-6)$$

物体内部速度间断面 (二维问题转化为速度间断线) 所消散的功率为:

$$\dot{W}_3 = \int_A C \cdot \Delta V_t dA \quad (1-7)$$

根据上限定理, 建立能量消散率泛函数为:

$$J(u_{ij}) = \dot{W}_1 - \dot{W}_2 - \dot{W}_3 \quad (1-8)$$

对于任何一个机动容许速度场 u_{ij}, 若 $J(u_{ij})$ 小于零, 则该物体将产生刚塑性破坏状态; 若存在一机动容许速度场 u_0, 使得 $J(u_0)$ 取得最小值, 并且最小值为零, 则相应于结构上的荷载就是极限荷载, 其大小为 $m_0(f_0, T_0) + m_1(f_1, T_1)$。这样上限定理优化的目标函数是:

$$\text{Minimize} \ m_0(f_0, T_0) + m_1(f_1, T_1) \quad (1-9)$$

对边坡问题, 活荷载为零 $(m_1 = 0)$, 土体自重 f_0 可能导致边坡失稳, 因此极限分析的目的是求得边坡处于极限状态时的最小值 m_0。对基础承载力问题, 恒荷载是不变的, 即 $m_0 = 1$; 活荷载是变化的, 随着外荷载的增加, 逐步达到极限状态, 因此极限分析的目的是求得基础处于极限状态时的最小值 m_1。

1.2.3 优化方法

式 (1-9) 为极限荷载的目标函数, 它是优化理论中的规划问题。常用的优化方法主要有线性规划法、非线性规划法。

1.2.3.1 线性规划法

Lysmer(1970)[5] 首先用线性规划方法求解岩土结构物的承载力以及边坡稳定性的安全系数。在此基础上, Sloan[11-12] 采用陡边有效集法使计算速度加快, Ukritchon(1998)[22]、Yu(1998)[23]、Kim(1999)[24] 等学者将此方法进一步推广使用。用线性规划求解时, 需要将屈服函数线性化。式 (1-4) 是以 $X = \sigma_x - \sigma_y$ 为横轴, 以 $Y = 2\tau_{xy}$ 为纵轴, 以 $R = 2C\cos\varphi - (\sigma_x + \sigma_y)\sin\varphi$ 为半径的圆。由于上限有限元定理的基本未知量是线性速度分量, 所以屈服准则需要线性化。为此用一个外切正多边形逼近上述圆域，设正多边形的边数为 p，在笛卡尔坐标系中，第 k 边屈服条件的线性表达式为：

$$F_k = A_k \sigma_x + B_k \sigma_y + C_k \tau_{xy} - 2C\cos\varphi = 0 \tag{1-10}$$

其中 $A_k = \cos\alpha_k + \sin\varphi$，$B_k = -\cos\alpha_k + \sin\varphi$，$C_k = 2\sin\alpha_k$，$\alpha_k = 2k\pi/p$，$k = 1, 2, \cdots, p$

用上限有限元定理求解岩土问题：①每个单元和速度间断线要服从相关联流动法则；②岩土屈服函数 F 与塑性势函数相同；③速度边界上要满足边界条件。根据这三个条件建立一系列的约束方程，结合式(1-9)用线性规划方法求解最小值。

在线性规划中，对于少量的有限单元和速度间断线，采用最陡边有效集法是求解该规划问题行之有效的方法。随着计算范围的扩大，优化变量从几个增加到数千个，从几何观点看，线性规划问题的可行域是凸多面体，基本可行解对应着它的顶点；可行域顶点的个数一般随着问题维数的变大而成指数函数地增加。因此选择合适的优化方法尤为重要。沈卫平[30]提出改进的迭代方法，以减少迭代次数提高优化效率。张丕辛[31]在博士学位论文中提出无搜索数学规划算法，即逐步识别刚性区和塑性区，对刚性区和塑性区进行不同处理，以不断修正目标函数；文中证实了解的可行性和稳定性。

1.2.3.2　非线性规划法

Jiang[26-28]最早将非线性规划法引入上限有限元定理，并成功地解决二维边坡稳定性问题以及基础承载力问题。该方法的主要原理是引进拉格朗日增项法，使泛函数的极值最小化。对于泛函数式(1-8)引进变量 w_{ij}，使得 $\dot\varepsilon_{ij} - w_{ij} = 0$，则式(1-8)变为：

$$J(u, w) = \int_\Omega \sigma_{ij}^* \cdot w_{ij} \mathrm{d}\Omega - \dot W_2 - \dot W_3 \tag{1-11}$$

与式(1-11)相对应的拉格朗日泛函数为：

$$\overline{\lambda}_r\{(u, w), \lambda\} = J(u, w) + \frac{r}{2}\int_\Omega (\dot\varepsilon_{ij} - w_{ij})(\dot\varepsilon_{ij} - w_{ij})\mathrm{d}\Omega + \int_\Omega \lambda_{ij}(\dot\varepsilon_{ij} - w_{ij})\mathrm{d}\Omega \tag{1-12}$$

式中：$\dot\varepsilon_{ij}$，w_{ij} 分别为 $\dot\varepsilon$ 和 w 的分量；λ_{ij} 为相应的拉格朗日系数；r 为一正数，如果 $r = 0$，上式则为通常的拉格朗日函数形式。

在拉格朗日函数中引入增项可以提高求极值过程的收敛性与稳定性。求泛函 $\overline{\lambda}_r$ 的极值，也就是求一个解 $\overline{\lambda}_r\{(u_0, w_0), \lambda_0\}$，使得 $\overline{\lambda}_r$ 取极值：

$$\max_\lambda \overline{\lambda}_r\{(u_0, w_0), \lambda\} = \overline{\lambda}_r\{(u_0, w_0), \lambda_0\} = \min_{(u, w)} \overline{\lambda}_r\{(u, w), \lambda_0\} \tag{1-13}$$

可以证明 $\dot\varepsilon_0 - w_0 = 0$，并且 u_0 也使泛函 $J(u_{ij})$ 取最小值。

值得一提的是，上限有限元定理是建立在相关联流动法则的基础上。实际上，砂土在受剪时发生膨胀现象，不服从相关联流动法则。基于这一事实，近年来部分学者[16-17]用 C^*、φ^* 代替砂土的抗剪强度指标 C、φ，即

$$\tan\varphi^* = \tan\varphi \cdot \frac{\cos\psi\cos\varphi}{1 - \sin\psi\sin\varphi} \qquad C^* = C \cdot \frac{\cos\psi\cos\varphi}{1 - \sin\psi\sin\varphi} \tag{1-14}$$

式中：ψ 为砂土的剪切膨胀角。

这说明极限分析也能在砂土中应用。但是，部分学者通过有限元计算得出：对岩土承载力问题，非关联假设与关联假设对承载力的影响是很小的，可以忽略。这一结论与既有

文献不一致，有待人们进一步探讨。

在非线性破坏准则下，Baker 和 Frydman[33]（1983）运用非线性屈服准则，在变分原理的基础上，对边坡附近的条形基础进行上限分析；Zhang 和 Chen[32]（1987）也在变分原理的基础上，采用逆算法（inverse method）研究边坡在非线性破坏准则下的滑动面形状，并给出边坡在各种坡角下的稳定性系数。在众多的上限分析文献中，大多数学者都采用线性屈服准则，这主要原因是：①非线性屈服准则在以 $X = \sigma_x - \sigma_y$ 为横轴，以 $Y = 2\tau_{xy}$ 为纵轴的坐标体系中，不能表达成圆域，无法采用外切正多边形手段；②非线性屈服准则下的上限目标函数是非光滑函数，如果处理计算不当，就不能得到最优的上限解。正如 Jiang[28] 指出，对在边坡稳定性的上限分析，如何应用非线性破坏准则还有待于人们进一步探讨。本论文在这方面做了一些初步研究。

总之，上限定理刚塑性有限元是一种崭新的数值方法，它有严格的理论基础，解决了人工建立速度场的难题。通过前人的研究成果可看出，应用该方法所得到的数值解是一种精确的解，与经典力学的理论解是一致的。这说明了上限定理刚塑性有限元法具有正确性，有着重要的理论意义和使用价值。从目前国内外的文献资料看，在极限分析中线性规划使用较多，非线性规划使用较少。但对某一计算区域，如果线性规划与非线性规划的单元数相同，则优化时非线性规划所含的变量远小于线性规划。从这一角度看，非线性规划比线性规划优越。随着计算范围的扩大，问题考虑的因素增多，非线性规划显示其日益重要的地位，它代表了上限有限元定理的发展方向。

同理，下限定理有限元的基本未知量是线性应力场。为此用一个内接正多边形逼近上述圆域，在应力间断线、应力边界上建立一系列的约束方程，最后用优化方法寻求目标函数的最大值。

1.2.4　与条分法、弹塑性有限元法的比较

边坡稳定性分析广泛应用的方法是条分法。即首先将边坡分为若干条块，然后假定各条块之间相互作用力的大小和方向，最后根据力的平衡原理求解安全系数。在边坡稳定性分析时，安全系数定义为：

$$F_s = \frac{\tan \varphi}{\tan \varphi^m} = \frac{C}{C^m} = \frac{\tau_f}{\tau^m} \tag{1-15}$$

式中：φ^m、C^m、τ^m 为破坏时沿整个滑动面实际产生的抗剪强度指标；φ、C、τ_f 为边坡土体的抗剪强度指标。

这个定义不仅使安全系数的物理意义更加明确，为以后非圆弧滑动分析及条块分界面上各种力的考虑方式提供了有利条件。1955 年 Bishop[34] 提出条分法，后来多名学者不断改进，如，Janbu（1957）[35]，Morgenstern 和 Price（1965）[36]，Spencer（1967）[37] 等。Nash（1987）[39] 对上述方法进行归纳总结后指出：在具有 n 个条块的边坡问题中，一般来说具有 $5n-2$ 个未知量，而平衡方程只有 $3n$ 个。这样需要做出 $2n-2$ 个互不相关的假设以满足平衡理论的要求，不同的假设形成不同的方法。使用条分法时有以下几点须注意。

①条分法并不能证明滑动面以外的土体是否违反 Mohr-Coulomb 屈服条件或 Tresca 屈服条件。根据 Jiang 的二维边坡极限分析有限元可以看出：在滑动面附近还存在大量的单元处于塑性破坏状态；②当所求的边坡处于多相不均匀状态时，使用条分法求解安全系数

比较困难；③条分法一般只用于二维边坡稳定性分析，很少用于三维边坡稳定性分析，实际上边坡随地形变化多属于三维状态；④破坏时的屈服函数多采用 Mohr - Coulomb 或 Tresca 函数，它是一种线性函数，大量的实验表明（Lade[32, 33, 38]等，1977）屈服函数是一种非线性函数，在这种情况下条分法不再适用。

从以上几点可以看出：条分法是工程实践中成功应用的方法，但应用范围具有一定的界限。正如 Nash(1987)[39]所说，由于各条块之间的相互作用力复杂，现有的各种计算方法所得的安全系数都不是真实的安全系数。对于边坡稳定性问题，liang（1997）[28]和 Yu（1998）[23]将条分法与极限有限元法相比较后发现：条分法求得的安全系数不是真实的安全系数，它或高于或低于上限有限元定理法求得的安全系数。

在边坡稳定性分析和基础承载力计算时，可采用弹塑性有限元法。该方法在理论方面已经成熟。它既可以考虑土体的材料性质非线性，又可以考虑土体的几何非线性；既可以考虑三维边坡几何表面的多样性、受力条件的复杂性，又可以考虑土体空间的不均匀性、各向异性；既可以考虑变形随时间变化的固结与蠕变模型，又可以考虑应力随时间变化的渗流模型；既可以考虑静力问题，又可以考虑动力问题。由于计算过程复杂，模型中各计算参数不易精确量取，导致计算结果与实际情况之间存在一定的差距。

1.2.5 总结

过去，以上三种计算方法都不同程度地得到使用。必须注意，条分法是一种各条块之间的静力平衡法，它忽略了土体的塑性变形与流动法则；假如土体是遵守相关联流动准则的理想刚塑性体，则条分法所得到破坏滑动面是不满足机动容许速度场条件。另外，平衡微分方程也不能在土体的每一点得到满足，仅是整个土体满足静力平衡。Chen[2, 3]指出以机动容许速度场为基础的上限解也满足整体静力平衡方程，因此上限解也是一种特殊的平衡解。这两种方法是不能等价的，条分法由于条块间作用力大小和方向是假定的，所得的结果既非上限解，也非下限解。

正如前面所说的那样，弹塑性有限元法理论成熟，发展完善，但计算时模型所需参数较多，而且参数十分精确，否则计算结果与实际情况相差较大；上限定理刚塑性有限元法能求得精确的数值解（与经典理论解相比），计算时所需的参数很少，但目前主要局限于二维静力问题（或者拟静力），对于二维震动问题、三维问题有待进一步研究。

1.3 本课题研究的主要内容

（1）针对圆形浅基础，本论文根据极限分析中的上限定理，建立合适的轴对称机动速度场，推导出地基承载力的上限解析解。绘制上限解析解与内聚力、内摩擦角的关系曲线。同时根据工程实例结果，进一步对上限解析解检验。

（2）下限分析中常用的应力柱是一种二维应力柱，本论文根据极限分析中的下限定理，提出三维应力柱概念以及圆形基础下限解的计算方法。根据应力叠加原理构造静力容许的应力场，求出不同应力柱数目下圆形基础的下限解。通过与前人的研究成果的比较可看出：本论文计算结果与前人研究成果很接近。说明了本论文提出方法的有效性和正确性。

（3）在上限定理的基础上，根据线性屈服准则，前人将岩土结构物离散为线性速度有限元，根据流动法则以及边界条件建立线性约束方程。求解该方程的本质是如何解决规划问题。对于少量优化点，采用最陡边有效集法或拉格朗日增项法是求解该规划问题行之有效的方法。随着计算范围的扩大，优化变量从几个增加到数千个。如何处理大规模的有限单元与速度间断线是本论文研究的主要目的。本论文首先通过引进变量将原问题变为标准的内点法问题。然后将原问题的可行域仿射为单位球体区域；在仿射后的区域内向目标函数减少最快的方向移动，寻求问题的最优解。最后再进行逆变换，将得到的解换回到原可行域。

（4）边坡在天然降雨、爆破、地震等外界因素作用下，其孔隙水压力增加，导致边坡的稳定性降低。孔隙水压力是影响边坡稳定性的一个重要因素。本论文将孔隙水压力作为外力，讨论了孔隙水压力下上限有限元定理的具体形式，为上限有限元定理在工程中的应用开辟了新的途径。

（5）提出岩土极限分析非线性理论。运用该理论，推导出边坡在平动机制和转动机制下的上限目标函数和约束方程。应用非线性优化，即 SQP 优化求得问题的解。将本论文的计算结果与 Zhang 和 Chen(1987)[32]的变分法结果相比较，误差小于4%。说明岩土极限分析非线性理论和 SQP 优化具有有效性和正确性。

（6）在岩土极限分析非线性理论的基础上，应用非线性 SQP 优化，讨论了非线性屈服准则对刚性挡土墙被动土压力的影响。

（7）在用上限定理研究地基承载力时，传统的分析方法是建立在线性屈服准则上的，很多国外学者将承载力系数 N_r、N_q、N_c 分开考虑。本论文在统一破坏机制的基础上，应用岩土极限分析非线性理论与非线性 SQP 优化，讨论了非线性屈服准则对条形基础承载力的影响。

（8）上限解总是大于或等于问题的真实解，下限解总是小于或等于问题的真实解。本论文在非线性屈服准则的基础上，研究地基承载力和边坡稳定性问题的下限解。通过上、下限解之间的相互比较可知，该方法是正确的。

第 2 章
工程概况

2.1 工程背景

深圳市罗湖"二线插花地"棚户区改造项目位于罗湖区与龙岗区交界处,项目依山而建,高低错落,地形北高南低,局部地块东高西低。室外地面依山体走势形成高差,地下室也随山体形成错台布置。项目总占地面积约为 45 万平方米,其中木棉岭片区占地面积约为 26 万平方米,布心片区占地面积约为 19 万平方米。项目总建筑面积约为 230 万平方米,地上计规定容积率建筑面积约为 150 万平方米。项目地下室层数为 5~7 层,住宅塔楼高度为 140~150 m。项目含保障性住房、安置房、中小学学校、幼儿园、社康服务中心、市政道路等。

2.1.1 区域地质

1)区域地质概况

拟建场地所在区域位于广东省珠江三角洲东南部,大地构造位置为高要—惠来东西向构造带(图 2-1 中断裂⑧)中段南侧,北东向莲花山断裂(图 2-1 中断裂⑤)的南西段,并且是莲花山断裂带北西支五华—深圳断裂带南西段的展布区。区内从加里东期至第四系地层比较齐全,侏罗纪时有强烈的岩浆岩侵入。大区域地质构造如图 2-1 所示,区域地层、断裂构造、地震及区域稳定性等基本特征简述如下。

2)区域地层

区域内从蓟县青白口系至第四系地层发育比较齐全,自上而下可分为:第四系地层、未分统的残积层、白垩系上统地层、蓟县青白口系地层、三叠系地层、石炭系地层、泥盆系地层、震旦系地层。除上述地层外,区内中生代岩浆活动极为强烈,凝灰岩类的侵入岩及酸性—中酸性火山岩广布全区;此外,还常见酸性、中性、基性岩脉。

3)区域构造

根据《深圳市区域稳定性评价》(地质矿产部,地质出版社出版,1991 年 4 月,第一版)及其他有关资料的论述,临近本工程场区发育的主要断裂构造有北东向的深圳断裂束:企岭吓—九尾岭断裂组(F1321)以及北西向石龙坑断裂组(F3351、F3352)。

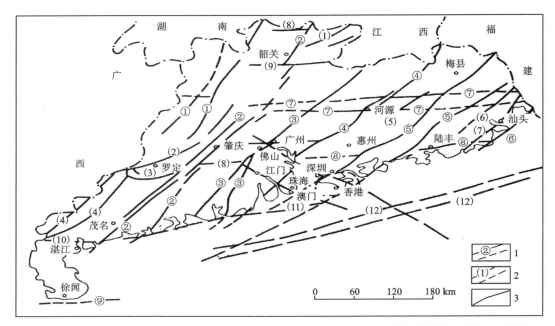

1—深断裂：①郴县—怀集断裂带，②四会—吴川断裂带，③新丰—恩平断裂带，④河源断裂带，⑤莲花山断裂带，⑥南澳断裂带，⑦佛岗—丰良断裂带，⑧高要—惠来断裂带，⑨琼州海峡断裂带；

2—大断裂：(1)南雄—江湾断裂，(2)罗定—悦城断裂，(3)贵子弧形断裂，(4)信宜—廉江断裂，(5)紫金—博罗断裂，(6)潮安—普宁断裂，(7)汕头—惠来断裂，(8)九峰断裂，(9)贵东断裂，(10)遂溪断裂，(11)香港—万山断裂带，(12)珠江拗陷北缘断裂带；

3——般断裂(资料来源：广东省区域地质志)。

图 2-1　广东省区域地质构造

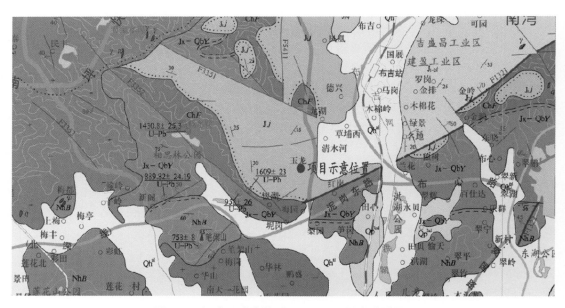

图 2-2　场地区域地质(据 1：5 万深圳市地质图)

企岭吓—九尾岭断裂组（F1321）：位于场地东南约 1 km，本断裂属于深圳断裂带的西北支，与横岗—罗湖断裂平行展布，从九尾岭向南西通过围岭、马岭、笔架山延至上沙头进入深圳湾。断裂呈碎裂变形，沿断面出露构造角砾岩、碎裂岩；硅化破碎带是由断层泥、糜棱岩压碎角砾岩、强蚀变的原岩组成，断面上还见斜向擦痕。该断裂常控制古生界与中生界地层的分界。在蛇口山的人工开挖面上，可见产状为 55°/SE∠70°断层未切割上覆的残积层。此断层物质的热释光测年为距今 0.2616 Ma，这表明九尾岭断裂在中更新世晚期曾有过较强烈的活动。

石龙坑断裂组（F3351、F3352）：包括石龙坑断裂带（F3351）及银湖断裂带（F3352）。

石龙坑断裂带（F3351）：位于场地北侧约 1.5 km，穿行于下侏罗统与蓟县青白口系混合岩之间，延伸长约 3 km，宽度约 20 m。其走向北西 310°，倾角不详。呈压扭性、舒缓波状，构造主要为硅化碎裂岩，具片理化、绿泥石化、绢云母化现象，并有石英脉贯入。成生于早白垩世后。

银湖断裂带（F3352）：位于场地西南侧约 1.5 km。切割中心村单元花岗岩体，穿行于长城系凝灰质砂岩与蓟县-青白口系混合岩之间，延伸长约 5 km，宽度约 30 m。其走向北西 330°，倾角不详。呈压扭性、舒缓波状，构造主要为硅化碎裂岩，具片理化、绿泥石化、绢云母化现象，并有石英脉贯入。成生于早白垩世后。

根据本工程场地勘察结果及区域地质构造资料表明，本次勘察场地内没有发现断裂带。上述断裂没有全新世活动的迹象，近场区这些断裂的存在，不会对本工程场地的稳定性产生影响。

本区区域新构造运动以差异断块升降为主要特征，形成了多级河流阶地、海成阶地、水下岸坡、断陷盆地、断块三角洲、低山丘陵台地等一系列独特的地貌单元。断裂也有不同程度的活动，火山、地震、温泉的活动也与其有关。据《深圳地貌》的实测资料，深圳市范围内一级阶地的年上升速率为 0.28～1.25 mm/a。

根据《深圳市区域稳定性评价》的地应力资料，浅层最大主应力值属中等值，且多与最小主应力值相近，在水平面上接近等压状态，最大剪应力值很低，表明现今地应力作用微弱。本区大陆现今以水平地应力为主，最大主应力方向为 NW～SE 向。通过对各主要断裂的现今地形变活动量的观测，发现海丰断裂带现今活动量较大，达 2.9 mm/a；而五华—深圳断裂带现今活动量相对较小，仅 0.1～0.6 mm/a。该区域新构造运动相对微弱，区域地壳稳定性较好。

2.1.2　区域地震

本区处在华南地震区中东南沿海地震带的中西段。东南沿海地震带北起浙江南部，经福建的福州、泉州、漳洲向西南入广东，经南澳、汕头、海丰、广州、阳江向南包括海南岛，向西进入广西，抵灵山止；中西段的北缘包括了江西的南部，走向大体与海岸一致，总体北东，西段转成东西向。沿该地震带曾发生过南澳（1600，7 级）、泉州（1604，7.5 级）、琼州（1605，7.5 级）、南澳（1918，7.3 级）等大地震，震中都在近海约 50 m 水深处。

据史料记载，对深圳市影响最大的强震是 1918 年 2 月 13 日发生在南澳的 7.3 级地震，深圳市福田有掉瓦现象，地震烈度应该为 6 度。自现代地震仪器监测以来，深圳市至今只发生过几次有感地震，震级均为 4 级以下，最近的是 1999 年发生在大鹏半岛的 4 次有感地震。2016年3月27日7时40分广东河源市源城区(北纬23.76度,东经114.63度)发生3.0级地震,震中距深圳约140 km。

从地震在时间和空间上的分布规律看,场地地震活动水平较低,不具备中、强地震的地质条件。

2.1.3 区域气候特征

根据《深圳地质》(地质出版社,2009)及其他相关资料:深圳市地处亚热带地区,属南亚热带季风气候。受海陆分布和地形等因素的影响,气候具有冬暖而时有阵寒,夏长而不酷热的特点。雨量充沛,但季节分配不均,干湿季节明显。春秋季是季风转换季节,夏秋季有台风。

根据深圳气象站资料,深圳主要气象要素月平均值见表2-1、表2-2。

表2-1 气象要素月平均气候值(1971—2000年)

月份	月平均				降雨日数/天			月平均		
	气温/(°)	最高气温/(°)	最低气温/(°)	雨量/mm	日雨量0.1 mm或以上	日雨量50 mm或以上	日雨量100 mm或以上	气压/百帕	日照时数/h	相对湿度/%
1	14.9	19.7	11.7	29.8	7.07	0.03	0	1017	147.9	71.7
2	15.5	19.7	12.7	44.1	10.07	0	0	1015.4	98.8	76.8
3	18.7	22.7	16	67.5	10.77	0.2	0.03	1012.9	101.4	79.5
4	22.5	26.3	19.9	173.6	12.73	0.97	0.17	1009.5	110.2	81
5	25.7	29.3	23.2	238.5	15.6	1.33	0.27	1006.1	149.8	81.7
6	27.8	31.1	25.2	296.4	18.47	1.47	0.2	1002.9	173.6	81.8
7	28.6	32.2	25.7	339.3	17	1.8	0.53	1002.3	220	80.5
8	28.2	32	25.5	368	18.3	1.93	0.47	1002	188.6	81.8
9	27.2	31.2	24.3	238.2	14.83	1.13	0.37	1006.2	181.2	78.8
10	24.7	28.9	21.6	99.4	7.63	0.5	0.17	1010.8	199.5	72.4
11	20.4	25.1	17.1	37.4	5.63	0.23	0	1014.9	184.3	68.4
12	16.4	21.5	12.9	34.2	5.97	0.1	0	1017.4	178.5	67.1
年值	22.5	26.6	19.6	1966.3	144.07	9.7	2.2	1009.8	1933.8	76.8

表 2-2　灾害天气月平均气候值（1971—2000 年）

月份	暴雨/天	雷暴/天	高温/天	低温/天	轻雾/天	大雾/天	霾/天
1	0	0.1	0	1	10.6	0.7	4.8
2	0	1.4	0	1.1	10	0.7	1.9
3	0.2	2.6	0	0.1	12.5	0.9	1.9
4	1	6	0	1	10.8	0.9	1
5	1.3	8.7	0.1	0	8.9	0.2	1.2
6	1.5	11.5	0.5	0	3.6	0	0.2
7	1.8	12.1	1.5	0	3.4	0	0.7
8	1.9	14.3	1.4	0	8.2	0.3	1.9
9	1.1	10.1	0.4	0	10	0.3	3.1
10	0.5	1.6	0	0	8.9	0.1	3.5
11	0.2	0.3	0	0	8.4	0.2	4.4
12	0.1	0	0	0.9	10.4	0.5	6.2
年值	9.7	68.7	3.6	3	105.7	4.8	30.8

2.1.4　区域水文概况

深圳市罗湖区境内雨量充沛，水资源相当丰富。区内主要水域为深圳水库及布吉河。深圳水库建立在深圳河的上游，水面约 4710 亩、库容量达 4577 万立方米。碧波涟涟，翠绿幽深。湖畔不远即是梧桐山。

布吉河为深圳河的上游，属海湾水系，发源于黄竹沥，上、中段流经布吉街道中心区，下游进入罗湖商业区，在渔民村汇入深圳河。流域面积 63.41 平方公里，在龙岗区的流域面积为 28.03 平方公里，占布吉辖区面积的 33%。河长 21 公里，多年平均径流量 0.67 亿立方米，支流有水径河、大芬河、塘径河等 8 条。

2.1.5　场地工程地质条件

2.1.5.1　场地地理位置及地形地貌

木棉岭片区位于罗湖区与龙岗区交界处，北侧临东方盛世花园小区、蚊帐顶自然山体、名城小学，西临龙岗大道（原深惠公路），南临二线公路及比华利山庄，东临禾坑路。本次勘察具体位置如图 2-3 所示。

该片区原始地貌单元属剥蚀残丘，后经人工改造，原始地貌已经改变（如图 2-4 所示）。场地北侧为蚊帐顶山体，总地势为北高南低。勘察期间，测得各钻孔孔口高程介于 20.00～68.64 m。

图 2-3　拟建场地交通位置

图 2-4　边坡场地地形地貌(卫星俯视图)

2.1.5.2 地质构造

拟建场地地层主要为第四系地层及侏罗系凝灰质砂岩。本次勘察在钻孔 CZKMM075 处揭露断层碎裂岩及糜棱岩,受构造运动强烈挤压而成。

2.2 地层岩性

根据本次勘察结果,勘察区内主要地层为第四系人工填土、第四系残积粉质黏土,下伏基岩为侏罗系凝灰质砂岩。其野外特征按自上而下的顺序描述如下。

1)第四系人工填土(Q^{ml})

根据组成成分不同,分为素填土、人工填石、杂填土三层。

①素填土①$_1$(①$_1$ 为地层编号,下同):褐黄、灰褐等色,主要由黏性土、碎石块等组成,不均匀含约 10%~20% 的石英砂粒和碎石等;堆填年限已超过 10 年,稍湿,主要呈稍密状态,局部松散状态。在场地内普遍分布,除开钻孔 CZKMM002、CZKMM006、CZKMM033、CZKMM034、CZKMM037、CZKMM041、CZKMM048、CZKMM049、CZKMM053、CZKMM055、CZKMM056、CZKMM059、CZKMM061~CZKMM065、CZKMM074、CZKMM090、CZKMM091、CZKMM094、CZKMM098~CZKMM104、CZKMM107~CZKMM112、CZKMM114、CZKMM116、CZKMM117、CZKMM119、CZKMM124、CZKMM126、CZKMM127、CZKMM131~CZKMM134 外,其他钻孔都遇见该层,厚度变化较大,为 0.50~19.10 m。

②人工填石①$_2$:青灰、灰褐、黄褐等色,主要由块石夹黏性土及碎石组成;块石占 50%~60%,块石直径为 0.3~0.8 m,最大达 1 m 左右,成分主要为凝灰质砂岩,稍密状态。在场地内局部分布,钻孔 CZKMM007、CZKMM016、CZKMM017、CZKMM029、CZKMM033、CZKMM034、CZKMM047、CZKMM049、CZKMM052、CZKMM055、CZKMM056、CZKMM059、CZKMM061、CZKMM063、CZKMM064、CZKMM065、CZKMM074、CZKMM078、CZKMM080、CZKMM084、CZKMM090、CZKMM091、CZKMM095、CZKMM100、CZKMM101、CZKMM102、CZKMM107、CZKMM108、CZKMM109、CZKMM110、CZKMM111、CZKMM112、CZKMM114、CZKMM116、CZKMM117、CZKMM118、CZKMM119、CZKMM123、CZKMM124、CZKMM126、CZKMM127、CZKMM128、CZKMM129、CZKMM130、CZKMM131、CZKMM132、CZKMM133、CZKMM134 遇见此层,厚度变化较大,为 0.50~17.00 m。

③杂填土①$_4$:褐黄、棕红、灰等色,稍湿~潮湿,松散~稍密;主要成分为砂质黏性土,含 50%~60% 混凝土碎块、角砾和少量碎砖块、塑料袋等建筑垃圾及生活垃圾,结构松散。在场地内局部分布,钻孔 CZKMM003、CZKMM021、CZKMM041、CZKMM048、CZKMM053、CZKMM062、CZKMM078 遇见此层,层厚 1.00~4.20 m。

2)第四系残积层(Q^{el})

粉质黏土⑧:褐黄、褐红、褐灰等色,不均匀夹有强风化块,稍湿,可塑~硬塑状态,为凝灰质砂岩风化而成。在场地内局部分布,钻孔 CZKMM001、CZKMM003、CZKMM004、CZKMM007、CZKMM013、CZKMM014、CZKMM015、CZKMM018、CZKMM020、CZKMM021、CZKMM024、CZKMM025、CZKMM026、CZKMM027、CZKMM028、CZKMM032、CZKMM033、

CZKMM034、CZKMM038、CZKMM039、CZKMM040、CZKMM041、CZKMM046、CZKMM055、CZKMM057、CZKMM058、CZKMM061、CZKMM065、CZKMM067、CZKMM068、CZKMM069、CZKMM073、CZKMM076、CZKMM077、CZKMM078、CZKMM079、CZKMM080、CZKMM082、CZKMM083、CZKMM084、CZKMM087、CZKMM088、CZKMM089、CZKMM092、CZKMM095、CZKMM118、CZKMM120、CZKMM121、CZKMM123、CZKMM126、CZKMM129、CZKMM131 遇见该层，其层厚 0.50~16.00 m，层顶深度 0.50~19.10 m，层顶高程 17.40~48.00 m。

3）侏罗系凝灰质砂岩（J_2）

场地下伏基岩为侏罗系凝灰质砂岩，碎屑的主要矿物成分为石英、长石；含少量其他暗色矿物及蚀变矿物，主要为凝灰质胶结、碎屑结构；中厚层状构造，在场地内测得其产状为 112°∠41°。本次勘察揭露全、强、中、微四带。

①全风化凝灰质砂岩⑨$_1$：褐灰、黄褐等色，大部分矿物风化变质呈土状，风化完全，手捻有砂感，无塑性；双管合金钻具易钻进，不均匀残留强~中风化岩块，岩芯呈坚硬土柱状。属极软岩，极破碎，岩体基本质量等级为Ⅴ级。在场地内局部分布钻孔 CZKMM001、CZKMM003、CZKMM004、CZKMM010、CZKMM014、CZKMM015、CZKMM017、CZKMM018、CZKMM019、CZKMM023、CZKMM024、CZKMM025、CZKMM026、CZKMM027、CZKMM028、CZKMM029、CZKMM032、CZKMM033、CZKMM034、CZKMM035、CZKMM037、CZKMM038、CZKMM039、CZKMM041、CZKMM048、CZKMM056、CZKMM057、CZKMM060、CZKMM069、CZKMM074、CZKMM083、CZKMM084、CZKMM085、CZKMM088、CZKMM089、CZKMM092、CZKMM093、CZKMM097、CZKMM113、CZKMM119、CZKMM127、CZKMM129、CZKMM130、CZKMM131、CZKMM132、CZKMM133、CZKMM045-2 遇见此层，其层厚 0.50~13.00 m，层顶深度 0.00~24.00 m，层顶高程 17.40~68.64 m。

②强风化凝灰质砂岩，根据风化程度不同，分为上层（土状强风化）、下层（块状强风化）两层。

a. 强风化凝灰质砂岩上层⑨$_{21}$（土状强风化）：褐灰、黄褐、青灰等色，部分矿物已显著风化变质，节理裂隙极为发育，裂隙间充填有黏性土，岩块用手可折断，不均匀夹中风化岩块；双管合金钻具可钻进，岩芯呈土状。属极软岩，极破碎，岩体基本质量等级为Ⅴ级。钻孔 CZKMM001、CZKMM004、CZKMM005、CZKMM007、CZKMM009、CZKMM010、CZKMM011、CZKMM019、CZKMM021、CZKMM023、CZKMM025、CZKMM027、CZKMM028、CZKMM029、CZKMM030、CZKMM033、CZKMM036、CZKMM038、CZKMM043、CZKMM046、CZKMM049、CZKMM055、CZKMM056、CZKMM057、CZKMM058、CZKMM059、CZKMM060、CZKMM066、CZKMM067、CZKMM068、CZKMM069、CZKMM071、CZKMM073、CZKMM074、CZKMM076、CZKMM077、CZKMM078、CZKMM079、CZKMM085、CZKMM086、CZKMM093、CZKMM097、 CZKMM119、 CZKMM120、 CZKMM127、 CZKMM130、 CZKMM132、CZKMM045-3 遇见此层，其层厚 1.00~12.00 m，层顶深度 0.50~26.00 m，层顶高程 9.50~63.21 m。

b. 强风化凝灰质砂岩下层⑨$_{22}$（块状强风化）：褐灰、黄褐、青灰等色，部分矿物已显著风化变质，节理裂隙极为发育，裂隙间充填有黏性土；岩块用手可折断，不均匀夹中风化岩块；双管合金钻具可钻进，岩芯呈碎块状，岩块手可折断。属极软岩，极破碎，岩体基本质量等级为Ⅴ级。除钻孔 CZKMM002、CZKMM006、CZKMM038、CZKMM047、CZKMM063、

CZKMM090、CZKMM091、CZKMM094、CZKMM098、CZKMM099、CZKMM100、CZKMM101、CZKMM103、CZKMM104、CZKMM105、CZKMM106、CZKMM107、CZKMM108、CZKMM110、CZKMM111、CZKMM112、CZKMM115、CZKMM116、CZKMM117、CZKMM124、CZKMM133、CZKMM134、CZKMM066-2 外，其他钻孔都遇见此层，其层厚 0.50~18.20 m，层顶深度 0.50~28.00 m，层顶高程 4.50~66.64 m。

③中风化凝灰质砂岩⑨₃：褐灰、灰、青灰等色，部分矿物已风化变质，节理裂隙发育，裂隙面浸染暗褐色铁锰质氧化物；岩块用手折不断，合金钻具难钻进，金刚石可钻进。岩块敲击声较脆，岩芯呈碎块状、块状及少量短柱状。岩石 RQD 指标 20~30，属较软岩，较破碎，岩体基本质量等级为 Ⅳ 级。除钻孔 CZKMM002、CZKMM006、CZKMM034、CZKMM094、CZKMM098、CZKMM099、CZKMM103、CZKMM104、CZKMM106 外，其他钻孔均揭露此层，揭露厚度 0.50~17.50 m，层顶深度 0.50~36.00 m，层顶高程-6.60~65.78 m，层厚不详。

④微风化凝灰质砂岩⑨₄：褐灰、灰、青灰等色，节理裂隙较发育，沿裂隙面浸染少量铁锰质氧化物；金刚石钻具可钻进，质坚硬，敲击声脆，岩芯呈块状及少量短柱状。岩石 RQD 指标 30~50，属较硬岩，较破碎，岩体基本质量等级为 Ⅳ 级。除钻孔 CZKMM002、CZKMM006、CZKMM055、CZKMM056、CZKMM057、CZKMM058、CZKMM067、CZKMM068、CZKMM069、CZKMM070、CZKMM071、CZKMM075、CZKMM076、CZKMM085、CZKMM086、CZKMM094、CZKMM098、CZKMM099、CZKMM103、CZKMM104 外，其他钻孔均揭露此层，揭露厚度 1.00~14.60 m，层顶深度 0.60~40.00 m，层顶高程-2.00~61.78 m，层厚不详。

⑤断层碎裂岩及糜棱岩。

a. 糜棱岩⑪₁：灰黑色，受强烈挤压而成，岩芯呈砂状，强度相当于土状强风化岩。钻孔 CZKMM075 遇见此层，层厚 2.00 m，层顶深度 9.60 m，层顶高程 38.22 m。

b. 碎裂岩⑪₂：浅灰、灰绿等色，岩芯受构造挤压呈碎裂角砾、碎块状，锤击易碎；不均匀混断层泥，岩石胶结尚可，胶结物多为硅质或钙质，强度界于块状强风化~中风化之间。钻孔 CZKMM075 遇见此层，层厚 10.40 m，层顶深度 5.50 m，层顶高程 36.22 m。

2.3 岩土参数的统计和分析

2.3.1 岩土参数的统计方法

根据《岩土工程勘察规范》（GB 50021—2001）（2009 年版）中 14.2 节，对本勘察场地各岩土层指标分别进行统计。在进行统计时，各岩土层指标数据的粗差剔除原则上采用三倍标准差法；个别数据由于岩土层的不均匀性或为夹层而造成数据离散性明显较大的，也予以剔除。有关参数的平均值 φ_m、标准差 σ_f、变异系数 δ、标准值的计算公式如下。

计算平均值：

$$\varphi_m = \frac{\sum\limits_{i=1}^{n} \varphi_i}{n} \tag{2-1}$$

计算标准差：

$$\sigma_{\mathrm{f}} = \sqrt{\frac{1}{n-1}\left[\sum_{i=1}^{n}\varphi_i^2 - \frac{\left(\sum_{i=1}^{n}\varphi_i\right)^2}{n}\right]} \tag{2-2}$$

计算变异系数：

$$\delta = \frac{\sigma_{\mathrm{f}}}{\varphi_{\mathrm{m}}} \tag{2-3}$$

计算岩土参数标准值：

$$\varphi_k = \gamma_{\mathrm{s}}\varphi_{\mathrm{m}} \tag{2-4}$$

计算统计修正系数值：

$$\gamma_{\mathrm{s}} = 1 \pm \left\{\frac{1.704}{\sqrt{n}} + \frac{4.678}{n^2}\right\}\delta \tag{2-5}$$

式中：φ_{m} 为岩土参数的平均值；n 为参加统计的子样数；σ_{f} 为岩土参数的标准差；δ 为岩土参数的变异系数；γ_{s} 为统计修正系数；正负号按不利组合考虑室内试验统计指标（如抗剪强度指标的修正系数应取负值）。

2.3.2　室内试验

1）室内土工试验

本次勘察共采取了 67 件原状土，8 件扰动土，按《土工试验方法标准》（GB/T50123—2019）进行了室内土壤物理力学性质试验。

2）室内岩石试验

为确定场地内基岩的物理力学性质，本次勘察采取中风化岩石及微风化岩石试料进行了岩石物理力学性质试验。根据岩石试验结果，拟建场地岩石的物理力学性质统计如下表 2-3。

表 2-3　岩石单轴抗压强度统计表（单位：MPa）

岩石名称	统计个数	最小值	最大值	平均值	标准差	变异系数	标准值
中风化凝灰质砂岩⑨₃	6	9.0	36.3	16.2	10.348	0.639	7.7
微风化凝灰质砂岩⑨₄	25	73.8	138.9	114.6	16.644	0.145	108.8

2.3.3　岩土参数的可靠性与适用性评价

本次勘察取样质量符合规范要求，标准贯入试验、重型圆锥动力触探试验、室内试验等均按相关规范、规程操作。本次勘察测试成果资料均按照《岩土工程勘察规范》（GB 50021—2001）（2009 年版）第 14.2 节要求进行统计分析。统计分析表明，试验数据反映了人工填石①₂重型圆锥动力触探锤击数变异系数较大（>0.30）。这是因为其中的碎石、块石等分布不均，密实度很不均匀所致，试验数据反映了其自然状态。其他各地层试验测试指标除个别数据可能因试验误差而离散性偏大以外，大部分数据离散性都较小，反映分层较为合理。因此，本次勘察各试验数据具有代表性，能正确反映岩土在特定条件下的性状，能满足岩土工程设计计算的精度要求，可以作为岩土参数选取的依据。

2.4 地震效应

2.4.1 场地抗震设防烈度、设计基本地震加速度和设计地震分组

拟建场地位于深圳市罗湖区，根据《建筑抗震设计规范》（GB 50011—2010）（2016 年版）及《中国地震动参数区划图》（GB 18306—2015），本地区抗震设防烈度为 7 度，设计基本地震加速度为 0.10 g，设计地震分组属第一组。

2.4.2 建筑场地类别

为了评价场地的地震效应，确定场地土的类型、建筑场地类别，本次勘察我公司实验测试室对拟建场地进行了土层剪切波速测试 210.0 m/8 孔。其场地的土层剪切波速测试结果统计见表 2-4。

表 2-4 场地内土层剪切波速统计表

时代成因	地层名称	土层剪切波波速/($m \cdot s^{-1}$)				土的类型
		统计次数	最小值	最大值	平均值	
Q^{ml}	素填土①$_1$	36	161	180	170	中软土
	人工填石①$_2$	11	246	283	267	中硬土
Q^{el}	粉质黏土⑧	6	262	279	270	中硬土
J_2	全风化凝灰质砂岩⑨$_1$	11	302	389	346	中硬土
	强风化凝灰质砂岩⑨$_{21}$（土状）	11	380	398	390	中硬土
	强风化凝灰质砂岩⑨$_{21}$（块状）	40	403	456	430	中硬土
	中风化凝灰质砂岩⑨$_3$	53	504	771	639	软质岩石
	微风化凝灰质砂岩⑨$_4$	42	1004	1168	1069	硬质岩石

根据剪切波速测试结果，剪切波速测试钻孔的土层等效剪切波速、覆盖层厚度、建筑场地类别及特征周期见表 2-5。

表 2-5 建筑场地类别结果

孔号	等效剪切波速 V_{se}/($m \cdot s^{-1}$)	覆盖层厚度/m	建筑场地类别	特征周期/s
CZKMM005	341.6	19.2	Ⅱ	0.35
CZKMM023	338.5	11.3	Ⅱ	0.35

续表2-5

孔号	等效剪切波速 V_{se}/(m·s^{-1})	覆盖层厚度/m	建筑场地类别	特征周期/s
CZKMM027	234.7	18.7	Ⅱ	0.35
CZKMM047	201.4	7.5	Ⅱ	0.35
CZKMM073	225.9	11	Ⅱ	0.35
CZKMM095	246.8	11.5	Ⅱ	0.35
CZKMM113	319.2	16	Ⅱ	0.35
CZKMM123	254.8	21.3	Ⅱ	0.35

场地开挖至设计整平标高以后，场地类别局部可能会有变化。

根据《建筑抗震设计规范》(GB 50011—2010)(2016年版)有关规定，本场地土的类型为中软至中硬土。根据钻孔波速测试结果结合场地其他钻孔揭露覆盖层分布情况，综合判定建筑场地类别为Ⅱ类，设计特征周期为0.35 s。

2.4.3 建筑抗震地段的划分

根据本次勘察结果，场地周围存在挡墙、边坡。按《建筑抗震设计规范》(GB 50011—2010)(2016年版)第4.1.1条的规定：拟建场地对建筑抗震属不利地段。

2.4.4 场地地震稳定性评价

场地岩土地震稳定性包括断裂、滑坡、崩塌、液化和震陷。通过本次勘察及工程地质调查，场地内未发现全新活动断层通过。

场地内及场地周围存在较多边坡及挡墙，目前处于基本稳定至稳定状态，在地震作用下可能发生崩塌及滑坡，故应考虑地震时边坡可能会产生滑坡和崩塌。建议根据下一阶段的地质灾害勘察的结果，对边坡及挡墙采取相应的治理措施。

此外，场地内未预见砂土层，可不考虑液化影响。场地内钻孔未遇见软土层，可不考虑软土震陷的影响。

场地地震稳定性较差。

2.5 特殊性岩土

根据本次勘察结果，勘察范围内的特殊性岩土主要为人工填土、风化岩及残积土，具体分述如下。

2.5.1 人工填土

人工填土层在拟建场地中分布较广泛，呈褐黄、褐灰、褐红等杂色；主要由黏性土及砂土等组成，不均匀含5%~25%碎块石等，块径2~30 cm。该土层厚度0.50~19.10 m，物质组成不均匀，空间分布不均匀，多呈稍密状态，局部松散状态；密实程度不均，稳定性差，开挖后易产生坍塌和失稳。

2.5.2　风化岩及残积土

场地广泛分布有凝灰质砂岩残积土及全、强风化岩层，其浸水后易软化、强场地内广泛分布有凝灰质砂岩残积土及全、强风化岩层。风化岩和残积土浸水后易软化、崩解，强度显著降低。由于凝灰质砂岩风化不均匀，本场地强风化凝灰质砂岩中发育有中风化状凝灰质砂岩碎块，会对施工产生不利影响。

2.6　地下水

2.6.1　地下水类型、赋存状态及补给径流排泄

勘察时，场地内大部分钻孔均遇见地下水，场地地下水类型以潜水为主，赋存于人工填土及第四系土层中；基岩裂隙水为辅，主要赋存于侏罗系凝灰质砂岩风化带中，受大气降水、潜水的补给，其贮存、渗流、排泄均受节理裂隙的控制和影响。地下水受整体地势控制由北向南顺坡向渗流。

项目场地地层主要为第四系地层及侏罗系凝灰质砂岩。基坑底地层主要为中风化、微风化凝灰质砂岩。局部为块状强风化，基坑底距离基岩面较浅。基坑侧壁地层主要为人工填土、残积粉质黏土、全风化凝灰质砂岩、土状强风化、块状强风化、中风化、微风化凝灰质砂岩。

项目场地地貌属剥蚀残丘，整体地势北高南低，高差较大，场地地表水系不发育。雨季时，雨水自北向南漫流，汇集后流入市政雨水管道中。

场区地下水类型为潜水、基岩裂隙水。潜水主要赋存于第四系地层中，主要受大气降水补给，水位变化因季节而异。基岩裂隙水主要赋存于块状强风化~中风化带中，土状强风化岩含水弱，富水性差；块状强风化岩风化带内风化裂隙较密集，裂隙贯通性较好；中风化岩的导水性和富水性主要受节理裂隙控制，具各向异性，主要受大气降水及上层地下水的补给。场地内地下水顺地势径流，地下水的排泄途径主要是蒸发和径流。

2.6.2　地下水水位及变化幅度

本次勘察时，测得场地各钻孔地下水位埋深 1.00~15.00 m，标高 15.90~63.78 m。根据区域水文地质调查结果及场地的现场地形条件，场地多年地下水稳定水位变化幅度可按 0.50~3.00 m 考虑。除填石层为强透水性地层外，场地其他地层均为弱透水层。

2.6.3　地下水作用评价

该边坡上部地下水埋藏较深，主要地层为人工填土层。在强降雨等条件下，地表水渗入坡体，地下水位上升，造成风化岩土体软化并降低其力学性质，增加岩土体自重，对边

坡的稳定产生不利影响。

2.6.4 水和土对建筑材料的腐蚀性

本次勘察在钻孔采取了 6 件地下水试样,进行了室内水质分析试验。

根据水试样分析结果,按《岩土工程勘察规范》(GB 50021—2001)(2009 年版)有关标准进行水质对建筑材料的腐蚀性判定,其判定结果见表 2-6。

表 2-6　环境水腐蚀性判定表

取样钻孔及编号	水的腐蚀性评价									
	对混凝土结构的腐蚀性								对钢筋混凝土结构中钢筋的腐蚀性	
	按环境类型		按地层渗透性							
	SO_4^{2-} /($mg \cdot L^{-1}$)	Mg^{2+} /($mg \cdot L^{-1}$)	pH		侵蚀性 CO_2 /($mg \cdot L^{-1}$)		HCO_3^- /($mmol \cdot L^{-1}$)	总矿化度 /($mg \cdot L^{-1}$)	水中的 Cl^- 含量 /($mg \cdot L^{-1}$)	
	Ⅱ类环境		直接临水或强透水层	弱透水层	直接临水或强透水层	弱透水层	直接临水或强透水层	Ⅱ类环境	长期浸水	干湿交替
CZKMM016-S	34.57	7.21	6.89		4.56		0.612	101.24	15.50	
	微	微	微	微	微	微	/	/	微	微
CZKMM075-S	52.47	14.93	6.92		5.48		0.539	112.72	13.78	
	微	微	微	微	微	微	/	/	微	微
CZKMM090-S	46.77	8.75	7.7		1.14		2.074	196.73	17.22	
	微	微	微	微	微	微	/	/	微	微
CZKMM107-S	38.64	6.18	7.04		4.56		0.622	117.25	20.67	
	微	微	微	微	微	微	/	/	微	微
CZKMM032-S	45.76	6.44	7.13		4.56		0.674	132.91	22.39	
	微	微	微	微	微	微	/	/	微	微
CZKMM106-S	57.96	7.47	7.34		3.42		0.881	166.56	25.83	
	微	微	微	微	微	微	/	/	微	微

根据勘察结果,依照《岩土工程勘察规范》(GB 50021—2001)(2009 年版)中关于水质腐蚀性评价标准判定:场地环境类型属Ⅱ类,场地按强透水地层考虑,场地地下水水质对混凝土结构具微腐蚀性;对钢筋混凝土结构中的钢筋具微腐蚀性。

本次勘察采取了 4 件地下水位以上的土试样做腐蚀性测试,其分析结果详见《易溶盐含量试验报告》(图号:KYY-HK-2017-MML-3-4)。

按《岩土工程勘察规范》(GB 50021—2001)(2009 年版)有关标准进行土对建筑材料的腐蚀性判定,其判定结果见表 2-7。

表 2-7　土腐蚀性判定表

取样钻孔及编号	对混凝土结构的腐蚀性等级			对钢筋混凝土结构中钢筋的腐蚀性等级		对钢结构的腐蚀性等级
	环境类型 SO_4^{2-} /(mg·kg^{-1})	pH		土中的 Cl$^-$ 含量 /(mg·kg^{-1})		pH
	Ⅱ类环境	强透水土层	弱透水土层	长期浸水	干湿交替	pH
CZKMM027-1	22.84	6.65		17.29		6.65
	微	微	微	微	微	微
CZKMM080-1	36.45	7.43		34.70		7.43
	微	微	微	微	微	微
CZKMM113-1	31.89	7.18		25.98		7.18
	微	微	微	微	微	微
CZKMM032-1	27.36	6.79		37.42		6.79
	微	微	微	微	微	微

根据本次勘察结果,按《岩土工程勘察规范》(GB 50021—2001)(2009 年版)中有关标准判定:场地环境类型属Ⅱ类,场地地下水位以上的土对混凝土结构具微腐蚀性,对钢筋砼结构中钢筋具微腐蚀性,pH 对钢结构具微腐蚀性。

2.7　岩土工程分析与评价

2.7.1　场地的稳定性和适宜性评价

根据区域地质资料及本次勘察结果,场地内未发现全新活动断层通过。

场地内及场地周围存在较多边坡及挡墙,目前处于基本稳定~稳定状态,在地震作用下可能发生崩塌及滑坡。项目施工后部分边坡及挡墙会被挖除,但会产生新的边坡,需对其采取加固措施。对新形成的边坡进行专门的加固处理后,场地稳定。场地作为罗湖"二线插花地"棚户区改造项目(木棉岭片区)拟建场地是适宜的。

2.8　地基稳定性和均匀性评价

2.8.1　地基稳定性评价

除场地东侧长排村、北侧存在的东深供水管道外,拟建场地内未遇见其他埋藏的河道、沟滨、防空洞等对工程不利的埋藏物。未遇见临空面、洞穴和软弱岩层。拟建场地存在人工填土、残积土及风化岩等特殊性岩土。人工填土在外力作用下会产生沉降。残积土及风化岩浸水后易软化、崩解,强度降低,全风化凝灰质砂岩不均匀残留强~中风化岩块,强风化凝灰质砂岩不均匀夹中风化岩块,对基础及基坑施工不利。对场地内特殊性岩土进行妥善处理后,地基的稳定性可得到保证。

2.8.2　地基均匀性评价

由于各岩土层的底面或相邻基底标高的坡度大于10%,根据深圳市标准《地基基础勘察设计规范》(SJG 01—2010)4.9.8节,该场地地基属不均匀地基。

2.9　岩土工程性能及均匀性评价

(1)人工填土(Q^{ml})包括素填土①$_1$、人工填石①$_2$、杂填土①$_4$。场地内广泛分布,厚度较大,密实程度不均匀,均匀性差。此层未经处理不能作为永久性建(构)筑物的天然地基基础持力层,进行适当处理后,可作为室外地坪及道路路基;当基坑开挖揭露该层时,应进行降水、支挡及安全措施。

(2)第四系残积层(Q^{el})粉质黏土⑧。场地内局部分布,呈可塑~硬塑状态,具有中等强度和中等压缩性,工程性质一般;厚度变化较大,分布不均匀,均匀性一般。可作为一般建筑物天然地基基础持力层及下卧层。

(3)侏罗系凝灰质砂岩:本次勘察揭露其全、强、中、微风化四带,均具有较高的强度和较低的压缩性。适宜作为建筑物地基的下卧层及各类桩基桩端持力层。由于浸水后全、强风化较易软化及崩解,故不宜作为钻(冲)孔灌注桩的桩端持力层;若采用钻(冲)孔灌注桩,宜以中风化及其以下地层作为桩端持力层。全、强风化凝灰质砂岩空间分布较不均匀,厚度变化较大,局部含有中风化块,其均匀性差;中风化凝灰质砂岩和微风化凝灰质砂岩力学强度大,力学性质较均匀,未发现有洞穴、临空面和软弱夹层。

(4)断层碎裂岩及糜棱岩。

①糜棱岩⑪$_1$。强度相当于土状强风化岩,适宜作为建筑物地基的下卧层。由于浸水后较易软化及崩解,故不宜作为钻(冲)孔灌注桩的桩端持力层。

②碎裂岩⑪$_2$。具有明显的泥化及糜棱化特征,局部用手可捏碎,近似强~中风化状态;具有较高的强度和较低的压缩性,分布极不均匀;可作为建筑物地基下卧层及一般桩基的持力层。

2.10　基础选型初步分析

2.10.1　天然地基初步分析、评价

本项目建筑设计方案未定,前期规划包括高层及多层建筑。若场地标高根据地形高度变化,将有多个场地整平标高;若设2层地下室,深约10.0 m。

拟建场地范围较大，基岩面起伏较大，部分区域开孔即为中风化、微风化基岩。全、强风化凝灰质砂岩空间分布较不均匀，厚度变化较大，局部含有中风化块。

根据初勘资料显示，场地部分区域在此标高附近地层为强风化块状及以下地层，适合做拟建建筑的基础持力层，可考虑采用天然地基或桩基。

2.10.2 桩基础初步分析、评价

对于场地基岩埋藏较深的区域，可考虑采用桩基。

根据地质资料及桩基采用的经济合理性，对各桩基础方案的分析评价如下。

（1）钻（冲）、旋挖成孔灌注桩基础：此桩型宜以块状强风化岩及以下岩层做桩端持力层。本场地在基坑开挖后，可采用钻（冲）、旋挖成孔灌注桩基础。以块状强风化做桩端持力层时桩长 10~35 m（假设对强风化岩地层而言嵌岩深不少于 5.0），以中风化岩及以下地层作为桩端持力层时桩长 15.0~45.0 m。此种桩型优点是施工时无须降水，钻（冲）孔桩穿透性较强，桩径及持力层选择余地大，单桩承载力较高，可避免因桩基施工降水对环境造成不良影响。缺点：泥浆排放量大，存在泥浆污染场地，碴浆清运困难；桩身质量受施工工艺水平的影响较大（工艺不良时较易出现沉渣、断桩、夹泥、缩径、垮孔等问题）；持力层判定不直观，较难以把握；工期较长，造价较高。若选用该桩型，施工时应采取适当的施工工艺，防止桩基质量问题发生。采用嵌岩桩时应进行逐桩超前钻探工作，进一步准确查明基岩埋藏情况，以确保桩端坐落在设计的稳定持力层上。

（2）预应力管桩基础：适宜在场平并硬地化后进行施工，可根据拟建物的荷载情况选用预应力管桩基础，以块状强风化岩为桩端持力层，桩长 10~35 m。预应力管桩桩型具有施工工艺简单，工程费用相对较低，质量易控制的优点。缺点：单桩承载力相对较低，需采用多桩承台基础，且会产生挤土效应。本场地风化地层夹层较多，穿透夹层较困难。另外，锤击产生的振动，对拟建场地四周的现状道路或现有建筑物会产生不良影响；产生较大噪音对附近居民的生活与学习造成干扰，采用静压法沉桩可避免噪音问题。本场地基岩面起伏较大，全、强风化凝灰质砂岩空间分布较不均匀，厚度变化较大，局部含有中风化块，对管桩沉桩不利，故不宜考虑采用预应力管桩基础。

（3）人工挖孔灌注桩：宜以中风化岩做桩端持力层。本场地基坑开挖后，场地中风化岩埋藏仍较深。此桩型具有施工工艺简单、持力层判定较直观、桩身质量易控制、能够大面积同时展开施工、工期较短、工程费用相对较低等优点。由于场地部分地段桩长超过 25.0 m，且场地填土、填石较厚，人工挖孔桩属于限制使用的桩型，故不宜考虑采用人工挖孔灌注桩。

综上所述，根据拟建建筑物特点及场地工程地质条件，拟建建筑物可考虑采用钻（冲）、旋挖成孔灌注桩基础，以中~微风化岩作为桩端持力层。

2.11 基坑工程评价

2.11.1 基坑开挖支护方案及排水措施

本工程建筑设计方案尚未确定，若设 2 层地下室，场平后地下室基坑开挖深度在 10 m

左右。结合场地周边的环境因素，工程地质条件和地下水埋藏条件，可初步考虑采用放坡结合桩锚等支护形式。

施工应有可行的方案，分层分段开挖、支护。根据初勘资料，场地范围地下水水量不大，基坑内四边设置排水沟和集水井抽水明排，基坑顶设置截水沟和集水井抽水明排即可。

2.11.2　地下室抗浮设计水位

根据本次勘察钻孔中稳定水位的观测，地下水位埋深 1.00~15.00 m，标高 15.90~63.78 m；总体上北高南低，随地形的起伏而起伏。初步建议抗浮设防水位取设计地坪标高以下 1.0 m。抗浮措施可采用抗浮锚杆或抗浮桩或作结构处理，以抵消地下水的浮托力。

2.12　结论与建议

2.12.1　初步结论

（1）根据区域地质资料及本次勘察结果，场地内未发现全新活动断层通过，场地稳定。在钻孔 CZKMM075 处揭露断层碎裂岩及糜棱岩，受构造运动强烈挤压而成。场地内及场地周围存在较多边坡及挡墙，目前处于基本稳定~稳定状态，在地震作用下可能发生崩塌及滑坡。对边坡及挡墙采取相应的治理措施后，场地作为罗湖"二线插花地"棚户区改造项目（木棉岭片区）拟建场地是适宜的。

（2）场地内凝灰质砂岩全、强风化层空间分布较不均匀，厚度变化较大，局部含有中风化块；未遇见临空面、洞穴。拟建场地存在人工填土、残积土及风化岩等特殊性岩土。人工填土在外力作用下会产生沉降。残积土及风化岩浸水后易软化、崩解，强度降低，将对基础及基坑施工不利。对场地内特殊性岩土进行妥善处理后，地基的稳定性可得到保证。拟建场地地基属不均匀地基。

（3）根据《建筑抗震设计规范》（GB 50011—2010，2016 年版），本地区抗震设防烈度为 7 度，设计地震分组属第一组，设计基本地震加速度值为 0.10 g。拟建场建筑场地类别为 II 类，设计特征周期为 0.35 s。拟建场地对建筑抗震属不利地段。

（4）根据本次勘察结果，依照《岩土工程勘察规范》（GB 50021—2001）（2009 年版）中有关标准判定：场地环境类型属 II 类，场地地下水水质对砼结构具微腐蚀性；对钢筋砼结构中的钢筋具微腐蚀性。场地地下水位以上的土对砼结构具微腐蚀性，对钢筋砼结构中钢筋具微腐蚀性，对钢结构具微腐蚀性。

2.12.2　初步建议

根据本次勘察结果，参照深圳市标准《地基基础勘察设计规范》（SJG 01—2010）及其他有关规范和当地工程经验，场地内各地层当作天然地基时的工程特性指标可参考表 2-8 中的数值。

表 2-8　天然地基岩、土工程特性指标值一览表

时代成因	地层名称	状态	承载力特征值 f_{ak}/kPa	压缩模量 E_S/MPa	变形模量 E_0/MPa	渗透系数 K /(cm·sec^{-1})
Q^{ml}	素填土①$_1$	松散~稍密	90~120	3.0~4.0	/	5.0×10^{-4}
	人工填石①$_2$	稍密	100~130	/	8~10	2.0×10^{-3}
	杂填土①$_4$	松散~稍密	70~90	2.5~3.5	/	8.0×10^{-4}
Q^{el}	粉质黏土⑧	可塑~硬塑	200~250	4.5~6.0	/	3.0×10^{-5}
J$_2$	全风化凝灰质砂岩⑨$_1$	30≤N≤50	300~400	/	40~50	8.0×10^{-5}
	强风化凝灰质砂岩⑨$_{21}$（土状）	N>50	600~700	/	70~80	3.0×10^{-4}
	强风化凝灰质砂岩⑨$_{21}$（块状）	/	800~1000	/	100~120	6.0×10^{-4}
	中风化凝灰质砂岩⑨$_3$	/	1500~2200	/	/	1.0×10^{-3}
	微风化凝灰质砂岩⑨$_4$	/	4000~4500	/	/	2.0×10^{-4}

注：

（1）当基础砌置于不同地层或地基持力层厚度、性质变化较大时应考虑差异沉降对建（构）筑物的影响。

（2）人工填土①未经专门处理不能作为永久性建筑物之天然地基，表中所列人工填土①的承载力特征值指标仅供作为建筑物室内外地坪、道路路基及进行复合地基验算时计算地基强度使用。

根据本次勘察结果，参照深圳市标准《地基基础勘察设计规范》（SJG 01—2010），采用桩基础时，桩基计算所需的工程特性指标可参考表 2-9 的数值。

根据本次勘察结果，参考《建筑边坡工程技术规范》（GB 50330—2013）、《深圳市基坑支护技术规范》（SJG 05—2011）、《地基基础勘察设计规范》（SJG 01—2010）及其他相关规范，当进行边坡、基坑开挖与支护设计时，有关土层的工程特性指标可参考表 2-10 数值。

表 2-9　灌注桩基础设计初步建议参数一览表

时代成因	地层名称	状态	灌注桩桩侧阻力特征值 q_{sa}/kPa	桩端端阻力特征值 q_{pa}/kPa			岩石饱和单轴抗压强度/MPa	抗拔摩阻力折减系数
				钻(冲)孔/旋挖灌注桩		人工挖孔桩/m		
				桩入土(岩)深度/m				
				$L<15$	$15≤L≤30$			
Q^{ml}	素填土①$_1$	松散~稍密	10~12	/	/	/	/	0.30
	人工填石①$_2$	稍密	10~12	/	/	/	/	0.30
	杂填土①$_4$	松散~稍密	8~10	/	/	/	/	0.30

续表2-9

时代成因	地层名称	状态	灌注桩桩侧阻力特征值 q_{sa}/kPa	桩端端阻力特征值 q_{pa}/kPa				岩石饱和单轴抗压强度/MPa	抗拔摩阻力折减系数
				钻(冲)孔/旋挖灌注桩			人工挖孔桩/m		
				桩入土(岩)深度/m					
				$L<15$	$15 \leq L \leq 30$				
Q^{el}	粉质黏土⑧	可塑~硬塑	30~35	/	/	/	/	/	0.55
J_2	全风化凝灰质砂岩⑨₁	$30 \leq N \leq 50$	50~60	/	/	/	/	/	0.60
	强风化凝灰质砂岩⑨₂₁(土状)	$N>50$	90~110	1000~1100	1200~1400	1500~1700	1600~1800	/	0.65
	强风化凝灰质砂岩⑨₂₁(块状)	/	/	1200~1400	1500~1700	1800~2000	1800~2000	/	0.65
	中风化凝灰质砂岩⑨₃	/	/	/				15~20	0.75
	微风化凝灰质砂岩⑨₄	/	/	/				45~60	0.80

注:
①表中不提端阻力者,为不推荐作为桩基持力层;
②采用上表数值时,应采用静载试验等进行一定数量的试桩校核;
③钻(冲)孔灌注桩桩底沉渣厚度应满足有关规范要求;
④为保证施工质量,应采用钻芯、超声波、低应变等方法进行检测;
⑤上表中 N' 为标准贯入试验锤击数实测值;
⑥岩石端阻力与侧阻力系数中风化 $C_1=0.3$、$C_2=0.04$;微风化岩 $C_1=0.4$、$C_2=0.05$;
⑦对于地下水位以下和采用泥浆护壁的钻(冲)孔桩岩石侧阻力与端阻力系数乘以0.85;
⑧桩端扩大头时,扩大头斜面部分取 $C_2=0$;
⑨当桩端嵌入基岩深度小于0.5 m时,取 $C_2=0$。

表 2-10　基坑支护设计参数初步建议值表

时代成因	地层名称	状态	天然重度 γ /(kN·m⁻³)	内摩擦角 φ /(°)	凝聚力 C /kPa	坡度允许值(高宽比)		岩土体与锚固体极限黏结强度标准值 q_{sik}/kPa	岩土与挡墙底面摩擦系数 μ
						土质边坡			
						坡高<5 m	坡高 5~10 m		
Q^{ml}	素填土①₁	松散~稍密	18.5	10~12	10~15	1:1.50~1:1.80	/	18~22	/
	人工填石①₂	稍密	19.0	20~30	/	1:1.30~1:1.50	/		/
	杂填土①₄	松散~稍密	18.0	5~8	5~10	1:1.50~1:1.80	/		/
Q^{el}	粉质黏土⑧	可塑~硬塑	19.0	20~22	25~30	1:0.75~1:1.00	1:1.00~1:1.25	45~55	0.25~0.30

续表2-10

时代成因	地层名称	状态	天然重度 γ /(kN·m⁻³)	内摩擦角 φ /(°)	凝聚力 C /kPa	坡度允许值(高宽比) 土质边坡		岩土体与锚固体极限黏结强度标准值 q_{sik}/kPa	岩土与挡墙底面摩擦系数 μ
						坡高<5 m	坡高 5~10 m		
J₂	全风化凝灰质砂岩⑨₁	30≤N≤50	20.0	23~25	28~32	1:0.95~1:1.00	1:1.15~1:1.20	180~200	0.30~0.35
	强风化凝灰质砂岩⑨₂₁(土状)	N>50	21.0	25~30	30~35	岩质边坡		250~300	0.35~0.40
						坡高<8m	坡高 8~15m		
						1:0.75~1:1.00	/		
	强风化凝灰质砂岩⑨₂₁(块状)	/	23.0	30~35	30~35	1:0.75~1:1.00	/	450~500	0.45~0.50
	中风化凝灰质砂岩⑨₃	/	25.0	/	/	1:0.35~1:1.50	1:0.50~1:0.75	900~1200	0.55~0.60
	微风化凝灰质砂岩⑨₄	/	26.5	/	/	1:0.25~1:0.35	1:0.35~1:0.50	1500~2000	0.65~0.70

  本工程建筑设计方案未定,拟建场地范围较大,基岩面起伏较大,部分区域开孔即为中风化、微风化基岩。全、强风化凝灰质砂岩空间分布较不均匀,厚度变化较大,局部含有中风化块。初步建议对于基岩埋藏浅区域,可考虑采用天然地基或桩基;对于基岩埋藏深的区域,可考虑采用钻(冲)、旋挖成孔灌注桩基础,以中~微风化岩作为桩端持力层。结合场地周边的环境因素,工程地质条件和地下水埋藏条件,基坑支护可初步考虑采用放坡结合桩锚等支护形式。

  本项目拟建场地地下室抗浮设防水位初步建议按设计室外地坪标高以下 1.00 m 考虑。地下室应进行抗浮验算,当地下水浮力大于上部结构荷载(按最不利组合)时,应采取抗浮措施。抗浮措施以抗拔桩或抗拔锚杆为宜。

  本次勘察为初步勘察,为进一步查明场地工程地质条件,应进行详细勘查工作。

  建议详勘时对拟建高层住宅楼按每栋2孔进行波速测试,以准确确定场地土类型及建筑场地类别。

  根据深圳市《地基基础勘察设计规范》(SJG 01—2010)要求,建议详勘时对本工程场地进行土壤氡浓度测定。

第 3 章

抗浮方案设计

3.1　初步设计

本章以典型地块木棉岭 02、03 地块为例介绍项目抗浮设计。木棉岭 02、03 占地面积约 4.8 万平方米,其地下室连为一体,疏排水设计时作为整体考虑。地块周边室外地面最大高差为 17 m,地下室底板最大高差为 18 m。

地勘建议抗浮设防水位按场平后周边道路标高以下 1.0 m 考虑。项目所在场地沿南北、东西向均有较大高差,抗浮水位参照的周边道路标高应取何处较难确定。初步计算时采取的取值方案为通过室外地面高点与低点的连线取双向水头大值,再根据地下室底板标高分区域按高值确定水头,如图 3-1 所示。同时,考虑地下室面积较大,地坑底部局部存在碎裂岩,且项目基坑背靠山体,可能会出现地下室中部区域存在水头压力,局部水压力高于周边的可能,在结构抗浮设计时应保留适当的富余。

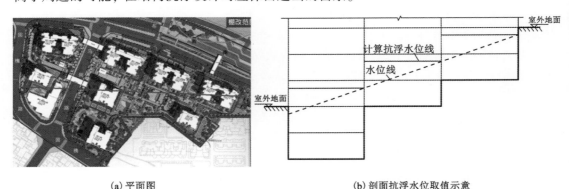

(a) 平面图　　　　　　　　　　(b) 剖面抗浮水位取值示意

图 3-1　抗浮水位取值示意

本项目基底基本为岩石,不适宜采用抗拔桩。设置于中、微风化岩的锚杆可提供较大的抗拔力,较适用于本项目高水头的情况。初步设计时采用设置抗拔锚杆作为抗浮措施。采用前文所述的梯度水头对抗拔锚杆进行了初步计算。由于项目本身地下室层数较多,水头较高,如木棉岭 02 地块,局部水头达 21 m。对于 8 m×8 m 的标准跨,采用直径 300 mm

锚杆,承载力取 700 kPa,须按 2 m×2 m 间距满布,锚杆入岩长度 11 m。若局部存在强风化时,锚杆的总长度会更长,整个地块预估锚杆数量约 1600 根。

3.2 方案优化

抗拔锚杆作为常规的抗浮措施,工艺较成熟。本项目依山而建,设计水头较高,导致抗拔锚杆数量太多,不利于底板施工,且施工过程中须穿插锚杆施工及检测对工期影响较大。尽管锚杆已经满布,但单根锚杆的承载力需求依然很高,使得锚杆筋不得不采用钢绞线或高精螺纹钢。其节点锚固的处理较为复杂,存在一定的质量隐患风险。

针对存在上述的问题,天健棚改公司多次组织勘察、设计单位与岩土、水文、地质、结构专家进行研讨,针对项目场地天然存在高差的特点,提出了采用疏排水降压抗浮的设计方案。降压抗浮即利用导水系统将地下室底板下方的地下水与市政管网连通,降低地下室抗浮水位,减小甚至消除对地下结构物的影响。同时可以解决抗浮水位取值困难和抗浮设计困难两个难题。在降压抗浮的方案中,对内排水与外排水方案及不同的疏排水方式进行了对比研究。

3.2.1 内排水与外排水方案比较

疏排水降压抗浮方案的排水方式有内排水、外排水两种类型。内排水方案是在地下室底板设置与底板下疏水系统连通的集水井,地下水进入集水井后再通过水泵抽排出地下室。该种方案的优点是可使地下水位位于底板下,但是需要设置排水能力足够的水泵持续抽排。外排水方案是在地下室外墙外设置出水口,出水口靠近周边市政道路低点与市政排水管连通,利用高差自然溢流,此时的抗浮水位为出水口的标高。

内排水方案可以最大程度降低抗浮水位,减少项目建设时的一次性投入,但需要后期的水泵运营和物业管理费用的持续投入。外排水方案须局部结合抗拔锚杆抗浮,但其排水方式为自然溢流,后期维护成本低。综合考虑水泵抽排的安全性、物业运维的能力、综合投入等因素,最终采取外排水方案。采用外排水方案后抗浮水位取值如图 3-2 所示。

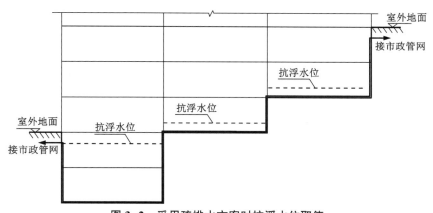

图 3-2 采用疏排水方案时抗浮水位取值

3.2.2 碎石疏水层与静水压力释放带方案比较

疏排水降压抗浮有碎石疏排水系统与静水压力释放带排水系统两种方案。其中碎石疏排水系统采用在底板下铺设碎石层作为疏水措施，静水压力释放带排水系统采用在底板下铺设静水压力释放带作为疏水措施。

对于碎石疏排水方案，若采用满铺碎石的方案，须在除塔楼范围和下柱墩以外的全部区域满铺 500 mm 厚碎石，挖方量较大，且大部分为石方，须爆破。本项目处于市区，对爆破作业有诸多要求，会增加项目的不确定性。基于对方案的优化，提出了采用碎石盲沟代替满铺碎石疏水层的做法。将原来满铺的碎石垫层用碎石盲沟代替，在碎石盲沟的底部设置排水盲管以提高排水能力。此时大部分区域只需在一个柱跨内设置一条碎石盲沟，开挖方量会大大减少。

对于疏排水方案，由于地基局部存在强风化，设计时须将整个底板作为筏板设计。此时，作为疏水层的碎石及静水压力释放带夹于基础与持力层之间，是否会影响地基的承载力及变形？若碎石压实后、静水压力释放带受压后是否会对其的渗透性能有影响？

对于承载力的问题，碎石在压实后的承载力预计可以达到 200~300 kPa；若局部不能满足筏板承载力时，须在计算和设计上采取措施；静水压力释放带的压缩模量较大，厚度较小，对基础承载力的影响几乎可忽略。对于受压后的渗透性问题，相关研究表明，碎石粒径为 20~50 mm 的碎石盲沟，夯实前后的渗透系数比值为 1.15，对渗透系数有一定影响但影响不大，设计时考虑此因素即可。疏排水材料在受压时的变形较小，对渗透性的影响可忽略。

静水压力释放带排水系统采用 CMC 作为疏水层。CMC 为一种特殊塑化材料，耐酸碱及腐蚀，具有较好的过滤性、透水性，主要铺设区域材料厚度约 10 mm。静水压力释放带排水系统中，在每一柱跨中间设置 2 m 宽静水压力释放带，沿场地周边设置 4 m 宽的静水压力释放带。

结合场地实际情况与抗浮设计需求，本项目疏排水设计控制水位为周边道路最低点处标高以下 1 m；抗浮设计中地下室底板标高低于周边道路最低点标高时，按抗浮水头降至道路最低点以下 1 m 考虑，该部分抗浮措施采用抗浮锚杆。

3.2.3 综合经济技术对比

对各方案中影响最直接的锚杆、土石方、疏水层的综合对比见表 3-1。

表 3-1 不同抗浮方案对比

	抗浮方案	锚杆数量	土石方及疏水层	合计/万元	备注
方案 1	仅抗浮锚杆	1600 根 φ300 mm 锚杆入岩 11 m 综合造价约 700 万元	—	700	考虑锚杆锚固底板不宜太薄

续表3-1

抗浮方案		锚杆数量	土石方及疏水层	合计/万元	备注
方案 2	碎石盲沟疏排水系统+抗浮锚杆	600 根 φ200 mm 锚杆入岩 5 m 综合造价约 90 万元	0.8w 方挖方及碎石填方综合造价约 400 万元	490	高标高台地的底板可以忽略抗浮水位的影响，对于岩层地基区域可按构造底板设计
方案 3	碎石层疏排水系统+抗浮锚杆		1.3w 方挖方及碎石填方综合造价约 650 万元	740	
方案 4	静水压力释放带疏排水系统+抗浮锚杆		1.2w 平静水压力释放带综合造价约 1200 万元	1290	

相比方案 2、3、4，方案 1 锚杆量较大，仅锚杆部分就需增加 10 个月单位工时，且须考虑锚杆检测的时间，同时锚杆筋数量较多也不便于底板施工。本项目处于市区，对于爆破有较严格的要求，且部分区域距居民区较近只能采取静爆，成本较高，存在诸多不确定因素；相比方案 3，经优化后的方案 2 可减少 40% 石方开挖及回填。方案 4 的优点在于不需要石方开挖及回填，施工方便，节约工期，但成本较高；同时 CMC 材料为专利产品，存在一定的技术风险。另外，在方案 2、3、4 中由于高标高，底板的水位降低，在结构底板自身就可以节省大量成本，保守估计仅木棉岭 03 地块的底板较方案 1 可节省约 400 万。综合来看，木棉岭 02、03 两个地块采用方案 2 时可较方案 1 节约成本 610 万，节省 10 个月锚杆施工的单位工时。据此推算，采用方案 2 时，整个罗湖棚改项目至少可节约投资 5500 万。

本项目基底多为中、微风化岩，地质条件较好，岩层透水性较低。这主要可能是透水层为岩石裂隙带，且是坡地建筑，采用疏排水方案是适宜的。综合考虑技术合理性、工期、成本及风险可控性等因素，最终选择碎石盲沟疏排水系统+抗浮锚杆作为本项目的抗浮措施。

3.3　碎石盲沟疏排水系统

碎石盲沟疏排水系统主要由碎石盲沟疏水系统、出水排水系统(含应急排水系统)、监测系统、侧壁封闭措施组成。

3.4 碎石盲沟疏水系统

地下水通过底板以下的碎石盲沟实现互连互通，形成连通器，汇集、导流结构底板面以下的地下水。在地下室底板下避开结构基础的位置设梯形盲沟，盲沟内充填直径为 4~5 cm 的碎石铺。整个盲沟外侧用土工布包裹，盲沟内埋设 1 或 2 根外包土工布的成品复合土工排水管。不同标高台地高差处，由于回填区域上方有结构基础、底板，该区域不宜全采用碎石回填，采用 300 mm 直径的 HPDE 管连通，管的根数由计算确定。

盲沟施工次序为：开挖基坑—开挖盲沟—施工抗浮锚杆（若有）—铺设针刺土工布—施工碎石盲沟—铺设经编土工布—铺设隔水膜—施工垫层—施工底板。

其中针刺土工布作为反滤层，在底部及两侧沟壁铺设，并预留顶部覆盖所需的土工织物；针刺土工布两侧紧贴边墙和坑壁铺设，并采取措施防止上部填料回填施工和沉降使土工布错动，满足保土、透水、防淤堵的要求。疏排水系统为隐蔽工程，应加强施工过程质量控制，采取措施保证排水通道的畅通，尤其时在雨季施工时，要防止冲刷的泥沙堵塞盲沟。

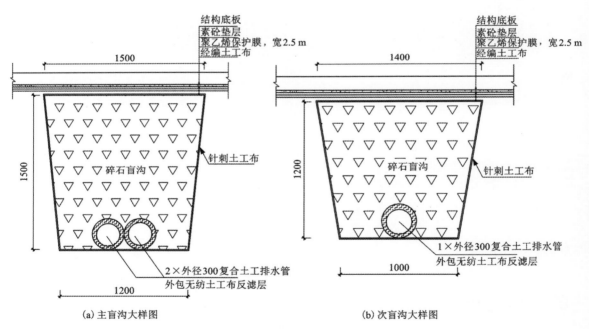

(a) 主盲沟大样图　　　　　　　　(b) 次盲沟大样图

图 3-3　盲沟大样（单位：mm）

图 3-4 盲沟沟槽开挖

图 3-5 碎石盲沟回填

图 3-6 成品盲沟排水管 (外包土工布)

图 3-7 排水管交接节点

3.5 出水排水系统

出水排水系统含自溢出水口、景观用水接口、应急排水口。

3.5.1 自溢出水口

通过疏水系统疏导的地下水通过自溢排水口排至市政排水系统，出水口是整个疏排水系统的咽喉。本项目采用自溢外排水的方式，利用的地势的高差，在地势较低处设置自溢出水口。本项目除在较低处设置出水口外，还根据场地的具体情况设置了另外 3 个备用出水口。

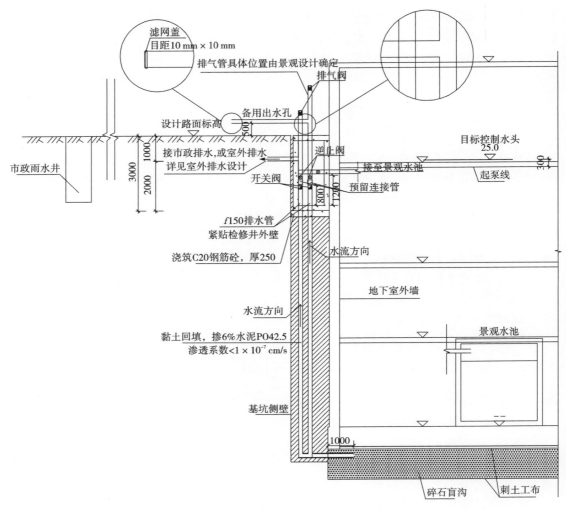

图 3-8　出水口 (单位 : mm)

　　出水口位置均设置检查井,每个位置除设置 3 根主出水主管外还设置一根出地面的备用出水管。为防止出现市政管网水倒灌,出水管均设置止逆阀。出水管顶端均设置出地面的排气阀,排气阀处须设滤网盖。

3.5.2　景观用水接口

　　本项目在地下室内设置景观用水蓄水池,与疏排水排水系统连接,需要时可开启阀门蓄水以作为景观用水。在应急情况下也可使用景观水池闸阀辅助排水,在景观水池闸阀上接排水软管到临时集水点后再集中抽排出地下室。

3.5.3　应急排水口

　　作为应急情况的处理措施,地下室设置了应急排水口。应急排水口的位置结合集水井位置设置,当监测系统发现地下水位异常或逼近警戒值时,立即开启应急排水口将水排至集水井,再通过抽排设备排至市政排水系统。应急排水口的出水管与其临近的碎石盲沟相连,深入碎石盲沟的一端水管开花眼并用针刺土工布包裹。

施工时排水盲沟与各类井交接处、集水井进水口处,应采取有效的连接措施防止碎石、砂进入井中。

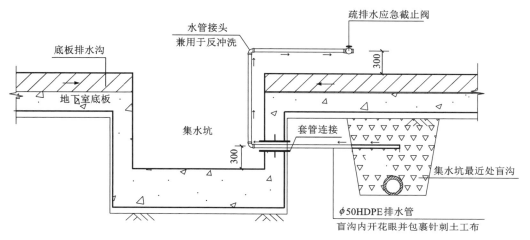

图 3-9　应急排水口(单位: mm)

3.6　监测系统及监测

在监测系统安装完成前采用人工监测,使用阶段采用自动化监测,接入自动监控室和自动报警系统,监测时间从基础底板完成、出水系统及固定渗流压监测系统设置完成后开始监测。监测内容为出水系统功能运作情况监测、水位监测、底板下水头压力监测。

监测期间若遭遇水头压力或水位观测值异常,应采取处理措施;处理完成后每周应监测一次,不得少于一个月。之后恢复原设计频率。使用年限内主体结构周边环境有较大变化,造成地下水水位急剧变化时,必须及时测定一次。

3.7　侧壁封闭措施

疏排水系统的目的是疏排地下水,防止地表水下渗,避免暴雨季节地表水下灌导致水头高于原设计水位,因此须对整个基坑周边进行封闭。基坑支护侧壁采取旋喷桩或咬合桩止水,地下室侧壁以外的基坑回填材料采用掺 6% 水泥的黏土,并按规范要求的密实度压实。考虑施工过程中可能存在由于空间限制或操作不规范导致压实系数达不到规范要求的情况,为保险起见,上部在距离基坑顶一定距离的位置设置 250 mm 厚 C20 钢筋混凝土覆盖封闭,以确保密封性。

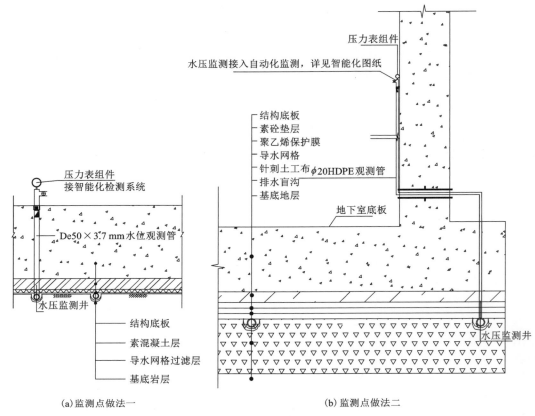

图 3-10　水压监测点(单位: mm)

3.8　结论和建议

本项目基底存在不同标高的台地,建成后场地周边为坡地,基底多为中、微风化岩石,尤其适宜采用水排水降压抗浮方案。该方案技术合理,且缩短了工期、降低了工程造价,具备良好的综合经济效益。

(1)疏排水降压抗浮方案可作为基底为岩石的退台式坡地建筑的优选抗浮方案之一。

(2)建筑方案阶段综合考虑结构抗浮设计、土石方量等因素可以更有利于疏排水系统发挥作用、减少土石方开挖量,如可通过调整不同标高台地地下室面积的配比来增加低水头地下室的面积。

(3)疏排水降压抗浮方案宜优先采用利用重力自溢排水的方案,可减少对抽排设备安全性、物业运维能力等不确定因素的依赖,采用机械抽排时应确保设备的抽排能力有足够的安全系数。

(4)疏排水系统为隐蔽工程,应严格把控各环节的施工质量,尤其是在底部有锚杆的区域须根据实际情况安排合理的施工次序。

3.9　输排水系统功能检测

3.9.1　实验原因

抗浮设计关系到结构使用年限内的安全问题，随着自然环境条件（主要指降雨）变化的越发突然和显著，地下室结构设计中的抗浮问题越来越突出，抗浮设计已成为地下室设计中的重要部分。本次注排水试验旨在检测盲沟排水系统的性能，测试其在施工阶段的排水率。通过比较试验结果与设计排水的差距，判断出盲沟施工的质量如何，验证其降低地下水位、解决地下水渗流的功能。

3.9.2　实验仪器

天平、秒表、水桶若干。

3.9.3　实验流程

本次实验选用正在施工的 M07 号地，分别进行局部和全局的检测。对于局部检测，主要检测单个主、次盲沟排水的效能，可选定中间一块地的某两条盲沟，检测即可。对于全局检测，选择上部地块作为检测对象。针对多条盲沟注水，检测相应出水口的排水量，旨在探究排水量的分配与排水速率问题，对比盲沟实际使用的排水状况与设计的差距，检验施工的质量，进而对相关结构进行优化。

（1）局部检测。

如图 3-11 所示，对各管口进行编号，分别为注水口和检测口 1、2。设计盲沟左高右低，上高下低，所以从注水口注入的水分别从检测口 1、2 流出。通过比较注水口注入水的总量和检测口流出水的总量，即可检查盲沟排水系统的排水能力，并记录水全部流出的时间，进一步判断盲沟排水系统的排水速率。

具体步骤为：

①在 2 个检测口处各放置一个水桶并编号 1 和 2；

②用天平测量各水桶的质量并记录 m_1、m_2；

③从注水口处向盲沟管内注水，记录各注水口的注水量 m_a，并用秒表开始计时；

④记录每个检测口流水结束所用时间，记为 t_1、t_2；

⑤用天平测量装水后水桶 1、2 的质量，并记录，m_1'、m_2'；

⑥数据处理。

（2）全局检测。

如图 3-12 所示，对各管口进行编号，分别为注水口 1、2、3 和检测口 1、2、3、4、5。由于盲沟管道铺设为左高右低，上高下低，所以从注水口 1~3 注入的水在理想状态下应全部从检测口 1~5 流出。通过比较注水口注入水的总量和检测口流出水的总量，即可检查盲沟排水系统的排水能力，并记录水全部流出的时间，进一步判断盲沟排水系统的排水速率。

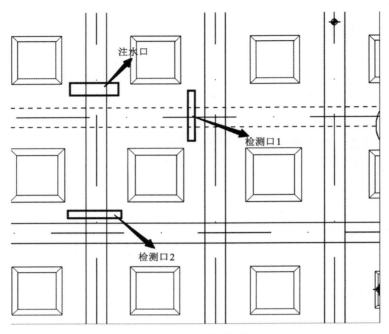

图 3-11　局部检测

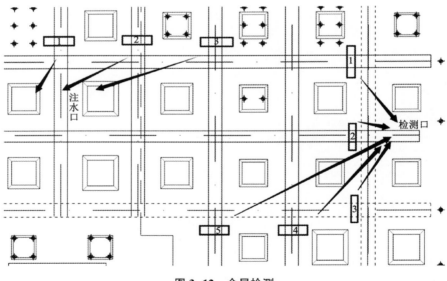

图 3-12　全局检测

具体步骤为：

①在 5 个检测口处各放置一个水桶并编号 1~5；

②用天平测量各水桶的质量并记录 $m_1 \sim m_5$；

③同时从注水口 1、2、3 处向盲沟管内注水，记录各注水口的注水量 m_a、m_b、m_c，并用秒表开始计时；

④等待水从 5 个检测口全部流出，结束计时并记录各检测口所用的时间 t_1-t_5；

⑤用天平测量装水后水桶 1~5 的质量并记录 $m'_1-m'_5$；

⑥数据处理。

（3）数据整理。

将第三步中所需记录的数据记录到数据整理表格的相应位置，进行相应的数据处理。计算 Z_{sum} 和 J_{sum} 的大小及 HSL（耗损率）的值，即 $J_{sum}=(m'_1-m_1)+(m'_2-m_2)$，$HSL=[(Z_{sum}-J_{sum})/Z_{sum}]\times100\%$。计算 J_{sum}/t 的值。

其中，Z_{sum} 为总的注水量（kg），J_{sum} 为总的出水量（kg）；HSL 可以表征盲沟排水系统的排水能力，当 $HSL=0$ 时表示水全部流出，没有在盲沟系统内残留。但在实际实验中 HSL 一般不等于 0，HSL 越小，表示盲沟排水系统排水能力越强。

$J_1/t-J_5/t$ 可以表征某段盲沟排水管的排水速率。例如 J_1/t 表示检测口 1 盲沟排水的速率，表示每分钟可以排出的水量，单位可换算为升/分钟（L/min），其数值越大，表示该段盲沟排水效率越高。

①局部。

$$Z_{sum}=m_a，J_{sum}=(m'_1-m_1)+(m'_2-m_2)，HSL=[(Z_{sum}-J_{sum})/Z_{sum}]\times100\%，$$
$$J_1/t=(m'_1-m_1)/t_1，J_2/t=(m'_2-m_2)/t_2$$

局部	Z_{sum}	m_1	m_2	m'_1	m'_2	J_{sum}	HSL /%	t_1 /min	t_2 /min	J_1/t	J_2/t

②全局。

$$Z_{sum}=m_a+m_b+m_c，J_{sum}=(m'_1-m_1)+(m'_2-m_2)+\cdots+(m'_5-m_5)，$$
$$HSL=[(Z_{sum}-J_{sum})/Z_{sum}]\times100\%，J_1/t=(m'_1-m_1)/t_1，\cdots，J_5/t=(m'_5-m_5)/t_5$$

全局	m_a	m_b	m_c	Z_{sum}	m_1	m_2	m_3	m_4	m_5	m'_1	m'_2	m'_3	m'_4	m'_5

J_{sum}	HSL /%	t_1 /min	t_2 /min	t_3 /min	t_4 /min	t_5 /min	J_1/t	J_2/t	J_3/t	J_4/t	J_5/t

第 4 章

极限分析原理简述

极限分析法包括上限定理和下限定理，是求解理想刚塑性体（或弹塑性体）的极限荷载的一种方法。通过两个定理的分析，可以近似得到极限荷载值，还可以知道误差的范围。使用基于上限定理和下限定理的速度场和静力场方法，对于极限状态下较简单的速度场和位移场进行分析，常常可以得到十分接近极限荷载的上限和下限解，甚至是精确解。这方面的工作已经取得许多令人满意的结果。对许多二维和三维连续体，由于极限状态的速度场和静力场复杂，使用经典的速度场法和静力场法存在许多困难，得不到较真实的极限承载力。20 世纪 70 年代，随着计算方法的发展，特别是有限元的发展，人们开始寻求对结构承载能力进行数值分析的一般方法。目前主要极限分析方法有：变分法、数学规划法解析解法。其中，解析解法由于简单易懂、物理意义明确等特点仍在工程中广泛应用。

本章将对这三种方法进行简要的评述；同时，对解析解法方面的研究成果进行总结。

4.1 极限分析原理

对岩土结构物进行弹塑性分析时，一方面由于方程的复杂性、岩土本构关系的多样性；另一方面，随着荷载的增加，弹塑性区分界线，以及塑性区的范围等的不确定性，导致数学上求解相当困难。对许多岩土结构物来讲，通常无须知道其应力和应变如何随外荷载增加而变化，只需要求出最后达到塑性极限状态（即开始产生无限制塑性流动）时所对应的荷载，即为塑性极限荷载。研究表明，如果避开弹塑性变形过程，直接求解极限状态下的极限荷载及其分布，往往会使问题的求解容易得多。这种分析方法常称为极限分析法。

4.1.1 基本概念

极限分析法是解决理想弹塑性体（或刚塑性体）处于极限状态的普遍定理，它包括上限定理和下限定理。在介绍上限定理和下限定理之前，先介绍静力容许的应力场（简称静力场）和机动容许的位移速度场（简称机动场）两个基本概念。

（1）静力容许的应力场。设有物体 Ω，在物体上作用有表面荷载 T_i 和体积力 F_i。物体表面 S 分为两个部分，一部分是表面力为已知的边界 S_T，另一部分为表面位移速度已知的

边界 S_u，如图 4-1 所示。若在此物体上，设定一组应力场 σ_{ij}^0，称满足下列条件的 σ_{ij}^0 为静力容许应力场。

①在体积 Ω 内满足平衡方程，即

$$\sigma_{ij,j}^0 + F_i = 0 \qquad (4-1)$$

②在边界 S_T 上满足已知边界条件，即

$$\sigma_{ij}^0 \cdot n_j = T_i \qquad (4-2)$$

式中：n_j 为表面 S_T 的外法线的方向余弦。

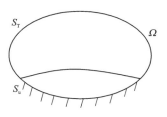

图 4-1 物体边界情况

③在体积 Ω 内不违反屈服条件，即

$$f(\sigma_{ij}^0) \leqslant 0 \qquad (4-3)$$

由以上定义可知，物体处于极限状态时，其真实的应力场必定是静力容许的应力场；但静力容许应力场不一定是极限状态时真实的应力场。

（2）机动容许的位移速度场。在物体 Ω 上，设定一组位移速度场 $\dot{u}_{ij}^*$，若满足以下条件，则称 $\dot{\varepsilon}_{ij}^*$ 为机动容许的位移速度场。

①在体积 Ω 内满足几何方程，即

$$\dot{\varepsilon}_{ij}^* = \frac{1}{2}(\dot{u}_{i,j}^* + \dot{u}_{j,i}^*) \qquad (4-4)$$

②在边界 S_u 上满足位移速度边界条件，或零边界条件，并使外力做正功。

由以上定义可知，物体于极限状态时，其真实的位移速度场必定是机动容许的位移速度场；但机动容许的位移速度场不一定是极限状态时真实的位移速度场。

4.1.2 上限定理与下限定理

4.1.2.1 相关联流动法则

理想弹塑性体（或刚塑性体）处于塑性流动状态时，屈服应力与塑性应变之间没有直接的关系，屈服应力与相应的塑性应变率之间的关系可由相关联流动法则确定。塑性应变率分量之间的关系可表示为：

$$\frac{\dot{\varepsilon}_1^p}{\dot{\varepsilon}_3^p} = \frac{\partial f}{\partial \sigma_1} \Big/ \frac{\partial f}{\partial \sigma_3} \qquad (4-5)$$

对于 Tresca 材料，将屈服准则 $f = \sigma_1 - \sigma_3 - 2k = 0$ 代入式（4-5）得：

$$\dot{\varepsilon}_1^p / \dot{\varepsilon}_3^p = -1 \qquad (4-6)$$

由式（4-6）知，饱和黏土剪切时，无剪胀（或无剪缩）现象。对于 Mohr-Coulomb 材料，将屈服准则 $f = \sigma_1(1-\sin\varphi) - \sigma_3(1+\sin\varphi) - 2C\cos\varphi = 0$ 代入式（4-5）得：

$$\dot{\varepsilon}_1^p = -\frac{1-\sin\varphi}{1+\sin\varphi}\dot{\varepsilon}_3^p = -\dot{\varepsilon}_3^p\tan^2\left(\frac{\pi}{4} - \frac{\varphi}{2}\right) \qquad (4-7a)$$

由式（4-7a）知，砂性土（$\varphi \neq 0°$）剪切时，发生剪胀（或剪缩）现象。Mohr-Coulomb 材料屈服函数也可表示为：$f = \tau - C - \sigma_n\tan\varphi = 0$，将它代入式（4-5）得：

$$\dot{\gamma}^p = -\dot{\varepsilon}_n^p / \tan\varphi \qquad (4-7b)$$

式中：$\dot{\gamma}^p$ 为塑性剪应变率；$\dot{\varepsilon}_n^p$ 为法向应力 σ_n 方向塑性应变率。

4.1.2.2 虚功方程与虚功率方程

虚功原理表明：对于一个连续的变形体，任意一组静力容许的应力场和任意一组机动容许的位移场的外力的虚功等于内力的虚功。

$$\underbrace{\int_A T_i u_i^* + \int_\Omega F_i u_i^* \, \mathrm{d}\Omega}_{\text{机动容许}} \overbrace{= \int_\Omega \sigma_{ij}^0 \varepsilon_{ij}^* \, \mathrm{d}\Omega}^{\text{静力容许}} \qquad (4\text{-}8)$$

式中：T_i、F_i 分别为作用物体上的面力和体力；σ_{ij}^0 为静力场中的应力；u_i^*、ε_{ij}^* 分别为位移场中的位移和应变。

同理，虚功率原理可表示为：对于任意一组静力容许的应力场和任意一组机动容许的位移速度场，外力的功率等于物体内虚变形功率。

$$\int_A T_i \dot{u}_i^* \, \mathrm{d}A + \int_\Omega F_i \dot{u}_i^* \, \mathrm{d}\Omega = \int_\Omega \sigma_{ij}^0 \dot{\varepsilon}_{ij}^* \, \mathrm{d}\Omega \qquad (4\text{-}9)$$

如果物体内部存在速度间断线（间断面），其虚功率方程可表示为：

$$\int_A T_i \dot{u}_i^* \, \mathrm{d}A + \int_\Omega F_i \dot{u}_i^* \, \mathrm{d}\Omega = \int_\Omega \sigma_{ij}^0 \cdot \dot{\varepsilon}_{ij}^* \, \mathrm{d}\Omega + \int_S (\tau - \sigma_n \tan\varphi) \cdot [\Delta v_t] \, \mathrm{d}s \qquad (4\text{-}10)$$

式中：S 为间断面（或间断线）；τ、σ_n 分别为间断线 L 上的剪应力和正应力（注：对于二维问题为间断线，对于三维问题为间断面）；φ 为土体抗剪强度指标；ΔV_t 为间断线两侧切向变化量。

以上几个定理的证明可参考土力学有关书本，这里从略。根据虚功率方程可以证明极限分析中两个重要的定理，即上下限定理。

4.1.2.3 下限定理

下限定理：当物体产生塑性变形达到极限状态时，在给定位移速度边界 S_u 上，真实的表面力在给定的速度上所做的功率恒大于或等于其他任意静力容许应力场所对应的表面力在同一给定速度上的功率。即在所有与静力容许的应力场相对的荷载中，极限荷载最大。

证：设 σ_{ij} 为真实的应力场，对应的表面力为 T_i；$\dot{u}_i$ 为真实的位移速度场，由几何方程求得真实应率为 $\dot{\varepsilon}_{ij}$；真实的应力场中可能存在间断面 SL，其上的切向速度的跃度为 $[\Delta v_t]$；在 S_u 表面上给定的速度为 $\bar{u}_i$，在 ST 上给定表面力为 $\bar{T}_i$，给定的体力为 F_i。

由虚功率方程得：

$$\int_\Omega F_i \dot{u}_i \, \mathrm{d}\Omega + \int_S T_i \dot{u}_i \, \mathrm{d}s = \int_\Omega \sigma_{ij} \dot{\varepsilon}_{ij} \, \mathrm{d}\Omega + \int_{SL} C [\Delta v_t] \, \mathrm{d}S_L \qquad (4\text{-}11)$$

又设另一静力容许的应力场对应的表面力为 T_i^0，由虚功率方程得：

$$\int_\Omega F_i \dot{u}_i \, \mathrm{d}\Omega + \int_S T_i^0 \dot{u}_i \, \mathrm{d}s = \int_\Omega \sigma_{ij}^0 \dot{\varepsilon}_{ij} \, \mathrm{d}\Omega + \int_{SL} (\tau - \sigma_n \tan\varphi) \cdot [\Delta v_t] \, \mathrm{d}S_L \qquad (4\text{-}12)$$

上述两式相减得：

$$\int_S (T_i - T_i^0) \dot{u}_i \, \mathrm{d}s = \int_\Omega (\sigma_{ij} - \sigma_{ij}^0) \dot{\varepsilon}_{ji} \, \mathrm{d}\Omega + \int_{SL} [C - (\tau - \sigma_n \tan\varphi)] \cdot [\Delta v_t] \, \mathrm{d}S_L \qquad (4\text{-}13)$$

Drucker 准则要求

$$(\sigma_{ij}-\sigma_{ij}^0)\dot{\varepsilon}_{ij}\geq0 \tag{4-14}$$

由于 $C\geq\tau-\sigma_{bn}\tan\varphi$，同时 $[C-(\tau-\sigma_n\tan\varphi)]\cdot[\Delta v_t]\geq0$，即剪应力做正功率：

$$\int_S(T_i-T_i^0)\dot{u}_i\mathrm{d}s\geq0 \tag{4-15}$$

于是下限定理得到证明。

4.1.2.4　上限定理

上限定理：在所有的机动容许的塑性变形位移速度场相对应的荷载中，极限荷载为最小。

证：设 σ_{ij} 为物体达到极限状态的真实应力场，其对应的表面力为 T_i；$\dot{u}_i$ 为真实位移速度场，由几何方程求得应变率为 $\dot{\varepsilon}_{ij}$；真实场中可能有间断面 SL，其间断面上的切向速度的跃值为 $[\Delta v_t]$；体力为 F_i。

另设一机动容许的位移速度场为 $\dot{u}_i^*$，对应的应变率为 $\dot{\varepsilon}_{ij}^*$，应场可能有间断面 S_L^*，其上的切向速度的跃值为 $[\Delta v_t^*]$。由虚功率方程得：

$$\int_\Omega F_i\dot{u}_i^*\mathrm{d}\Omega+\int_S T_i\dot{u}_i^*\mathrm{d}s=\int_\Omega\sigma_{ij}\dot{\varepsilon}_{ij}^*\mathrm{d}\Omega+\int_{SL}(\tau-\sigma_n\tan\varphi)[\Delta v_t^*]\mathrm{d}S_L^* \tag{4-16}$$

在机动容许的位移场中，由 $\dot{\varepsilon}_{ij}^*$ 按塑性变动法则求出应力场 σ_{ij}^*，由（4-14）知：

$$\int_\Omega(\sigma_{ij}^*-\sigma_{ij})\dot{\varepsilon}_{ij}^*\mathrm{d}\Omega\geq0 \tag{4-17}$$

又因 $\tau-\sigma_n\tan\varphi\leq C$，则有：

$$\int_{S_L^*}(\tau-\sigma_n\tan\varphi)[\Delta v_t^*]\mathrm{d}S_L^*\leq\int C[\Delta v_t^*]\mathrm{d}S_L^* \tag{4-18}$$

将式（4-17）、式（4-18）代入式（4-16）得：

$$\int_\Omega F_i\dot{u}_i^*\mathrm{d}\Omega+\int_S T_i\dot{u}_i^*\mathrm{d}s\leq\int_\Omega\sigma_{ij}^*\varepsilon_{ij}^*\mathrm{d}\Omega+\int_{S_L^*}C[\Delta v_t^*]\mathrm{d}S_L^* \tag{4-19}$$

已知 ST 上表面力 T_i、整个物体体力 F_i，式（4-19）右方的值只取决于所设机动容许的位移场 $\dot{u}_i^*$。显然只有当 $\dot{u}_i^*=\dot{u}_i$ 时，上式等号成立。上限定理得到证明。

4.2　极限分析中的变分法

变分原理是求解极限分析问题的基本方法之一，国内外学者在这一方面有过较多的研究。因此，本节阐述变分原理在极限分析中的形成过程，以及该方法的应用情况。

4.2.1　极限分析变分法

对于理想刚塑性材料，如图 4-2 所示，在极限状态下应满足下列方程。

（1）平衡方程：

$$\sigma_{ij,j}+F_i=0 \tag{4-20}$$

（2）速度场中的速度与应变率的关系：

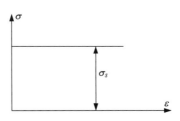

图 4-2　理想刚塑性体的本构关系

$$\dot{\varepsilon}_{ij} = \frac{1}{2}(\dot{u}_{i,j} + \dot{u}_{j,i}) \tag{4-21}$$

（3）屈服条件：

$$f(\sigma_{ij}) \leqslant 0 \tag{4-22}$$

（4）相关联流动法则：

$$\dot{\varepsilon}_{ij} = \mathrm{d}\lambda \frac{\partial f(\sigma_{ij})}{\partial \sigma_{ij}} \quad \mathrm{d}\lambda = \begin{cases} 0 & f(\sigma_{ij}) < 0 \\ \geqslant 0 & f(\sigma_{ij}) = 0 \end{cases} \tag{4-23}$$

（5）边界条件：

$$\begin{cases} \dot{u}_i = 0 & \text{在零速度边界上} \\ \sigma_{ij} \cdot n_j = \delta \cdot t_i & \text{在应力边界上} \end{cases} \tag{4-24}$$

式中：t_i 为外荷载基准力；δ 为外荷载因子。

变分原理的主要思想是建立一个以应力场 σ_{ij}、速度场 $\dot{u}_i$ 为变量的泛函 $\Pi(\sigma_{ij}, \dot{u}_i)$，使式（4-20）~式（4-24）为其驻值条件。我国著名学者钱令希、钟万勰（科学院院士）[47]于 1963 年建立了一个关于理想刚塑性体极限分析的广义变分原理。当屈服函数 $f(\sigma_{ij})$ 是关于内力的二次齐次方程时，荷载极限乘子 v_{cr} 等于下列公式的驻值，即极限状态下真实的应力场 σ_{ij} 和速度场 $\dot{u}_i$ 能使 $\Pi(\sigma_{ij}, \dot{u}_i)$ 取驻值。

$$\Pi(\sigma_{ij}, \dot{u}_i) = \frac{\int_{\Omega}(\alpha \cdot \sigma_{ij}\dot{\varepsilon}_{ij} - F_i\dot{u}_i)\mathrm{d}\Omega - \int_S \sigma_{ij}n_j\dot{u}_i\mathrm{d}S}{\int_S t_i\dot{u}_i\mathrm{d}S} \tag{4-25}$$

式中：α 为权因子。

在上限定理和下限定理中，权因子的取值可以相同，也可以不同，具体情况见参考文献[47]。式（4-25）为理想刚塑性体的极限分析开辟了一条新的途径，但这个变分原理还很不完善，使用时还存在一些困难。

①泛函式（4-25）在变分过程中，需要对结构的刚性区、塑性区进行区分，屈服函数 $f(\sigma_{ij})$ 必须在塑性区内达到最大值，而泛函 $\Pi(\sigma_{ij}, \dot{u}_i)$ 的驻值条件不能导致这种划分。

②泛函式（4-25）的求解对计算机来说是不够方便的。对计算机搜索来讲，取驻值远不如求极值（包括极大值和极小值）方便。

③塑性功率是一种耗散功率，应当处处大于零，即 $\sigma_{ij} \cdot \dot{\varepsilon}_{ij} \geqslant 0$。但在 $\Pi(\sigma_{ij}, \dot{u}_i)$ 的变分过程中 σ_{ij} 和 $\dot{\varepsilon}_{ij}$ 是相互独立的，要保证塑性功率在每个单元一定不为负值，做起来也比较费事。

薛大为[48]通过虚功原理，利用 Lagrange 乘子变换法推导出如下泛函：

$$\Pi(\sigma_{ij}, \dot{u}_i) = \frac{\int_{\Omega}(\sigma_{ij}\dot{\varepsilon}_{ij} - F_i\dot{u}_i)\mathrm{d}\Omega - \int_{\Omega_p}\frac{\sigma_{ij}\dot{\varepsilon}_{ij}}{2\sigma_S^2}(f - \sigma_S^2)\mathrm{d}\Omega - \int_{\Gamma}\sigma_{ij}n_j\dot{u}_i\mathrm{d}\Gamma}{\int_{\Gamma}t_i\dot{u}_i\mathrm{d}\Gamma} \tag{4-26}$$

式（4-26）中 Γ 表示速度边界，与前面的 S_u 的意义相同；Ω_p 表示塑性区，因此在变分之前也存在塑性区、刚性区划分问题。泛函式（4-25）、式（4-26）的本质是相同的，其区别在于权因子 α 项的取值不同。对权因子 α 的研究，好多的学者做过卓越的贡献[8,49]。他们

普遍认为权因子 α 是不唯一的。如：钟万勰认为造成这个不唯一的原因是在极限分析理论的全套方程中，屈服条件的数学表达式的选择是不唯一的，导致权因子 α 的表达式也是不唯一的。同时，他认为在上述变分中，对求解下限值问题，式(4-27a)较好；对求解上限值问题，式(4-27b)更优。

$$\alpha = \frac{2\sigma_{\mathrm{S}}^2}{\sigma_{\mathrm{S}}^2 + f} \tag{4-27a}$$

$$\alpha = \frac{3\sigma_{\mathrm{S}}^2 - f}{2\sigma_{\mathrm{S}}^2} \tag{4-27b}$$

Mura 和 Lee[50] 于 1963 年提出如下变分过程。为解决屈服函数 $f(\sigma_{ij}) \leqslant \sigma_{\mathrm{S}}^2$ 不等式所产生的约束问题，他们引入松弛变量 β，使得 $f(\sigma_{ij}) + \beta^2 = \sigma_{\mathrm{S}}^2$，利用 Lagrange 乘子变换法得到如下泛函：

$$\Pi(\sigma_{ij}, \ \dot{u}_i) = \int_{\Omega} S_{ij} \frac{1}{2} (\dot{u}_{i,j} + \dot{u}_{j,i}) \mathrm{d}\Omega - \int_{S_u} T_i \dot{u}_i \mathrm{d}S - m \left(\int_{S_t} t_i \dot{u}_i \mathrm{d}S - 1 \right) - \int_{\Omega} \mu \left[f + \beta^2 \right] \mathrm{d}\Omega \tag{4-28}$$

式中：S_{ij} 为应力偏量；m、μ 为系数，在变分过程中要求 $\mu \geqslant 0$；β 为松弛变量，实际上相当于刚性区、塑性区的分域函数，在计算时要准确地确定 β 值也较为困难。

Casciaro 和 Cascini[51] 于 1982 年建立了如下泛函。为解决屈服函数和相关联流动法则给变分带来的困难，罚函数法被采用。

$$\Pi_b(\sigma_{ij}, \ \dot{u}_i) = \int_{\Omega} f(\sigma_{ij})^b \mathrm{d}\Omega + \int_{\Omega} \sigma_{ij} \dot{\varepsilon}_{ij} \mathrm{d}\Omega + \int_{\Omega} F_i \dot{u}_i \mathrm{d}\Omega + \int_{\Gamma} t_i \dot{u}_i \mathrm{d}\Gamma \tag{4-29}$$

式(4-29)中的 b 是给定的某一常数。对于给定的 b 值，$\Pi_b(\sigma_{ij}, \ \dot{u}_i)$ 取驻值的条件为：

$$\left. \begin{array}{l} \sigma_{ij,j} + F_i = 0 \\[2mm] \dot{\varepsilon}_{ij} = bf^{b-1} \dfrac{\partial f}{\partial \sigma_{ij}} \\[2mm] \sigma_{ij} n_j - t_i = 0 \end{array} \right\} \tag{4-30}$$

在使用塑性消散功率理论研究极限分析问题的同时，高扬和黄克智(科学院院士)在塑性势理论的基础上利用凸分析理论中的对偶原理建立极限分析的泛函如下：

$$\Pi^*(\sigma_{ij}) = \int_V W^*(\sigma_{ij}) \mathrm{d}V - \int_{\Gamma} \dot{u}_i \sigma_{ij} n_j \mathrm{d}\Gamma \tag{4-31}$$

式中：V 为体积，与前面的 Ω 一致；$W^*(\sigma_{ij})$ 为广义余势方程，它是建立在广义余能原理的基础上。高扬和黄克智[52] 还详细讨论了广义余势方程的形式，以及与之相应的计算方法。

经典的下限定理完全不考虑变形场，而经典的上限定理把内力分布看成完全从属于变形，都是各从一个侧面来逼近真实解。1963 年钟万勰等提出的一般变分原理是通过内力、变形两个独立无关的场同时求问题的近似解。经过不断探索，工作得到进一步发展。1984 年钟万勰[7, 8] 对泛函 $\Pi(\sigma_{ij}, \ \dot{u}_i)$ 的表达式(4-25)进行修改，以离散的形式给出修正后的泛函为：

$$\Pi(\sigma_{ij}, \ \dot{u}_i) = \frac{\sum \alpha \cdot \sigma_{ij} \dot{\varepsilon}_{ij} H(\sigma_{ij} \dot{\varepsilon}_{ij}) \cdot \Delta V}{\sum t_i \dot{u}_i} \tag{4-32}$$

式(4-32)中，$H(\sigma_{ij}\dot{\varepsilon}_{ij})$ 为 Heaviside 阶梯函数，其表达式为：

$$H(\sigma_{ij}\dot{\varepsilon}_{ij}) = \begin{cases} 1 & \text{当 } \sigma_{ij}\dot{\varepsilon}_{ij} \geqslant 0 \text{ 时} \\ 0 & \text{当 } \sigma_{ij}\dot{\varepsilon}_{ij} < 0 \text{ 时} \end{cases} \tag{4-33}$$

钟万勰在式(4-32)的基础上提出了计算极限荷载乘子的"新的上限定理"和"新的下限定理"。

4.2.2 "新的上下限定理"

钟万勰提出"新的上下限定理"之后，通过算例得出：新的上限不比相应经典的上限高，新的下限不比相应经典的下限低。

"新的下限定理"。对于一个与外力 t_i 相平衡的基准内力场 σ_{ij}^e，通过 $\sigma_{ij} = \lambda_\sigma \sigma_{ij}^e$ 计算出内力场 σ_{ij}，任意变动满足运动约束的变位场使式(4-32)达到最小。它将是真实解的下限，即

$$v_{\mathrm{cr}}(\sigma_{ij},\ \dot{u}_i) = \max_{\sigma_{ij}}\left\{\min_{w_i} \frac{\sum \alpha \cdot \sigma_{ij}\dot{\varepsilon}_{ij}H(\sigma_{ij}\dot{\varepsilon}_{ij}) \cdot \Delta V}{\sum t_i \dot{u}_i}\right\} \tag{4-34}$$

"新的上限定理"。对于一个满足运动约束的变形场，任意变动满足平衡条件的内力分布 σ_{ij}^e 和内力比例乘子 λ_σ，使式(4-32)达到最大。这样得到的极限乘子一定比真实的极限乘子为大，即：

$$v_{\mathrm{cr}}(\sigma_{ij},\ \dot{u}_i) = \min_{w_i}\left\{\max_{\sigma_{ij}} \frac{\sum \alpha \cdot \sigma_{ij}\dot{\varepsilon}_{ij}H(\sigma_{ij}\dot{\varepsilon}_{ij}) \cdot \Delta V}{\sum t_i \dot{u}_i}\right\} \tag{4-35}$$

从计算的角度考虑，虽然一般变分原理并不要求内力预先满足平衡条件，但如果能让它预先满足某种平衡要求，则可以缩少对准确解的搜索范围；同时"新的上下限定理"改变了泛函求驻值的条件，将驻值变为极值，对计算机来讲取极值比取驻值方便得多；取消了塑性功处处为正，屈服函数 $f(\sigma_{ij})$ 必须在塑性区内达到最大值等一系列的限制。

当结构边界受荷复杂、几何形状不规则、材料本构关系多样性时，经典上下限定理应用起来很困难，应用范围受到限制。以离散变分形式给出的"新的上下限定理"是求解结构极限乘子课题的一种有效工具。它克服了结构边界几何形状不规则、边界受荷复杂等因素影响，为"新的上下限定理"的应用开辟了新的途径，在复杂条件下求解极限乘子问题成为可能。针对"新的下限定理"，程耿东[9]于 1985 年采用一定的变量替换技巧，方便地将极限乘子下限的计算归纳为一个线性规划问题。该问题的对偶规划具有十分明确的力学意义，通过对其力学意义的剖析，一方面给出了"新的下限定理"和经典下限定理之间的联系，另一方面又给出了最优权因子的值。沈卫平[30]于 1985 年根据规划时矩阵的特点，如：列数大大多于行数，原始系数矩阵为稀疏矩阵，以及对于大型结构零元素多于 90% 等，提出改进的迭代方法，以减少迭代次数提高优化效率。

4.3 极限分析中的数学规划法

根据传统的极限分析理论中的上限和下限定理，极限分析乘子 v 的确定，可以归纳为

以下两个数学规划问题。

①上限规划：

$$
\begin{aligned}
v = \min. \ & \frac{2\sigma_{\mathrm{S}}}{\sqrt{3}} \int_{\Omega} \sqrt{\dot{\varepsilon}_{ij}\dot{\varepsilon}_{ij}} \, \mathrm{d}\Omega \\
\text{约束条件：} & \int_{S_{\mathrm{T}}} \dot{u}_i t_i \mathrm{d}S_{\mathrm{T}} = 1 \\
& \dot{u}_i = 0 \text{ on } S_{\mathrm{u}}
\end{aligned}
\quad (4-36)
$$

②下限规划：

$$
\begin{aligned}
v = \max. \ & v_{\mathrm{cr}} \\
\text{约束条件：} & \sigma_{ij,j} + F_i = 0 \\
& \sigma_{ij} n_j = v_{\mathrm{cr}} \cdot t_i \\
& f(\sigma_{ij}) \leqslant \sigma_{\mathrm{S}}^2
\end{aligned}
\quad (4-37)
$$

一些学者在 20 世纪 50 年代末就已认识到框架结构的极限分析问题实际上是一个线性规划问题。60 年代中期，随着有限元法的发展，人们开始根据式(4-36)和式(4-37)直接构造计算极限载荷乘子的算法格式。

Hayes 和 Marcal[53] 根据上限规划式(4-36)，研究了平面应力问题上限分析的规划有限元方法。将位移速度场用有限元法离散后，式(4-36)可以转化为如下形式：

$$
\begin{aligned}
\text{求最小值：} & \sum_e \alpha \sqrt{[\dot{\delta}]^T Be[\dot{\delta}]} \\
\text{约束条件：} & [R]^T \cdot [\dot{\delta}] = E
\end{aligned}
\quad (4-38)
$$

式中：$[\delta]$ 为节点位移速度向量；$[R]$ 为外荷载向量；Be 为系数矩阵；α 为权因子。

实际上，式(4-38)是一个含约束的非线性规划问题。这个非线性规划问题的目标函数是变量的非光滑函数，这一性质成为上限分析的主要困难点。数学规划理论中的许多有效的求解方法都不能适用于这一问题。Hayes 和 Marcal 仅能用较为初级的坐标循环搜索法来求解这一问题。

Belytschko 和 Hodge[54] 等则根据式(4-37)，研究了平面应力问题的下限有限元格式。他们使用应力平衡单元使平衡条件自行满足，各单元集成后的总体平衡条件作为约束条件导出如下非线性规划格式：

$$
\begin{aligned}
\text{求最大值：} & v_{\mathrm{cr}} \\
\text{约束条件：} & [S][g] - v_{\mathrm{cr}}[R] = \{0\} \text{ 和 } f([S], x, y) \leqslant \sigma_{\mathrm{S}}^2
\end{aligned}
\quad (4-39)
$$

式中：$[g]$ 为节点广义力向量；$[S]$ 为应力矩阵；v_{cr} 为载荷因子；$[R]$ 为外荷载向量。

由于屈服条件需要在结构 Ω 中满足每一点，因此式(4-39)中的最后一式中含有坐标变量。

为此在实际计算时，这一要求由屈服函数的各个局部极大点上屈服条件得到满足，即

$$
f([S], x_i, y_i) \leqslant \sigma_{\mathrm{S}}^2 \quad i \in \Omega
\quad (4-40)
$$

对于下限问题的计算，Belytschko 等使用非线性规划方法中常用的 SUMT 法进行问题的求解。

用数学规划方法分析理想刚塑性体的极限承载能力时，它不涉及加载过程，能克服一

般逐步加载法计算所遇到的困难。一方面，与变分方法相比约束条件较少，对于约束的处理更加直接明了，且实际计算常常可以利用数学规划理论中已有的成熟的算法。另一方面，由于逐步加载法和变分方法存在误差，利用数学规划方法若能得到较为接近的上限和下限值，则对极限乘子的分析将更具有客观意义。20 世纪 70 年代以来，数学规划方法在结构的塑性极限分析以及优化设计等方面有了许多发展，Maier[55, 56]，Grierson[57]，Cohn[58]等人对这方面的工作做出了许多贡献。

为克服使用下限格式时约束条件式(4-40)的非线性导致的困难，Rossi[59]提出对屈服面进行逐次分段线性逼近的方案，将下限问题的求解简化为若干次线性规划计算的问题。沈卫平[30](1985)提出了进一步的改进方案，认为在对屈服面进行逐次分段线性逼近时，仅需在应力空间应力点的附近对屈服面进行分段线性逼近。这些方案使下限分析的计算效率得到不同程度的提高。对于薄壁结构的极限分析，Cyras 提出积分屈服条件的简化方案。在薄壁结构的分析中，屈服条件往往是由中面上定义的内力素(薄膜力、弯矩等)表示的。这样的屈服条件反映的是沿壁厚方向平均的效果。若在每个单元上将屈服条件在中面内进行积分平均，则当满足一定条件时，所引入的误差将与沿壁厚方向积分引入的误差相同量极。屈服条件经积分后成为节点变量的函数。这个方案对于板壳问题的下限分析进行了有效简化。

与下限分析相比较，上限分析的有关文章较少，主要原因在于上限格式目标函数非线性较强且具有不可微性。上限格式的线性化较为困难，因而在计算格式的选择和解的收敛性研究等方面都存在一些困难。对于梁和轴对称平板的极限分析问题，Yang[60]曾使用在分母上加小数的方法，即使用 $\dfrac{1}{\sqrt{\dot{\varepsilon}_{ij}\dot{\varepsilon}_{ij}}+\zeta}$ 代替 $\dfrac{1}{\sqrt{\dot{\varepsilon}_{ij}\dot{\varepsilon}_{ij}}}$ 去克服上限格式目标函数的不可微性的构造算法。但这个方法的研究没有深入下去，参数如何选取，以及如何消除其影响等方面还存在一些有待解决的问题。关于一般结构的极限分析的上限数学规划算法，目前还极为少见，这方面的工作有待加强。

一般非线性数学规划问题的计算工作量较大，即使是线性规划计算也仍需有变量的初始化和搜索等过程。由于这些因素，使用一些算法时未知量的数目要受到一定限制，计算机耗时也比较长。这些缺点须靠不断改进算法格式，选择更高效率的解法加以克服。

4.4　极限分析的解析解法

在极限分析问题的研究中，解析解方法已有悠久的历史。前人已成功地使用这一方法求解边坡的临界高度、有限宽度地基上条形基础的承载力、半无限空间上条形基础的承载力、两层基础的承载力、二维挡土墙的土压力、板的极限荷载、梁的极限荷载等力学问题。从工程应用的角度看，解析解具有如下特点：物理意义明确；避免了复杂的有限元等数值计算；为其他数值方法的正确与否提供判定依据。

极限分析原理在岩土工程中的应用主要集中在平面应力问题。本论文作者将这一原理应用在平面轴对称问题，即运用上、下限定理求解圆形基础承载力。基本思路如下。

①在圆形基础下建立速度场，使屈服条件、相关联流动法则在速度场中得到满足；速度边界上满足边界条件，根据能量消散情况寻求问题的上限解析解。②首先对三维空间中的应

力柱进行定义；然后在下限定理的基础上选择合适的静力容许的应力场，根据不同的应力柱数求解圆形基础的下限解(内摩擦角为零时)；最后将计算结果与前人的成果进行比较。

4.4.1　圆形基础承载力上限解析解探讨

4.4.1.1　圆形机动场的建立

从上限定理出发，根据松散体极限平衡理论，对直径为 B 埋深为 H 的圆形浅基础，建立轴对称机动场，如图 4-3 所示。提出以下两点假设：

①圆形基础为刚性基础，只承受竖向载荷作用，且基础底表面光滑；

②持力层为理想刚塑性体，服从 Mohr-Coulomb 准则或 Tresca 准则(内摩擦角为零时)，且不可压缩。在轴对称课题所选用的机动场中，ABC 和 ADE 为刚性体，ADC 是变形体。

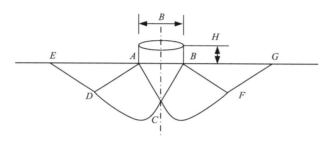

图 4-3　轴对称机动场

4.4.1.2　速度场构造与能量消散率计算

机动位移速度场的分布如图 4-4 所示。假设基础速度为 v_0，C 与 ϕ 分别为基础下持力层的内聚力与内摩擦角，则 ABC 刚体作平移运动，其速度为 v_0。

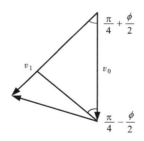

图 4-4　速度分布

变形楔体边界 AC 的开始速度 v_1 为：

$$v_1 = \frac{1}{2}v_0 \sec\left(\frac{\pi}{4} + \frac{\varphi}{2}\right) \tag{4-41}$$

变形楔体边界 AC 的结束速度 v_2 为：

$$v_2 = v_1 \exp\left(\frac{\pi}{2}\tan\varphi\right) = \frac{1}{2}v_0 \sec\left(\frac{\pi}{4} + \frac{\varphi}{2}\right)\exp\left(\frac{\pi}{2}\tan\varphi\right) \tag{4-42}$$

刚性体 *ADE* 作平移运动，其速度仍为 v_2。

内能的消散率包括：间断面上的能量消散率，变形楔体的压缩能量消散率，抵消外荷载的能量消散率。

（1）半圆锥面（以 *AC* 为母线）的能量消散率为：

$$w_{AC} = \int_{\sum_1} C \cdot [\Delta V_{t1}] \cdot \mathrm{d}s$$

式中：$[\Delta V_{t1}]$ 为间断面 *AC* 两侧相对在切线方向上的分量，即 $v_1 \cos\varphi$；$\sum_1$ 为 以 *AC* 为母线的半圆锥面。

对上述表达式进行积分得：

$$w_{AC} = Cv_1 \cos\varphi \int_{\sum_1} \mathrm{d}s = \frac{1}{16} Cv_0 \sec^2\left(\frac{\pi}{4} + \frac{\varphi}{2}\right) \cos\varphi \cdot \pi B^2 \tag{4-43}$$

（2）对数螺旋面 *CD* 与变形区 *ADC* 的能量消散率为：

$$w_{CD} = \int_{\sum_2} C \cdot [\Delta V_{t2}] \cdot \mathrm{d}s$$

式中：$[\Delta V_{t2}]$ 为间断面 *CD* 两侧相对在切线方向上的分量，即 $v_1 \exp(\theta\tan\varphi)\cos\varphi$；$\sum_2$ 为以 *CD* 螺旋线 的旋转曲面，如图 4-5 所示。

对上述表达式进行积分得：

$$w_{CD} = \int_{\sum_2} C \cdot v_1 \exp(\theta\tan\varphi)\cos\varphi \cdot \mathrm{d}s$$

$$\mathrm{d}s = \pi l \cdot \mathrm{d}L = \pi \frac{R_0(e^{\theta\tan\varphi} - 1)}{\sin\varphi} \cdot \frac{R\mathrm{d}\theta}{\cos\varphi}$$

通过积分得：

$$w_{CD} = \frac{\pi v_0 C \cdot R_0^2}{\sin\varphi \cdot \tan\varphi}\left[\frac{1}{3}\exp\left(\frac{3}{2}\pi\tan\varphi\right) - \frac{1}{2}\exp(\pi\tan\varphi) + \frac{1}{6}\right] \tag{4-44}$$

式中：$R_0 = \frac{1}{2}B\csc\left(\frac{\pi}{4} - \frac{\varphi}{2}\right)$。

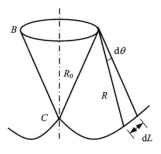

图 4-5　圆锥面

（3）以间断面 *DE* 为母线的部分锥面上的能量消散率为：

$$w_{DE} = \int_{\sum_3} C \cdot [\Delta V_{t3}] \cdot \mathrm{d}s$$

式中：$[\Delta V_{t3}]$ 为间断面 *DE* 两侧相对在切线方向上的分量，即 $v_2 \cos\varphi$；$\sum_3$ 为以 *DE* 为母线

的部分旋转曲面。

对上述表达式进行积分得：

$$w_{DE} = C \cdot v_2 \cos\varphi \cdot \int_{\sum_3} \mathrm{d}s = \frac{C}{2}v_0 \sec(\frac{\pi}{4}+\frac{\varphi}{2})\exp(\frac{\pi}{2}\tan\varphi) \cdot \frac{\pi B^2}{2}\sin(\frac{\pi}{4}+\frac{\varphi}{2})$$

$$\cdot \left[\frac{2\exp(\pi\tan\varphi)\tan(\frac{\pi}{4}+\frac{\varphi}{2})+\exp(\frac{\pi}{2}\tan\varphi)}{\cos\varphi}-\frac{\exp(\pi\tan\varphi)}{2(1-\sin\varphi)}\right] \tag{4-45}$$

（4）半圆环 q_T 上的能量消散率为：

$$w_q = \frac{1}{2}q_T(\pi L_0^2-\frac{1}{4}\pi B^2)\cdot\cos(\frac{\pi}{4}+\frac{\varphi}{2})\cdot v_2$$

$$= \frac{1}{2}q_T(\pi L_0^2-\frac{1}{4}\pi B^2)\cdot\cos(\frac{\pi}{4}+\frac{\varphi}{2})\cdot\frac{1}{2}v_0\sec(\frac{\pi}{4}+\frac{\varphi}{2})\exp(\frac{\pi}{2}\tan\varphi) \tag{4-46}$$

式中：$q_T = \gamma \cdot H$；γ 为基础底面以上的平均密度。

$$L_0 = L+\frac{B}{2},\ L=\frac{B\exp(\frac{\pi}{2}\tan\varphi)}{\tan(\frac{\pi}{4}-\frac{\varphi}{2})}$$

AD 两侧连续，它不是间断线，在 AD 线上没有能量消散。

（5）外力的总功率为 Pv_0。

（6）由上限定理知，外力的总功率等于内能消散率，则圆形浅基础承载力的上限解为：

$$\frac{P^+}{\pi B^2} = \frac{C\cdot\cos\varphi}{8\cos^2(\frac{\pi}{4}+\frac{\varphi}{2})}+\frac{C\left[\frac{1}{3}\exp(\frac{3}{2}\pi\tan\varphi)-\frac{1}{2}\exp(\pi\tan\varphi)+\frac{1}{6}\right]}{2\sin\varphi\cdot\tan\varphi\cdot\sin^2(\frac{\pi}{4}-\frac{\varphi}{2})}$$

$$+\frac{C}{2}\tan(\frac{\pi}{4}+\frac{\varphi}{2})\cdot\left[\frac{2\exp(\frac{3}{2}\pi\tan\varphi)\tan(\frac{\pi}{4}+\frac{\varphi}{2})+\exp(\pi\tan\varphi)}{\cos\varphi}-\frac{\exp(\frac{3}{2}\pi\tan\varphi)}{2(1-\sin\varphi)}\right]$$

$$+\frac{q_T}{2}\left[\frac{\exp(\pi\tan\varphi)}{\tan^2(\frac{\pi}{4}-\frac{\varphi}{2})}+\frac{\exp(\frac{\pi}{2}\tan\varphi)}{\tan(\frac{\pi}{4}-\frac{\varphi}{2})}\right]\cdot\exp(\frac{\pi}{2}\tan\varphi) \tag{4-47}$$

对于饱和的黏性土，破坏区一般在 90° 内，则下限解为：

$$\frac{P^+}{\frac{1}{4}\pi B^2} = (3+\frac{1}{4}\pi^2)C+q_T \approx 5.5C+\gamma H \tag{4-48}$$

由式（4-47）知，上限解与内摩擦角的关系曲线如图 4-6 所示。根据图 4-6 可知，砂土地基 $\varphi>30°$ 时，内摩擦角对上限解影响大；软黏土地基 $\varphi<10°$ 时，内摩擦角对上限解影响小；内聚力越大，上限解越大，但内聚力对上限解的影响不是很显著。

4.4.1.3　工程实例分析

作者收集长沙地区浅基础标准贯入试验的部分实测资料，按标准贯入试验时的锤击

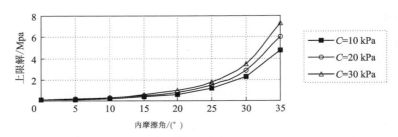

图4-6 上限解与内摩擦角的关系曲线($r=19.5$ kN/m³, $H=3$ m)

数,对照规范求出极限承载力;同时按式(4-47)计算出持力层上限解析解,见表4-1。

表4-1 实测地基承载力与上限解对比

	埋深 /m	容重 /(kN·m⁻³)	内聚力 /kPa	内摩擦角 /(°)	实测承载力 /kPa	上限解 /kPa
黏土	3.0	19.5	20.0	22.0	950	1020.85
黏土	3.0	18.8	18.0	6.4	200	186.91
黏土	2.6	16.2	28.4	15.2	450	391.84
粉土	2.0	18.1	23.0	14.5	350	376.72
粉土	2.0	20.6	25.0	18.3	750	626.33
粉土	1.6	20.8	9.8	24.8	850	769.35
砂土	2.2	20.4	5.1	32.4	2500	2218.89
砂土	2.5	22.4	5.3	36.2	4500	4812.29
砂土	1.8	21.2	7.7	26.4	1000	949.53

当地下水与地面齐平或高出地面时,上限解析解式(4-47)中的容重采用持力层上土的有效平均容重代替,持力层的内聚力、内摩擦角采用不排水抗剪强度指标。

从表4-1中可看出:上限解析解结果与实测值的误差控制在10%左右,最大误差为16.5%,最小误差为5.04%。设计浅基础时,该表可为该地区提供参考依据。

4.4.2 圆形基础承载力下限解探讨

下限分析中常用的应力柱是一种二维应力柱,本论文提出三维应力柱概念以及圆形基础下限解的计算方法。根据应力叠加原理构造静力容许的应力场,求出不同应力柱数目下圆形基础的下限解。通过比较看出:本章计算结果与前人研究成果很接近,这说明了此方法具有有效性和正确性。

4.4.2.1 圆形基础静力场构造

在求解极限荷载的下限时采用应力柱法构造静力场,首先介绍应力柱的概念。

图 4-7 表示一条应力柱，在应力柱内，应力为单向受压，即 $\sigma_1 = 2K$，$\sigma_2 = 0$，荷载由应力柱承担。

（1）由一条应力柱构成的静力场。

由图 4-7 可知，外力与应力柱中 σ_1 相平衡，故得极限承载力的下限解为：

$$P^- = 2K \qquad (4\text{-}49)$$

下面构造另一个简单的应力场。圆形基础下应力间断面将地基分为三个区域，各区域中的应力状态如图 4-8 所示。通过应力间断面，法向正应力连续，而切线正应力发生间断，显然在各区域内满足屈服条件。此时，圆形基础极限承载力的下限解为：

$$P^- = 4K \qquad (4\text{-}50)$$

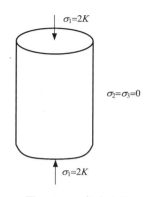

图 4-7　一条应力柱

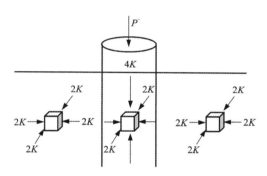

图 4-8　简单应力场

（2）由五条应力柱构成的静力场。

首先分析平面上两条应力柱相互叠加的情况。设每一条应力柱为单向受压，其值假定为 P_a，且在平面上对称分布，如图 4-9 所示，则叠加后的应力状态为：

$$\left.\begin{aligned}\sigma_H &= 2P_a\sin^2\beta \\ \sigma_V &= 2P_a\cos^2\beta\end{aligned}\right\} \qquad (4\text{-}51)$$

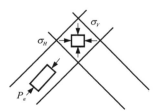

图 4-9　平面两条应力柱叠加

下面考虑空间五条应力柱叠加所形成的应力场问题。设四条应力柱在顶角为 $60°$ 的圆锥面上，另一条应力柱位于竖轴上，则叠加后应力状态的主方向根据问题的对称性，可以预先确定为竖直和水平方向。

根据坐标轴变换原理，应力分量的变换公式为：

$$
\left.
\begin{aligned}
\sigma_x' &= L_1^2\sigma_x + m_1^2\sigma_y + n_1^2\sigma_z + 2L_1 m_1\tau_{xy} + 2 m_1 n_1\tau_{yz} + 2n_1 L_1\tau_{zx} \\
\sigma_y' &= L_2^2\sigma_x + m_2^2\sigma_y + n_2^2\sigma_z + 2L_2 m_2\tau_{xy} + 2 m_2 n_2\tau_{yz} + 2n_2 L_2\tau_{zx} \\
\sigma_z' &= L_3^2\sigma_x + m_3^2\sigma_y + n_3^2\sigma_z + 2L_3 m_3\tau_{xy} + 2 m_3 n_3\tau_{yz} + 2n_3 L_3\tau_{zx} \\
\tau_{xy}' &= L_1 L_2\sigma_x + m_1 m_2\sigma_y + n_1 n_2\sigma_z + (L_1 m_2 + m_1 L_2)\tau_{xy} \\
&\quad + (m_1 n_2 + n_1 m_2)\tau_{yz} + (n_1 L_2 + L_1 n_2)\tau_{zx} \\
\tau_{yz}' &= L_2 L_3\sigma_x + m_2 m_3\sigma_y + n_2 n_3\sigma_z + (L_2 m_3 + m_2 L_3)\tau_{xy} \\
&\quad + (m_2 n_3 + n_2 m_3)\tau_{yz} + (n_2 L_3 + L_2 n_3)\tau_{zx} \\
\tau_{zx}' &= L_3 L_1\sigma_x + m_3 m_1\sigma_y + n_3 n_1\sigma_z + (L_3 m_1 + m_3 L_1)\tau_{xy} \\
&\quad + (m_3 n_1 + n_3 m_1)\tau_{yz} + (n_3 L_1 + L_3 n_1)\tau_{zx}
\end{aligned}
\right\}
\tag{4-52}
$$

其中，新坐标轴 x'，y'，z' 与原坐标轴 x，y，z 之间夹角的余弦 L，m，n 见表 4-2。

表 4-2　新坐标与原坐标变换关系

	x	y	z
x'	L_1	m_1	n_1
y'	L_2	m_2	n_2
z'	L_3	m_3	n_3

五条应力柱在空间排列的位置如图 4-10 所示。其中，应力柱 AB、AC、AD、AE 与水平面所成的角均为 θ；AF 应力柱位于对称轴上，即与水平面垂直。由应力柱的应力状态特点可知，只须求出 σ_1 方向与新坐标系 x'，y'，z' 轴所夹角的余弦。

应力柱 AB 与新坐标轴所夹角的余弦为：

$$n_1 = \cos\theta \quad n_2 = 0 \quad n_3 = \sin\theta$$

应力柱 AC 与新坐标轴所夹角的余弦为：

$$n_1 = 0 \quad n_2 = \cos\theta \quad n_3 = \sin\theta$$

应力柱 AD 与新坐标轴所夹角的余弦为：

$$n_1 = -\cos\theta \quad n_2 = 0 \quad n_3 = \sin\theta$$

应力柱 AE 与新坐标轴所夹角的余弦为：

$$n_1 = 0 \quad n_2 = -\cos\theta \quad n_3 = \sin\theta$$

应力柱 AF 与新坐标轴所夹角的余弦为：

$$n_1 = 0 \quad n_2 = 0 \quad n_3 = 1$$

为了保证在应力叠加过程中，每一点的应力状态不违反屈服条件，故在水平方向，即 x'，y' 上附加水平应力柱，单向受压为 $2K$。应力柱 AB、AC、AD、AE、AF 为单向受压，其轴向压应力为 $p_a(p_a \leqslant 2K$ 为待定值)。根据式(4-52)进行叠加，叠加后的应力状态为：

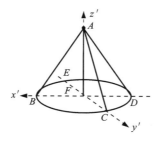

图 4-10　五条应力柱构成的应力场

$$
\left.\begin{array}{l}
\sigma'_x = 2\cos^2\theta \cdot P_a + 2K \\[4pt]
\sigma'_y = 2\cos^2\theta \cdot P_a + 2K \\[4pt]
\sigma'_z = 4\sin^2\theta \cdot P_a + P_a \\[4pt]
\tau'_{xy} = \tau'_{yz} = \tau'_{zx} = 0
\end{array}\right\}
\tag{4-53}
$$

应用 Tresca 屈服准则，$\sigma'_z - \sigma'_x = 2K$ 或 $\sigma'_z - \sigma'_y = 2K$ 可得到压应力 Pa 的表达式：

$$
P_a = \frac{4K}{4\sin^2\theta + 1 - 2\cos^2\theta}
\tag{4-54}
$$

取 $\theta = 60°$ 代入（4-54）得 $P_a = \dfrac{8}{7}K$，代入式（4-53）中第三式得 $\sigma'_z = 4.57K$

则极限分析的下限解为：

$$
P^- = 4.57K
\tag{4-55}
$$

（3）九条应力柱构成的静力场。

图 4-11 表示九条应力柱构造的静力场，这是前面五条应力柱解法的推广。九条应力柱在空间上是对称分布的，每条应力柱与水平面均成 θ 角，每条应力柱单向受压力 P_a，P_a 值待定。为了叠加过程中，应力状态不违反屈服条件，在水平面内附加水平应力柱，受单向压力 $2K$。

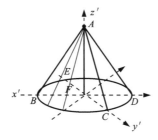

图 4-11　九条应力柱构成的应力场

下面分别求出每条应力柱的应力主方向（这里只须求出 σ_1 方向）与新坐标轴 x'，y'，z' 夹角的方向余弦，见表 4-3。

表 4-3　九条应力柱与新坐标系夹角余弦

应力柱	n_1	n_2	n_3
AB	$\cos\theta$	0	$\sin\theta$
AC	$\cos\theta\sqrt{2}/2$	$\cos\theta\sqrt{2}/2$	$\sin\theta$
AD	0	$\cos\theta$	$\sin\theta$
AE	$-\cos\theta\sqrt{2}/2$	$\cos\theta\sqrt{2}/2$	$\sin\theta$
AF	$-\cos\theta$	0	$\sin\theta$
AG	$-\cos\theta\sqrt{2}/2$	$-\cos\theta\sqrt{2}/2$	$\sin\theta$
AM	0	$-\cos\theta$	$\sin\theta$
AN	$\cos\theta\sqrt{2}/2$	$-\cos\theta\sqrt{2}/2$	$\sin\theta$
AO	0	0	1

应用式(4-52)将图4-11中九条应力柱的各应力状态进行叠加,叠加后的应力状态为:

$$
\left.
\begin{aligned}
\sigma'_x &= \left[\cos^2\theta + (\cos\theta/2)2 + 0 + (-\cos\theta/2)2 + (-\cos\theta)2 \right.\\
&\quad \left. + (-\cos\theta/2)2 + 0 + (\cos\theta/2)2 + 0\right] \cdot P_a + 2K \\
&= 4\cos^2\theta \cdot P_a + 2K \\
\sigma'_y &= \left[0 + (\cos\theta/2)2 + (\cos\theta)2 + (\cos\theta/2)2 + 0 \right.\\
&\quad \left. + (-\cos\theta/2)2 + (-\cos\theta)2 + (-\cos\theta/2)2 + 0\right] \cdot P_a + 2K \\
&= 4\cos^2\theta \cdot P_a + 2K \\
\sigma'_z &= 8\sin^2\theta \cdot P_a + P_a \\
\tau'_{xy} &= \tau'_{yz} = \tau'_{zx} = 0
\end{aligned}
\right\}
\tag{4-56}
$$

应用 Tresca 屈服条件, $\sigma'_z - \sigma'_x = 2K$ 可得到应力的表达式为:

$$
P_a = \frac{4K}{8\sin^2\theta + 1 - 4\cos^2\theta}
\tag{4-57}
$$

将 $\theta = 60°$ 代入式(4-57)得 $P_a = \dfrac{2}{3}K$, 再将 $P_a = \dfrac{2}{3}K$ 代入式(4-56)中第三式得 $\sigma'_z = 4.67K$。极限分析的下限解为:

$$
P^- = 4.67K
\tag{4-58}
$$

(4)无穷多条应力柱构成的静力场。

上面对九条应力柱的陈述,可被推广到 $2n+1$ 应力柱的情况(n 为偶数)。这时 $2n+1$ 条应力柱在空间上处于对称分布。为了叠加过程中应力状态不违反屈服条件,在水平面 x', y' 方向上附加水平应力柱,其单轴受压为 $2K$。在 $2n+1$ 条应力柱中,每条应力柱单轴受压 P_a, P_a 为待定值。

类似于前面的推导过程,求出每条应力柱的主方向(σ_1 方向)与新坐标轴 x', y', z' 的夹角方向余弦,然后进行叠加,得:

$$\left.\begin{array}{l} \sigma'_x = n\cos^2\theta \cdot P_a + 2K \\ \sigma'_y = n\cos^2\theta \cdot P_a + 2K \\ \sigma'_z = 2n\sin^2\theta \cdot P_a + P_a \\ \tau'_{xy} = \tau'_{yz} = \tau'_{zx} = 0 \end{array}\right\} \tag{4-59}$$

应用 Tresca 屈服条件，$\sigma'_z - \sigma'_x$ 或 $\sigma'_z - \sigma'_y = 2K$ 可得到压应力 P_a 表达式：

$$P_a = \frac{4K}{2n\sin^2\theta + 1 - n\cos^2\theta} \tag{4-60}$$

将 $\theta = 60°$ 代入式（4-60）得 $P_a = \dfrac{16K}{5n+4}$。再将 $P_a = \dfrac{16K}{5n+4}$ 代入式（4-59）中第三式得：

$$\sigma'_z = \frac{8(3n+2)K}{5n+4}$$

对 σ'_z 表达式求极限，得：

$$\lim_{n \to \infty} \frac{8(3n+2)K}{5n+4} = 4.8K$$

则圆形基础极限分析的下限解为：

$$P^- = 4.8K \tag{4-61}$$

为静力场中应力柱数目与它确定的下限解之间的关系见表 4-4。由表 4-4 可看出，不同的静力容许的应力场所对应的下限值是不同的；同时由 5 条应力柱构成较简单的静力场求得的下限解，与由无穷多条应力柱构成的静力场求得的下限解数值相差为 $0.23K$。由此可见，如果能合适地构造简单静力场，也可以求出较精确的下限解。

表 4-4　下限解与应力柱数目的关系

应力柱数	1	5	9	无穷多
p^-	$2K$	$4.57K$	$4.67K$	$4.8K$

4.4.2.2　与前人研究成果比较

在以前的参考文献中，对圆形基础承载力的研究主要采用极限分析法和修正系数法。

（1）前人极限分析法成果。

选择不同的静力容许的应力场将得到不同的下限解。Chen[2]（1975）曾认为饱和黏土上圆形基础上限解等于 $5K$（基础埋深为零的情况）；Shield[46]（1955）对半无限空间上圆形基础承载力问题进行研究，得上下限解如下（内摩擦角为零，基础埋深为零）：

$$p^- = K\left(2.72 + \frac{1}{6}\frac{B}{H} + 6.1\frac{H}{B} - 1.76\frac{H^2}{B^2}\right) \tag{4-62}$$

$$p^+ = K\left(4.83 + \frac{1}{6}\frac{B}{H}\right) \tag{4-63}$$

式中：H 为基础下岩土体的厚度，如图 4-12 所示；B 为圆形基础的直径。

只有当上限解等于下限解时，其解才为极限承载力的精确解（或称完全解）。从式

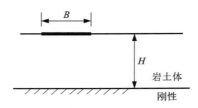

图 4-12　圆形基础

(4-62)与式(4-63)可看出,只有当 $\dfrac{B}{H} \to \infty$ 时,上限解 p^+ 才等于下限解 p^-。实际上,圆形基础直径 B 是有限的,而半无限空间上岩土体的厚度是无限的。当 $H \to \infty$ 时,式(4-63)简化为:

$$p^+ = 4.83K \tag{4-64}$$

从式(4-61)与式(4-64)的值可看出,它们的值十分接近。

(2)修正系数法。

这是一种传统的分析方法,即对条形基础承载力加以系数修正得到圆形基础的承载力,如:

$$p^+ = \zeta_s \cdot N_c C_u \tag{4-65}$$

式中:ζ_s 为形状修正系数;N_c 为条形基础承载力系数 $N_c = 2 + \pi$;C_u 为土的不排水抗剪强度,与前面的 K 对应。

对形状系数 ζ_s 的取值,国内外很多专家的意见不一致。Terzaghi 和 Peck[61](1948)认为形状系数 $\zeta_s = 1.3$,Vesic[62](1975)认为形状系数 $\zeta_s = 1.2$,Meyerhof[63](1980)认为 $\zeta_s = 1.1$ 比较合理。这些系数都是根据平衡原理或在经验的基础上总结出来的。

近年来,随着计算机的发展,很多的学者采用有限元法对此分析。如 Taiebat 和 Carter[64](2000)通过二维有限元与三维有限元的比较得出:饱和地基上圆形基础的形状系数 $\zeta_s = 1.1$,这与 Meyerhof[63](1980)的形状系数一致。即

$$p^+ = 1.1 \times (2 + \pi) C_u = 5.65 C_u \tag{4-66}$$

式(4-66)与既有文献的结果也是基本一致的,即圆形基础承载力的准确解为 $4.8K \sim 5.65K$。

4.5　线性破坏准则下的上限分析

4.5.1　单元离散

下面简单阐述速度有限元法的基本理论,详细过程可参阅文献[18-28]。对计算区域的结构物按三角形单元离散,并假设三角形中速度场线性分布。即

$$u = \sum_{i=1}^{3} N_i u_i, \quad v = \sum_{i=1}^{3} N_i v_i \quad (i = i, j, k) \tag{4-67}$$

式中:i,j,k 为三角形单元节点,逆时针排列,如图 4-13 所示;u_i u_j,v_k 分别为节点 i,

j, k 的速度分量(注:第二章的 $\dot{u}_{ij}$ 的表示 ij 方向的速度分量,而本章的 u_i、v_i 是 i 点的速度分量,以下雷同);N_i 为单元形函数,它是节点坐标的线性函数,表达式为:

$$N_i = \frac{1}{2A}(a_i + b_i x + c_i y) \quad a_i = x_j y_k - y_j x_k \atop b_i = y_j - y_k \qquad\qquad c_i = -x_j + x_k \Bigg\} \quad (i=i, j, k) \tag{4-68}$$

式中:a_i, b_i, c_i 为系数;A 为三角形单元面积。

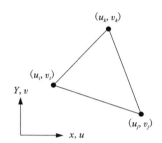

图 4-13 上限分析的三角形单元

对于以节点 i, j, k 的速度为分量的三角形单元,它是一种常应变率。为了满足单元不可压缩条件,四个三角形单元合并后形成一个凸四边形,凸四边形对角线的交点分别为四个三角形的某一个顶点。

4.5.2 屈服函数线性化

在平面应变问题中,假定以拉应力为正。岩土材料常用的线性 Mohr-Coulomb 屈服准则,可用下列方程式表达:

$$f(\sigma_{ij}) = (\sigma_x - \sigma_y)^2 + (2\tau_{xy})^2 - [2C\cos\theta - (\sigma_x + \sigma_y)\sin\theta]^2 = 0 \tag{4-69}$$

式中:C、θ 分别为土体抗剪强度指标。

在以 $X = \sigma_x - \sigma_y$ 为横轴,以 $Y = 2\tau_{xy}$ 为纵轴的坐标体系中,式(4-69)是一个以原点为圆心,以 $R = 2C\cos\theta - (\sigma_x + \sigma_y)\sin\theta]$ 为半径的圆域,如图 4-14 所示。三角形单元采用线性速度场,由几何方程式(4-5)知:

$$\dot{\varepsilon}_{ij} = \frac{1}{2}(u_{i,j} + u_{j,i}) \tag{4-70}$$

节点 i, j, k 的应变率分量也是线性的。在上限分析时,要求由 $\dot{\varepsilon}_{ij}$ 按塑性变形法则(对关联岩土材料,塑性变形法则为相关联流动法则;对非关联岩土材料,塑性变形法则为非关联流动准则,本章采用相关联流动法则)求出的应力场 σ_{ij} 满足屈服条件,即由式(4-6)求出的 σ_{ij} 满足 Mohr-Coulomb 屈服准则。

$$\dot{\varepsilon}_{ij} = \frac{\partial\varphi}{\partial\sigma_{ij}} d\lambda \tag{4-71}$$

式中:φ 为塑性势函数,这里采用 Mohr-Coulomb 屈服准则 $f(\sigma_{ij})$;$d\lambda$ 为一非负比例系数,由岩土材料的特性确定,$d\lambda \geq 0$。

为了消除式(4-71)中的 σ_{ij},建立 $\dot{\varepsilon}_{ij}$ 线性约束关系。Mohr-Coulomb 屈服准则需要线

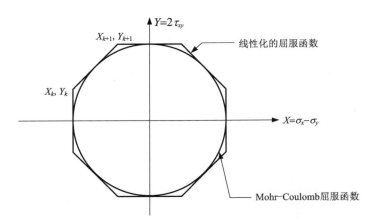

图 4-14　屈服函数用外接正多边形线性化($m=8$)

性化，为此用一个外切正多边形逼近上述圆域。设正多边形的边数为 m，则屈服条件的第 k 边直线对应的顶点坐标 (X_k, Y_k)、(X_{k+1}, Y_{k+1}) 分别为：

$$\left.\begin{array}{l} X_k = R\cos(\alpha_k - \beta)/\cos\beta, \qquad Y_k = R\sin(\alpha_k - \beta)/\cos\beta \\ X_{k+1} = R\cos(\alpha_k + \beta)/\cos\beta, \qquad Y_{k+1} = R\sin(\alpha_k + \beta)/\cos\beta \end{array}\right\} \tag{4-72}$$

式（4-72）中，$\alpha_k = 2k\beta$，$\beta = \pi/m$，$k = 1, 2, \cdots, m$。屈服函数线性化后，以 (X_k, Y_k)、(X_{k+1}, Y_{k+1}) 两点的直线方程为：

$$(Y_k - Y_{k+1})(\sigma_x - \sigma_y) + 2(X_{k+1} - X_k)\tau_{xy} + (X_k Y_{k+1} - X_{k+1} Y_k) = 0 \tag{4-73}$$

将式（4-72）代入式（4-73），并进行化简得：

$$f_k(\sigma_{ij}) = A_k\sigma_x + B_k\sigma_y + C_k\tau_{xy} - 2C\cos\theta = 0 \tag{4-74}$$

$$\left.\begin{array}{l} A_k = \cos\alpha_k + \sin\theta \\ B_k = -\cos\alpha_k + \sin\theta \\ C_k = 2\sin\alpha_k \end{array}\right\} \tag{4-75}$$

式（4-74）为屈服函数线性化的表达式，式中的系数由式（4-75）确定。

4.5.3　三角形单元满足相关联流动法则

在对岩土结构物进行离散时，要求每个三角形单元满足相关联流动法则，即

$$\left.\begin{array}{l} \dot{\varepsilon}_x = \dfrac{\partial u}{\partial x} = \mathrm{d}\lambda\,\dfrac{\partial f(\sigma_{ij})}{\partial\sigma_x} \\[2mm] \dot{\varepsilon}_y = \dfrac{\partial v}{\partial y} = \mathrm{d}\lambda\,\dfrac{\partial f(\sigma_{ij})}{\partial\sigma_y} \\[2mm] \dot{\gamma}_{xy} = \dfrac{\partial u}{\partial y} + \dfrac{\partial v}{\partial x} = \mathrm{d}\lambda\,\dfrac{\partial f(\sigma_{ij})}{\partial\tau_{xy}} \end{array}\right\} \quad \mathrm{d}\lambda \geqslant 0 \tag{4-76}$$

此时，对每个三角形单元来说，$\mathrm{d}\lambda$ 是一非负常数；不同的三角形单元，$\mathrm{d}\lambda$ 也可能不相同。当 Mohr-Coulomb 屈服函数线性化后，$\mathrm{d}\lambda$ 也随之线性化，即与不同的边数对应的 $\mathrm{d}\lambda$ 也可能不相同。将式（4-74）代入式（4-76）的右边得：

$$\left.\begin{array}{l}\dfrac{\partial u}{\partial x} = \displaystyle\sum_{k=1}^{m} A_k \mathrm{d}\lambda_k \\[3mm] \dfrac{\partial v}{\partial y} = \displaystyle\sum_{k=1}^{m} B_k \mathrm{d}\lambda_k \\[3mm] \dfrac{\partial u}{\partial y} + \dfrac{\partial v}{\partial x} = \displaystyle\sum_{k=1}^{m} C_k \mathrm{d}\lambda_k \end{array}\right\} \qquad \mathrm{d}\lambda_k \geqslant 0 \qquad (4\text{-}77)$$

$\mathrm{d}\lambda_k$ 与屈服函数第 k 边相关联的比例系数，$\mathrm{d}\lambda_k \geqslant 0$。将表达式（4-67）代入式（4-77）左边得：

$$\left.\begin{array}{l}\displaystyle\sum_{i=1}^{3} \dfrac{\partial N_i}{\partial x} u_i = \displaystyle\sum_{k=1}^{m} A_k \mathrm{d}\lambda_k \\[3mm] \displaystyle\sum_{i=1}^{3} \dfrac{\partial N_i}{\partial y} v_i = \displaystyle\sum_{k=1}^{m} B_k \mathrm{d}\lambda_k \\[3mm] \displaystyle\sum_{i=1}^{3} \dfrac{\partial N_i}{\partial x} v_i + \displaystyle\sum_{i=1}^{3} \dfrac{\partial N_i}{\partial y} u_i = \displaystyle\sum_{k=1}^{m} C_k \mathrm{d}\lambda_k \end{array}\right\} \qquad \mathrm{d}\lambda_k \geqslant 0 \qquad (4\text{-}78)$$

对式（4-13）进行整理后写成矩阵形式如下：

$$\begin{bmatrix} \dfrac{\partial N_i}{\partial x} & 0 & \dfrac{\partial N_j}{\partial x} & 0 & \dfrac{\partial N_k}{\partial x} & 0 \\[3mm] 0 & \dfrac{\partial N_i}{\partial y} & 0 & \dfrac{\partial N_j}{\partial y} & 0 & \dfrac{\partial N_k}{\partial y} \\[3mm] \dfrac{\partial N_i}{\partial y} & \dfrac{\partial N_i}{\partial x} & \dfrac{\partial N_j}{\partial y} & \dfrac{\partial N_j}{\partial x} & \dfrac{\partial N_k}{\partial y} & \dfrac{\partial N_k}{\partial x} \end{bmatrix} \begin{Bmatrix} u_i \\ v_i \\ u_j \\ v_j \\ u_k \\ v_k \end{Bmatrix} - \begin{bmatrix} A_1 & A_2 & \cdots & A_m \\ B_1 & B_2 & \cdots & B_m \\ C_1 & C_2 & \cdots & C_m \end{bmatrix} \begin{Bmatrix} \mathrm{d}\lambda_1 \\ \mathrm{d}\lambda_2 \\ \vdots \\ \mathrm{d}\lambda_m \end{Bmatrix} = \begin{Bmatrix} 0 \\ 0 \\ 0 \end{Bmatrix} \quad (4\text{-}79)$$

式（4-79）是离散区域中某一个三角形单元相关联流动法则的约束方程，对计算区域所有的单元按式（4-79）合并，即所有单刚矩阵叠加形成总刚得：

$$A_{11}X_1 - A_{12}X_2 = 0 \quad \text{且} \quad X_2 \geqslant 0 \qquad (4\text{-}80)$$

A_{11}、A_{12} 是合并后的系数矩阵；X_1 是以节点速度表示的列向量，即

$$X_1 = \left\{ (u_1, v_1, u_2, v_2, u_3, v_3)^{e1} \quad \cdots \quad (u_1, v_1, u_2, v_2, u_3, v_3)^{ei} \quad \cdots \right\}^T \qquad (4\text{-}81)$$

式中：$e1$ 为第 1 个单元；ei 为第 i 个单元；上标 T 表示向量的转置。X_2 是以相关联比例系数表示的列向量，具体表达式为：

$$X_2 = \left\{ (\mathrm{d}\lambda_1, \mathrm{d}\lambda_2, \cdots, \mathrm{d}\lambda_m)^{e1} \quad \cdots \quad (\mathrm{d}\lambda_1, \mathrm{d}\lambda_2, \cdots, \mathrm{d}\lambda_m)^{ei} \quad \cdots \right\}^T \qquad (4\text{-}82)$$

4.5.4　速度间断线满足相关联流动法则

速度间断线与水平线的夹角为 Φ。节点 (i, j) 是速度间断线 L 上的两点，其速度分量为 u_i，v_i，u_j，v_j，节点 (m, n) 也是如此。如图 4-15 所示。

速度间断线是一种无厚度的速度变化线。正如前文所述，对服从 Mohr-Coulomb 屈服准则的岩土材料，在速度间断线上既有切向速度变化，也有法线速度变化。对一对节点 (i, j) 来讲，其速度变化为：

$$\Delta u_{ij} = (u_j - u_i)\cos \Phi + (v_j - v_i)\sin \Phi \qquad (4\text{-}83)$$

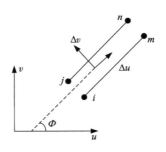

图 4-15　速度间断线

$$\Delta v_{ij} = (u_i - u_j) \sin \Phi + (v_j - v_i) \cos \Phi \tag{4-84}$$

令 $\Delta u_{ij} = u_{ij}^+ - u_{ij}^-$，且 u_{ij}^+、u_{ij}^- 都是大于或等于零的数。将它代入式(4-84)得：

$$u_{ij}^+ - u_{ij}^- = (u_j - u_i) \cos \Phi + (v_j - v_i) \sin \Phi \tag{4-85}$$

在总长度为 L 的速度间断线上，长为 $l(0 \leqslant l \leqslant L)$ 的某一点速度分量为：

$$u^+ = u_{ij}^+ + \frac{l}{L}(u_{mn}^+ - u_{ij}^+) \tag{4-86}$$

$$u^- = u_{ij}^- + \frac{l}{L}(u_{mn}^- - u_{ij}^-) \tag{4-87}$$

总长度为 L 的速度间断线上，长为 l 的某一点速度变化量(沿 u 方向)为：

$$\Delta u = u^+ - u^- = (u_{ij}^+ - u_{ij}^-) + \frac{l}{L}(u_{mn}^+ - u_{mn}^- + u_{ij}^- - u_{ij}^+) \tag{4-88}$$

Mohr-Coulomb 材料在塑性变形过程中体积应变不等于零，速度间断线两侧的法线速度变化量和切线速度变化量均不连续。它们应满足下述关系：

$$\Delta v = |\Delta u| \cdot \tan \theta \tag{4-89}$$

由式(4-88)知，沿速度间断线 L，长为 l 的某一点速度变化量 Δu 可能会改变方向，或正或负。由式(4-89)知，速度间断线上的法向相对速度 Δv 与间断线切线方向成 θ 角。为了避免绝对值符号在塑性流动关系出现，假定 $|\Delta u| = u^+ + u^-$。实际上，这种假定是合理的，其证明过程可参考 Sloan(1995)[18]。

通过上述假定，式(4-89)变换为：

$$\Delta v = (u^+ + u^-) \cdot \tan \theta \tag{4-90}$$

对于 (i, j)，如下表达式成立：

$$\Delta v_{ij} = (u_{ij}^+ + u_{ij}^-) \cdot \tan \theta \tag{4-91}$$

根据式(4-85)、式(4-91)知：

$$(u_i - u_j) \sin \Phi + (v_j - v_i) \cos \Phi = (u_{ij}^+ + u_{ij}^-) \tan \theta \tag{4-92}$$

式(4-85)与式(4-92)构成速度间断线上的方程，其矩阵形式如下：

$$\begin{bmatrix} -\cos \Phi & -\sin \Phi & \cos \Phi & \sin \Phi \\ \sin \Phi & -\cos \Phi & -\sin \Phi & \cos \Phi \end{bmatrix} \begin{Bmatrix} u_i \\ v_i \\ u_j \\ v_j \end{Bmatrix} - \begin{bmatrix} 1 & -1 \\ \tan \theta & \tan \theta \end{bmatrix} \begin{Bmatrix} u_{ij}^+ \\ u_{ij}^- \end{Bmatrix} = \begin{Bmatrix} 0 \\ 0 \end{Bmatrix} \tag{4-93}$$

式(4-93)构成某一条速度间断线上(i,j)节点的约束方程，将它们拓展到所有位于速度间断线上的节点，即所有的速度间断线上的节点按式(4-93)合并得：

$$A_{21}X_1 - A_{23}X_3 = 0 \quad 且 \quad X_3 \geq 0 \tag{4-94}$$

其中，A_{21}、A_{23} 是合并后的系数矩阵；X_1 是以节点速度表示的列向量；X_3 列向量的表达式为：

$$X_3 = \left\{ (u_{ij}^+, u_{ij}^-, u_{mn}^+, u_{mn}^-)^{L1} \quad \cdots \quad (u_{ij}^+, u_{ij}^-, u_{mn}^+, u_{mn}^-)^{Li} \quad \cdots \right\}^T \tag{4-95}$$

式中：$L1$ 为计算区域第 1 条速度间断线；Li 为计算区域第 i 条速度间断线。

4.5.5　速度边界上满足已知边界条件

设节点 i 是速度边界上的一已知点，其边界速度为 u_0，v_0，速度边界线与水平线的夹角为 Φ_0，如图 4-16 所示。

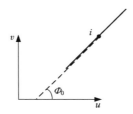

图 4-16　速度边界条件

对机动容许的速度场须满足下列边界条件：

$$\begin{bmatrix} \cos \Phi_0 & \sin \Phi_0 \\ -\sin \Phi_0 & \cos \Phi_0 \end{bmatrix} \begin{Bmatrix} u_i \\ v_i \end{Bmatrix} = \begin{Bmatrix} u_0 \\ v_0 \end{Bmatrix} \tag{4-96}$$

式(4-96)是某一个节点 i 的边界约束方程，对计算区域所有的速度边界按式(4-96)合并，得：

$$A_{31}X_1 - A_3 = 0 \tag{4-97}$$

式中：A_{31}、A_3 为合并后的系数矩阵；X_1 为以节点速度表示的列向量。

4.5.6　土体容重的影响

如果将上限有限元定理应用在边坡稳定性方面，需要考虑土体的重量。此时，对每个三角形单元竖向速度上还须满足下列条件：

$$\int_A v_{ij} \mathrm{d}A = -Q \tag{4-98}$$

式中：Q 为已知常数，规划时通常设定为 1；A 为单元面积。

在上限分析时，根据外力的功率等于内能消散功率这一条件，可对边坡土体的单位容重 γ 进行规划，求得边坡在某一安全系数情况下的极小值 $\gamma_{\min}$。对式(4-98)化简得：

$$\frac{1}{3}[0, \quad A, \quad 0, \quad A, \quad 0, \quad A] \cdot [u_1, \quad v_1, \quad u_2, \quad v_2, \quad u_3, \quad v_3]^T = [-w] \tag{4-99}$$

式(4-99)是某一个三角形单元的容重约束方程。对计算区域所有的三角形单元按式

（4-99）合并，得：

$$A_{41}X_1 - A_4 = 0 \tag{4-100}$$

式中：A_{41}、A_4 为合并后的系数矩阵；X_1 为以节点速度表示的列向量。

至此，式（4-80）、式（4-94）、式（4-97）、式（4-100）构成上限定理有限单元法求解的基本约束方程。

4.5.7　上限规划目标函数

在土工计算中，所要求的极限荷载通常是沿一部分边界上的外力。根据虚功率原理，外力的虚功率应等于内能消散率。内能消散率包括：速度间断线上的能量消散率，三角形单元的能量消散率。

三角形单元的能量消散率为：

$$w_e = \int_A (\sigma_x \dot{\varepsilon}_x + \sigma_y \dot{\varepsilon}_y + \tau_{xy} \dot{\gamma}_{xy}) \, dA \tag{4-101}$$

将式（4-77）代入式（4-101）整理得：

$$w_e = \int_A \left[\sum_{k=1}^m d\lambda_k (A_k \sigma_x + B_k \sigma_y + C_k \tau_{xy}) \right] dA \tag{4-102}$$

根据式（4-74），将式（4-102）简化得：

$$w_e = 2A\cos\theta \sum_{k=1}^m d\lambda_k \int_A C \cdot dA \tag{4-103}$$

假设内聚力 C 在三角形单元中线性变化，对式（4-103）进行积分后写成矩阵形式如下：

$$w_e = \frac{2}{3}A(C_1 + C_2 + C_3)\cos\theta \begin{bmatrix} 1 & 1 & \cdots & 1 \end{bmatrix} \cdot \begin{bmatrix} d\lambda_1 & d\lambda_2 & \cdots & d\lambda_m \end{bmatrix}^T \tag{4-104}$$

式（4-104）中：C_1，C_2，C_3 分别为位于三角形单元节点处的内聚力；A 为三角形单元面积。

式（4-104）是某一个三角形单元的能量消散率方程，对计算区域所有的三角形单元按式（4-104）合并，得：

$$\sum_e w_e = C_2^T X_2 \tag{4-105}$$

式中：C_2^T 为合并后的系数矩阵；X_2 为以相关联比例系数表示的列向量。

速度间断线上的能量消散率为：

$$w_L = \int_L C |\Delta u| \cdot dL \tag{4-106}$$

式中：$|\Delta u|$ 为沿某一速度间断线 L 上，切向速度变化量的绝对值，$|\Delta u| = |u^+ - u^-|$。

为了避免绝对值符号在式（4-106）中出现，与前文一样，假定 $|\Delta u| = u^+ + u^-$，并代入式（4-106）得：

$$w_L = \int_L C(u^+ + u^-) \cdot dL \tag{4-107}$$

假设内聚力 C 在速度间断线上线性变化，对式（4-107）进行积分后写成矩阵形式如下：

$$w_L = \frac{L}{6} \begin{bmatrix} 2C_1 + C_2 & 2C_1 + C_2 & C_1 + 2C_2 & C_1 + 2C_2 \end{bmatrix} \cdot \begin{bmatrix} u_{ij}^+ & u_{ij}^- & u_{mn}^+ & u_{mn}^- \end{bmatrix}^T \tag{4-108}$$

式(4-108)为某一条速度间断线上的内能消散率。将它拓展到整个计算区域，即将全部速度间断线上的内能消散率按式(4-108)合并，得：

$$\sum_L w_L = C_3^T X_3 \tag{4-109}$$

式中：C_3^T 为合并后的系数矩阵；X_3 为速度变化量表示的列向量，其表达式与前面相同。

对未知变量的约束矩阵由式(4-80)、式(4-94)、式(4-97)、式(4-100)构成，三角形单元和速度间断线的内能消散率由式(4-105)、式(4-111)构成。根据上限定理知，内能消散率越小，承载力的上限值就越接近真实值。由此可以得到求解土工极限荷载问题的数学模型如下。

$$
\left.
\begin{aligned}
&求最小值：\quad C_2^T X_2 + C_3^T X_3 \\
&约束条件：\quad A_{11}X_1 - A_{12}X_2 = 0 \quad A_{21}X_1 - A_{23}X_3 = 0 \\
&\qquad\qquad\quad A_{31}X_1 - A_3 = 0 \quad A_{41}X_1 - A_4 = 0 \\
&\qquad\qquad\quad X_2 \geq 0 \text{ 且 } X_3 \geq 0
\end{aligned}
\right\} \tag{4-110}
$$

式(4-110)为极限荷载问题的目标函数与约束方程，可通过线性数学规划方法求解。

4.6　内点法规划

式(4-110)为极限荷载的目标函数与约束方程，它是优化理论中的线性规划问题。对于少量的有限单元和速度间断线，可采用最陡边有效集法或单纯形法是求解该规划问题。随着计算范围的扩大，优化变量增多。从几何观点看，线性规划问题的可行域是凸多面体，基本可行解对应着它的顶点；可行域的顶点的个数一般随着问题维数的变大而成指数函数地增加。因此选择合适的优化方法尤为重要。

在线性规划中，1947 年由 Dantzig 提出的单纯形法久居主角地位，它的各种改进方法至今仍广泛应用。单纯形法是在基本可行解中寻求最优解，它是顺着凸多面体的彼此相邻的顶点前进而达到最优的顶点的方法。经验表明，单纯形法为了达到最优解，其实际经过的顶点数大致与约束的个数成比例。但也不能排除因问题的结构而必须经过极多的顶点才能达到最优解的可能性。Klee 和 Minty 于 1972 年给出例证，说明单纯形法不是多项式时间算法。1979 年 Khachiyan[65] 给出了 $O(n^4L)$ 级的椭球算法，肯定地回答了对于线性规划问题存在着多项式算法的问题。但是对于线性规划问题是否存在时间级更低，实用性更强的多项式算法仍然是个迷。1984 年 Karmarker 等人[66-69] 发表了需要 $O(nL)$ 次迭代次数 $O(n^{3.5}L)$ 次算术运算次数的算法，而且声称它比单纯形法更为有效。当时人们虽表示怀疑，但从此掀起了对于线性规划问题的内点法研究的热潮。实际上，若通过好的程序来实行内点法，包括 Karmarker 最初的方法，的确可以得到"比单纯形法好"的效果。特别是对于含几千个以上变量的问题，其收敛性完全不同于单纯形法。更令人吃惊的是，在实际计算中发现内点法的迭代次数可以与问题的规模无关，几乎保持在 20～40 次。基于这一事实，本节首先对内点法的基本思想作简单介绍，然后着重说明结构比较简单、实际计算效果优秀的仿射变换法。

4.6.1 仿射变换原理

令 $X_1 = X_1^+ - X_1^-$（$X_1^+ \geq 0$，$X_1^- \geq 0$），将式（4-45）转化为标准的线性规划问题：

$$\left.\begin{array}{l} \text{minimize：} \quad C^T X \\ \text{subject to：} \quad AX = B \text{ and } X \geq 0 \end{array}\right\} \qquad (4\text{-}111)$$

式中：X 为 n 维列向量，是由列向量 X_1^+、X_1^-、X_2、X_3 合并后形成的列向量，$X \geq 0$ 意味着向量 X 的所有分量 x_i 都大于或等于零；A 为 $m \times n$ 满秩矩阵，它是由矩阵 A_{11}、A_{12}、A_{21}、A_{23}、A_{31}、A_{41} 合并后形成的；B 为合并后形成的 m 维列向量；C 为 n 维列向量。

对于式（4-111），假定已知一个内点（可行域内部的点）X^0，内点法是从 X^0 开始，在可行域内部生成一个点系列 $\{X^k\}$（k 为大于或等于零的正整数），逐步趋近于最优值 X^*。在迭代的每一步，目标函数的值都有充分减少。根据生成点系列的方式不同，内点法可分为多种，仿射变换法就是其中的一种。

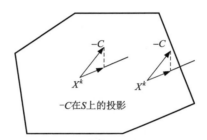

图 4-17 X^k 的最快移动方向

在上述每一步迭代过程中，每一次都生成一个内点。若第 k 次生成的内点为 X^k，寻找目标函数最自然的优化方法是从 X^k 开始向可行域内函数 $C^T X$ 减少率最大的方向移动，即向量 $-C$ 在子空间 $S = \{X | AX = 0\}$ 的投影方向移动。这一方法对 X^k 在 S 的中心附近效果是显著的；当 X^k 在 S 的边界附近时，只能移动一点点，不能充分地减少目标函数，如图 4-17 所示。因此产生一种想法：暂且作一变换，将点 X^k 移至充分远离 S 的边界外，在变换后的空间向目标函数减少最快的方向移动；然后进行逆变换，将得到的点换回到原空间。

基于上述指导思想，设第 k 次的仿射变换为：

$$\overline{X} = [D_k]^{-1} X \qquad (4\text{-}112)$$

式中：$[D_k]$ 为以 X^k 的元素为对角元素的对角矩阵，$[D_k] = \text{diag}(x_1^k, x_2^k, \cdots, x_n^k)$；上标 -1 为该矩阵的逆矩阵。

对于式（4-111），通过上述变换得：

$$\left.\begin{array}{l} \text{minimize：} \quad \overline{C}^k \overline{X} \\ \text{subject to：} \quad \overline{A}^k \overline{X} = B \text{ and } \overline{X} \geq 0 \end{array}\right\} \qquad (4\text{-}113)$$

式中：$\overline{C}^k$ 为第 k 次变换生成的系数矩阵 $\overline{C}^k = [D_k] C$；$\overline{A}^k = A[D_k]$。

4.6.2　仿射变换法的实施

对于式(4-113)，设目标函数下降最快的方向为 $\overline{d}^k$。因为 $\overline{d}^k$ 只能是向量 $-\overline{C}^k$ 在子空间 $\{\overline{X}\,|\,\overline{A}^k\overline{X}=0\}$ 上投影的方向，所以可写成：

$$\overline{d}^k = P_{\overline{A}^k}\overline{C}^k \tag{4-114}$$

式中：$P_{\overline{A}^k}$ 为 $-\overline{C}^k$ 的投影矩阵，$P_{\overline{A}^k}=I-(\overline{A}^k)^T(\overline{A}^k(\overline{A}^k)^T)^{-1}\overline{A}^k$。

将向量 $\overline{d}^k$ 进行逆变换得：

$$d^k = [D_k]\overline{d}^k \tag{4-115}$$

将 $\overline{C}^k=[D_k]C$、$\overline{A}^k=A[D_k]$，以及式(4-114)代入式(4-115)整理得：

$$d^k = -[D_k]^2 r^k \tag{4-116}$$

式中：$r^k=C-A^Tw^k$；$w^k=(A[D_k]^2A^T)^{-1}A[D_k]^2C$。

向量 d^k 是目标函数 C^TX 的下降方向，目标函数 C^TX 是线性函数，故 $X^k+td^k(t\geq0)$ 也是目标函数下降的方向。考虑到问题的可行性，步长 t 不能太大，否则会超过可行域的边界。最大的步长由式(4-116)确定。即

$$t_{\max} = 1/\max\{x_j^k r_j^k\,|\,r_j^k>0\} \tag{4-117}$$

式中：x_j^k 为内点 X^k 的第 j 个元素；r_j^k 为向量 r^k 的第 j 个元素。

为了使迭代点 X^k 总是在可行域的内部，所选择的步长应等于：

$$t^k = \alpha t_{\max},\ 0<\alpha<1 \tag{4-118}$$

下一个迭代点的计算表达式：

$$X^{k+1} = X^k+t^k d^k \tag{4-119}$$

仿射变换法的实施步骤可总结如下。

①选择一个初始内点 X^0，此时 $k=0$；

②由式(4-116)计算向量 d^k；

③由式(4-117)计算最大步长 $t_{\max}$，然后由式(4-118)确定实际步长 t^k；

④由式(4-119)确定下一个迭代点 X^{k+1}。若确认目标函数值 C^TX^{k+1} 已不可能有明显改进，则停止计算。否则 $k=k+1$，返回步骤②。

4.6.3　仿射变换法的特性

为了探讨仿射变换法能否有效实施，必须分析它的一些性质。

①首先探讨点系列 $\{X^k\}$ 是否含于可行域的内部，即点系列 $\{X^k\}$ 所包含的点是否全部是内点。根据数学归纳法，条件：X^0 是式(4-111)的内点，如果 X^k 是式(4-111)的内点，能证明 X^{k+1} 也是式(4-111)的内点；结论：点系列 $\{X^k\}$ 是式(4-111)的内点。证明过程如下。

根据式(4-116)有：

$$Ad^k = -A[D_k]^2 r^k = -A[D_k]^2(C-A^T(A[D_k]^2A^T)^{-1}A[D_k]^2C) = 0$$

根据式(4-116)有：

$$AX^{k+1} = AX^k+t^k Ad^k$$

因为 X^k 是式（4-111）的内点，则有 $AX^k=B$，$AX^{k+1}=B$，所以 X^{k+1} 也是式（4-111）的内点。即，点系列 $\{X^k\}$ 是式（4-111）的内点。

②进一步证实式（4-111）对应目标函数的单调下降性。根据式（4-114）、式（4-115）和 $\overline{C}^k=[D_k]C$，有：

$$C^T d^k = C^T[D_k]\overline{d}^k = -C^T[D_k]P_{\overline{A}^k}[D_k]C$$

投影矩阵 $P_{\overline{A}^k}$ 又具有性质 $P_{\overline{A}^k}=(P_{\overline{A}^k})^2$，有：

$$C^T X^{k+1}-C^T X^k = t^k C^T d^k = -t^k C^T[D_k](\tfrac{P}{A})2[D_k]C = -t^k\parallel P_{\overline{A}^k}[D_k C]\parallel <0$$

上式表明目标函数确实在迭代过程中是单调下降的。

根据这些性质，仿射变换法能判定式（4-111）是否有最优解，或求出最优解的大小。对于大规模的数值计算问题，仿射变换法已被证实具有特别优秀的计算效率，而且结构简单。因而此方法被公认为目前最实用的方法之一。

4.6.4　实施时应注意的问题

在仿射变换法的具体实施过程中有两个问题值得注意：一是向量 d^k，尤其是 w^k 的计算；二是初始内点 X^0 的选择。

每次迭代中向量 w^k 的计算要花费大量的时间，它是决定算法效率的最重要的因素。w^k 的计算可归纳为，以具有特殊结构的正定对称矩阵为线性方程组的求解。在实际问题中，若约束方程的系数矩阵 A 为稠密矩阵，一般采用 $Q\cdot R$ 分解法计算向量 w^k（Q 是正交矩阵，R 是可逆的上三角矩阵）；若约束方程的系数矩阵 A 为稀疏矩阵，即矩阵 A 的元素大部分为零，采用一些特殊的求解计算可节省时间，不过它会使程序复杂化。

对上述仿射变换法，初始内点的选择不是一件容易的事情，但引入人工变量可以解决这一问题。首先，任意选择 $X^0=(x_1^0,x_2^0,\cdots,x_n^0)$，其中 $x_i^0\geqslant 0$，$i=1,2,\cdots,n$。用式可计算点 X^0 处的约束条件 $AX=B$ 的残差：

$$s_i=b_i-(a_{j1}x_1^0+\cdots+a_{jn}x_n^0)\quad j=1,2,\cdots,m \tag{4-120}$$

式中：b_i 为矩阵 B 的第 i 个元素；a_{jn} 为矩阵 A 的第 j 行、第 n 列元素。

这时，若对于所有的 i 有 $s_i=0$，则 X^0 是式（4-111）的可行域内点，故以此为初始解就可以立即开始执行算法的迭代步骤。否则，取代式（4-111），考虑下面具有 $n+1$ 个变量 $(X,y)=(x_1,x_2,\cdots,x_n,y)$ 的线性规划问题：

$$\left.\begin{array}{l}求最小值：\quad C^T X+My\\ 约束条件：\quad AX+Gy=B\quad X\geqslant 0,\ y\geqslant 0\end{array}\right\} \tag{4-121}$$

式中：M 为人工变量，是个充分大的正常数；G 为以式（4-92）为元素的 m 维常数向量。

由 s_i 的定义和 X^0 的取法知：点 (X^0,y) 是式（4-121）的可行域的内点，故可以它为初始解，利用内点法解决式（4-121）问题。

当常数充分大时，式（4-111）和式（4-121）存在下列关系。

①若式（4-121）存在最优解，且此时人工变量 y 的值为零，则最优解中的 X 给出原式（4-111）的最优解。

②若式（4-121）存在最优解，且此时人工变量 y 的值为正，则式（4-111）无可行解。

③若式（4-121）不存在有限的最优解，则式（4-111）也无有限最优解。

于是对于充分大的常数 M，可以认为式(4-121)与式(4-111)等价。这种引入人工变量解线性规划问题的方法通常称为大 M 法。大 M 法的基本思想与罚函数方法相同。

关于算法收敛的判断。当某次迭代中式(4-111)的目标函数值满足下列不等式时，则认为已得到最优解：

$$C^T X^k - C^T X^{k+1} \leqslant \varepsilon(1 + |C^T X^{k+1}|) \qquad (4-122)$$

式中：ε 为给定很小的正数。

4.6.5　举例分析

【例一】　在不考虑土体重量的情况下，对于抗剪强度指标为 C、θ 的均质各向同性地基，通过极限分析可知，光滑刚性条形基础下承载力的精确解为：

$$q_f = N \cdot C = \cot \theta \left[\exp(\pi \tan \theta) \tan^2 \left(\frac{1}{4}\pi + \frac{1}{2}\theta\right) - 1 \right] \cdot C \qquad (4-123)$$

图4-18 所示的单元网格用于计算光滑刚性条形基础下承载力的上限解，该网格与参考文献[18]的网格划分相同(包含 96 个单元，134 个速度间断线，288 个节点)。由式(4-77)可知，m 的大小直接关系到计算工作量和计算精度。m 取得越大，线性化屈服条件就越接近原来的屈服方程，但约束方程个数随之增加。图4-19 为当 $C = 20$ kPa，$\theta = 20°$时，计算结果与 m 大小的关系。

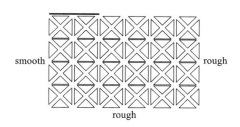

图4-18　条形基础下单元网格划分

由图4-19 可知，当 m 较小时，m 的大小对计算结果影响较大，如 $m = 6$ 时，计算结果与精确解的误差为 37.5%；当 m 较大时，m 的大小对计算结果影响较小，如 $m = 18$ 时误差值为 8.1%，$m = 24$ 时误差值为 4.5%。因此选择合适的 m，能求出条形基础承载力的较精确解。

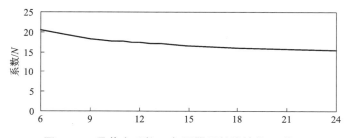

图4-19　承载力系数 N 与屈服函数线性化 m 关系

根据图 4-18 的网格划分，表 4-5 为本章仿射变换法与 Sloan 的最陡边有效集法[4] 的比较情况。从表 4-5 看出：仿射变换法的点列收敛性态改善了最陡边有效集法，它具有特别优越的计算效率；而且程序的实施过程简单，是目前最实用的算法之一。

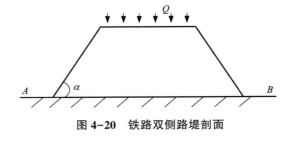

图 4-20　铁路双侧路堤剖面

表 4-5　迭代次数与屈服函数线性化 m 的关系

	$m=6$	$m=12$	$m=18$	$m=24$
文献[18]的迭代次数	488	493	-	564
仿射变换法迭代次数	18	23	27	35

【例二】　式(4-111)为极限荷载问题的目标函数与约束方程，可通过线性数学规化法求解，如 Sloan(1995)[18] 采用最陡边有效集法求解，笔者采用仿射变换法求解。图 4-20 为铁路双侧路堤的剖面示意。假设 AB 线所在的平面为路基面，AB 线以上为路堤填土部分，填土为无重黏性土(容重 $\gamma=0$，内摩擦角 $\theta=0°$)；AB 线以下为基岩且具有不可压缩性；路堤剖面为对称分布。根据极限分析理论，该路基的极限承载力的经典上限、下限解为：

$$Q^{\perp}=2C \cdot (1+\alpha) \quad Q^{\top}=2C \cdot (1+\sin \alpha) \tag{4-124}$$

在采用上限有限元定理法求解时，由式(4-12)可知，m 的大小直接关系到计算工作量和计算精度。m 取得越大，线性化屈服条件就越接近原来的屈服方程式(4-69)，但约束方程个数随之增加。图 4-21 为计算结果与 m 大小的关系，其中 $\alpha=45°$，$C=30$ kPa。由图 4-21 可知，当 m 较小时，m 的大小对计算结果影响较大，如 $m=6$ 时，计算结果与经典上限解[式(4-124)中的第一式]的误差为 23.1%；当 m 较大时，m 的大小对计算结果影响较小，如 $m=18$ 时误差值为 9.5%，$m=24$ 时误差值为 4.1%。在采用上限有限元定理计算时，选择合适的 m 能够计算足够精确的上限解。

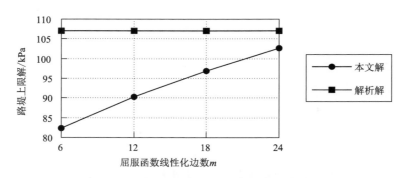

图 4-21　屈服函数线性化 m 与上限解的关系

图 4-21 中没有考虑土体容重的影响。实际上，土体容重是影响路堤承载力的一个重要因素。路堤材料的合理选择直接关系到路堤的承载力以及路堤的工程造价，这一直是铁路勘测设计中一个重要的问题。图 4-22 为本章上限有限元定理计算结果与路堤容重的关系曲线，其中 $m=24$，坡角 $\alpha=45°$，$C=30$ kPa。从图 4-22 可发现：路堤填土经过压实后越密实，路堤的承载能力就越大。如填土平均容重 $\gamma=18.5$ kN/m³ 时，其极限承载力比经典上限解[式(4-124)中的第一式，它不考虑容重的影响]提高 9.5% 左右。

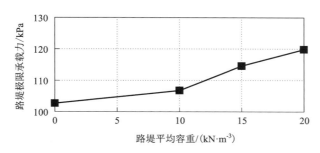

图 4-22　路堤填土容重对极限承载力的影响

4.7　孔隙水压力对上限规划的影响

孔隙水压力是影响上限规划的一个重要因素，如边坡在天然降雨、爆破、地震等外界因素作用下孔隙水压力增加，导致边坡的稳定性降低。

4.7.1　概述

对边坡的稳定性分析主要有三类分析方法：平衡法(包括条分法)、弹塑性有限元法，以及极限分析法。在采用平衡法和弹塑性有限元法时，孔隙水压力计算一般根据地下水位变化情况进行，如渗流状态下的流网分布或孔隙水压比等方法。采用上限定理对边坡稳定性分析时，前人的主要工作是基于总应力法基础上，而不考虑孔隙水压力的影响。实际上，孔隙水压力严重影响的边坡稳定性，这一问题日益引起人们的重视。

近年来，在考虑孔隙水压力的影响后，Miller 和 Hamilton[70, 71](1989 年，1990 年)分别采用刚体转动机制、刚体转动与变形体混合机制对边坡进行上限分析。在文章中，他们认为二维边坡在渗流作用下的地下水位线为抛物线。虽然他们计算结果正确、结论合理，但从能量的角度对他们的计算过程进行研究时会发现：他们假定孔隙水压力为内力，以致于在边坡的土体中消散功率减少(当边坡处于失稳或即将失稳状态)。这一假定引起众多学者的争议。如：Michalowski[72, 73](1994 年和 1995 年)在对边坡进行上限分析时，认为破坏时的滑动面为对数螺旋面。将孔隙水压力 u_p 当作外力，其计算公式如下：

$$u_p=r_u\cdot\gamma z \tag{4-125}$$

式中：r_u 为孔隙水压力比；γ 为土体的容重；z 为土体中某一点距地表的深度。

他通过计算后发现：当土体的内摩擦角 $\theta=0°$ 时，有效应力法和总应力法的计算结果相同，即此时孔隙水压力的边坡的稳定性没有影响。Miller[71](1990 年)在对边坡进行上限分析时，分别将孔隙水压力当作内力和外力处理，结果发现两种方法的计算结果相同。但他认为将孔隙水压力当作外力时，物理意义明确，更容易被人接受。Kim 等[24]（1999 年）也是将孔隙水压力当作外力处理。

4.7.2　孔隙水压力对上限定理的影响

上限定理是建立在虚功率原理的基础上。因此，在分析孔隙水压力对上限定理的影响之前，首先探讨孔隙水压力作用下的虚功率原理。其方程为：

$$\int_A T_i \dot{u}_i^* \, \mathrm{d}A + \int_\Omega F_i \dot{u}_i^* \, \mathrm{d}\Omega = \int_\Omega (\sigma_{ij}^0)' \dot{\varepsilon}_{ij}^* \, \mathrm{d}\Omega \qquad (4-126a)$$

式中：T_i、F_i 分别为物体上的面力和体力（包括重力、渗透力和浮力）；$(\sigma_{ij}^0)'$ 为静力场中的有效应力；$\dot{u}_i^*$、$\dot{\varepsilon}_{ij}^*$ 分别为速度场中的速度和应变率；A，Ω 分别是面力作用的面积与物体的体积。

$$\int_A T_i \dot{u}_i^* \, \mathrm{d}A + \int_\Omega F_i \dot{u}_i^* \, \mathrm{d}\Omega = \int_\Omega \left[(\sigma_{ij}^0)' + \delta_{ij} p \right] \dot{\varepsilon}_{ij}^* \, \mathrm{d}\Omega \qquad (4-126b)$$

式中：F_i 为作用物体上的体力（只包括重力，不包括渗透力和浮力）；δ_{ij} 为系数；p 为孔隙水压力；其他符号意义同上。

式（4-126a）和式（4-126b）的左边表示外力所做的虚功率；式（4-126a）和式（4-126b）的右边表示物体内的内能消散功率。式（4-126a）和式（4-126b）的主要区别在于孔隙水压力的处理方式不同：在式（4-126a）中孔隙水压力当作内力处理，在式（4-126b）中孔隙水压力当作外力处理。

如果外荷载在真实的应变率场上所做的虚功率大于或等于物体内的内能消散功率，且此时的应变率场满足机动容许条件和速度边界条件，则物体处于即将破坏状态或破坏状态已发生。也就是说，此时的外荷载大于或等于物体破坏所需要的荷载。根据虚功率方程式（4-126a）知：

$$\int_\Omega F_i \dot{u}_i^* \, \mathrm{d}\Omega + \int_S T_i \dot{u}_i^* \, \mathrm{d}s \geq \int (\sigma_{ij}^*)' \dot{\varepsilon}_{ij}^* \, \mathrm{d}\Omega \qquad (4-127)$$

从式（4-127）可看出，孔隙水压力作用下的上限定理有两主要特点：体力 F_i 包括重力、渗透力和浮力，此时的容重为天然容重，而非浮容重；在计算物体内的内能消散率时采用有效应力，而不是总应力。在相关联流动法则的前提条件下，对于 Mohr-Coulomb 材料，屈服状态下的体积应变率为（Finn，1967 年）[75]：

$$\dot{\varepsilon}_v = \dot{\gamma} \sin \theta' \qquad (4-128)$$

式中：θ' 为有效内摩擦角；$\dot{\gamma}$ 为剪应变率。

式（4-128）可看出，体积应变率在塑性流动的过程中不为零，因此在选择机动容许的速度场时，速度在满足流动法则的同时须满足式（4-128）。

4.7.3　孔隙水压力作用下的上限线性规划

边坡稳定性分析的目的是为了求得边坡在无荷载作用下的稳定性程度，或边坡在已知外荷载作用下的极限承载力大小。这一直是岩土工程界的热门研究课题之一。针对这一热门研究课题，极限分析法根据虚功率原理，建立土体内的内能消散率与外力所做功率的关系，寻求问题的精确解。土体内的内能消散率包括：土体所有单元能量消散率，单元间全部速度间断线上的能量消散率；外力所做功率包括：边坡重力场的功率，边坡表面荷载的功率，以及孔隙水压力的功率。

土体所有单元能量消散率为：

$$w_e = \int_A (\sigma_x' \dot{\varepsilon}_x + \sigma_y' \dot{\varepsilon}_y + \tau_{xy}' \dot{\gamma}_{xy}) \, \mathrm{d}A \tag{4-129}$$

单元间全部速度间断线上的能量消散率为：

$$w_L = \int_L (|\tau \Delta u| + \sigma_n \Delta v) \, \mathrm{d}L = \int_L C' |\Delta u| \, \mathrm{d}L \tag{4-130}$$

边坡重力场所做的功率为：

$$w_b = \int_\Omega v \, \mathrm{d}\Omega = \gamma \cdot \int_A v \, \mathrm{d}A \tag{4-131}$$

边坡表面荷载的功率：

$$w_T = T \cdot \int_S v \, \mathrm{d}S \tag{4-132}$$

孔隙水压力的功率为：

$$w_p = \int_A p (\dot{\varepsilon}_x + \dot{\varepsilon}_y) \, \mathrm{d}A + \int_L p \cdot \Delta v \, \mathrm{d}L \tag{4-133}$$

式（4-129）~式（4-133）中：A 为二维边坡的横切面面积；L 为全部速度间断线的长度；γ 为土体的天然容重；T 为作用边坡表面上的外荷载；S 为荷载作用的面积；p 为孔隙水压力。

应当指出：在孔隙水压力作用下，边坡的强度参数发生变化，上限分析采用有效抗剪强度指标，即 C'、θ'，应力采用有效应力。

在对边坡进行上限有限元分析时，首先将边坡离散为三角形单元，在屈服函数 $f(\sigma_{ij}')$ 线性化之后，使三角形单元和速度间断线满足相关联流动法则和速度边界条件，以此建立约束方程；然后根据土体内的内能消散情况建立优化目标函数。根据上限定理，外荷载所做的功率大于土体内能消散功率时，边坡发生失稳，目标函数是寻求外荷载的极小值。对无表面荷载作用的边坡，目标函数是寻求边坡发生失稳的最小容重（边坡的坡角、高度、有效抗剪强度指标给定），即

$$\gamma = \frac{w_e + w_L - w_p}{\int_A v \, \mathrm{d}A} \tag{4-134}$$

求解式（4-134）时，一般假定 $\int_A v_{ij} \, \mathrm{d}A = 1$ [参考式（4-98）]，将求 γ 的最小值转化为求 $w_e + w_L - w_p$ 的最小值。其目标函数和约束方程与式（4-110）相似，区别在于：式（4-134）的目标函数考虑了孔隙水压力影响。

对有表面荷载作用的边坡，目标函数一般是寻求该边坡承载力的大小，即

$$T = \frac{w_e + w_L - w_p - w_b}{\int_S v \, \mathrm{d}S} \tag{4-135}$$

求解式（4-135）时，一般假定 $\int_S v_{ij} \, \mathrm{d}S = 1$（转化为约束矩阵），将求 γ 的最小值转化为求 $w_e + w_L - w_p - w_b$ 的最小值。其目标函数和约束方程与式（4-110）都有稍微不同之处。

4.8 小结

（1）上限定理是求解岩土极限分析课题的一种有效工具。由于岩土边界几何形状不规则、边界受力复杂、岩土层状分布、孔隙水压力等因素影响，其应用范围受到限制。有限元法与上限定理相结合，在复杂条件下求解岩土极限分析问题成为可能，为上限定理的广泛应用开辟了新的途径。

（2）首次将线性规划的内点法应用于岩土极限分析问题，为上限有限元定理在大规模优化中的应用提供依据；在优化时，仿射变换法的迭代次数小于最陡边有效集法，提高了优化效率。

（3）路堤填土密实度影响路堤的承载能力。当 $\alpha=45°$，$C=30$ kPa，$\gamma=18.5$ kN/m^3 时，路堤承载力比经典上限解提高 9.5% 左右。

（4）简单地阐述了极限分析原理与求解极限分析问题的三种基本方法。

（5）选择合适的机动容许的速度场能反映圆形浅基础下持力层实际受力情况，以持力层上限解析解作为地基的极限承载力具有一定的合理性。从长沙地区浅基础承载力实测情况看，最大误差控制在 17% 以内。

（6）假定浅基础埋深和容重保持不变，根据本论文的解可发现：由上限解与内摩擦角、内聚力的关系曲线得，当 $\varphi>30°$ 时内摩擦角对上限解影响大；当 $\varphi<10°$ 时，内摩擦角对上限解影响小；黏聚力对上限解的影响不是很显著。这一结论和土力学书上的结果基本一致。

（7）本论文在提出三维应力柱概念之后，选择一种新型静力容许的应力场，求出圆形基础承载力的下限解。将计算结果与 Chen 研究成果相比较，仅相差 4%；与 Shield 研究成果仅相差 0.6%；如果以 $\zeta_s=1.1$ 作为圆形基础承载力的形状修正系数，认为 $5.65K$ 为真实的上限解，本章下限解与它相差 15%。这说明了本章计算结果与前人研究成果很接近。

第 5 章

二维裂缝边坡渗流稳定性分析

　　大量实际工程表明,在稳定性破坏前,土坡顶部往往存在一定的拉力裂缝。随着这些裂缝的扩展,边坡稳定性逐渐下降,最终导致边坡失稳的发生。在这种情况下,在边坡稳定性分析中考虑坡顶拉裂缝的影响具有重要意义。理论上,裂纹的扩展是一个动态过程。Baker(1972)根据大量的实际滑坡,指出滑面后部的拉裂缝是由自重和其他外载荷引起的,降低了稳定系数,使土体变形。其中,滑动变形的水平分量使后部出现平行于坡向的拉伸裂缝。Law 和 Lumb (1978)认为边坡局部应力因素和力学参数降低会产生破坏,坍塌范围扩大,形成整体破坏。

　　目前对有张拉裂缝边坡的稳定性计算有不同的方法,包括数值模拟法和极限平衡法等理论分析方法。选择极限平衡法时,需要预先确定拉伸裂纹的深度和位置。一般而言,在临界破坏之前,斜坡顶部仍存在若干张拉裂缝。对于多重裂纹的选择,利用经验法或多重计算得到最小解。对于数值模拟,这种情况很难模拟,因为裂纹会引起不连续的应力场和应变场。注意,极限分析方法可以根据建议的失效机制反映裂纹的影响。因此,近年来该方法在实际应用中得到了采用。

　　此外,也有学者用相应的方法估算了张拉裂纹的深度。Terzaghi 和 Peck (1967)在切片法的框架内推导出土切片间外加力为正时坡顶张拉裂缝的估计公式。基于此,Cousins (1980)得出无水条件下裂缝高度不超过边坡高度的一半。

　　Michalowski (2013)结合已有研究成果,采用极限分析方法计算了孔隙水压力条件下的张拉裂缝高度方程。抗剪强度被视为土体材料的主要破坏指标,实际强度包络线是非线性的。在这种情况下,采用非线性判据,选择运动学方法评价孔隙水压力的影响,推导出破坏模式中引入张拉裂缝的安全系数计算公式。同时,分析拉裂位置与稳定性的关系,以及主要影响因素之间的相关性。

5.1　孔隙水压力计算方法

　　研究稳定渗流作用下土体边坡的稳定性与极限分析法的极限平衡法类似,考虑孔隙水压力的影响有两种方法。一种是将渗流力视为外力,此时作用在土骨架上的总外荷载包括自重和渗流荷载。另一种是将土壤和水视为分离的物体,以渗流力为内力。理论上,这两种方法是等价的。实际中,考虑到流网与土体切片的划分不重叠,渗流荷载的计算较为复杂，因此广泛采用第二种方法来分析水压的影响。

根据 Viratjandr 和 Michalowski（2006）的研究，土体中和沿速度不连续边界的渗流力产生的功率为：

$$\dot{W}_u = -\int_V u\dot{\varepsilon}_{ii}\mathrm{d}V - \int_S un_iv_i\mathrm{d}S \tag{5-1}$$

式中：u 为渗流载荷；v_i 为任何运动学速度场中的速度向量；$\dot{\varepsilon}_{ii}$ 为应变张量；n_i 为垂直于破坏面向外的向量；V 和 S 分别为破坏机制的体积和边界。

根据刚性块体假设，块体内部不存在变形，即 $\dot{\varepsilon}_{ii}=0$，因此孔隙水压力的幂可以简化为：

$$\dot{W}_u = -\int_S un_iv_i\mathrm{d}S \tag{5-2}$$

Bishop（1954）的研究中，孔隙水压力可以看作是土层自重应力的一部分，它给出：

$$u = r_u\gamma z \tag{5-3}$$

式中：r_u 为孔隙水压力系数；γ 为自重；z 为地下点与地表的距离。

根据 Viratjandr 和 Michalowski（2006）中建议的方法，流场的等位线是垂直的。在这种情况下，使滑动面点的孔隙水压力与该点的法线方向重合，该值等于该点到渗流线和坡面水位的垂直距离之差。

5.2　非线性破坏准则与切线法

5.2.1　非线性 Mohr-Coulomb 强度准则

目前应用最为广泛的描述土体强度非线性特征的强度准则即为非线性 Mohr-Coulomb 强度准则，如图 5-1 所示。该准则在 τ-σ_n 应力空间内可表示为：

$$\tau = c_0\left(1 + \frac{\sigma_n}{\sigma_t}\right)^{\frac{1}{m}} \tag{5-4}$$

式中：c_0 为土体的初始内聚力；σ_t 为轴向抗拉强度；σ_n 为正应力；τ 为剪应力；m 为非线性系数，当 $m=1$ 时，该强度准则退化为线性 Mohr-Coulomb 强度准则。

非线性 Mohr-Coulomb 强度准则的强度包络线均建立在应力空间上，给边坡工程结构稳定性评价的直接应用造成了困难。因此，借助极限分析方法进行强度非线性条件下的边坡稳定性分析时，一般须借助一定方法将非线性条件下的强度参数转化为线性以使目标函数的求解成为可能。

5.2.2　广义切线技术

获取非线性 Mohr-Coulomb 强度准则下等效强度参数的方法中应用最为广泛的是 Yang 提出的广义切线技术（generalized tangent technique）。该方法采用以一条外切于强度包络曲线的切线来获取强度参数，将非线性强度准则引入边坡稳定性分析中。该方法应用简单，在各类非线性条件下的隧道和边坡工程稳定性分析以及地基承载力计算中均得到了广泛的应用，并取得了良好的效果。

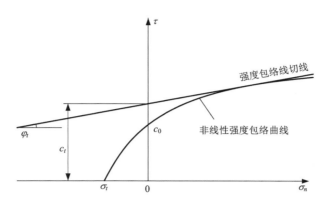

图 5-1 应用非线性破坏准则的广义切线法

根据图 5-1, 外切强度包络曲线的切线方程为:

$$\tau = c_t + \sigma_n \tan \varphi_t \tag{5-5}$$

式中: $\tan \varphi_t$ 和 c_t 分别为切线的斜率与纵轴截距, 也就是土体等效内摩擦角的正切值和等效内聚力。

对于图 5-1 所示的应力空间:

$$\tan \varphi_t = \frac{\mathrm{d}\tau}{\mathrm{d}\sigma_n} \tag{5-6}$$

$$\sigma_n = \sigma_t \left(\frac{m\sigma_t \tan \varphi_t}{c_0} \right)^{\frac{m}{1-m}} - \sigma_t \tag{5-7}$$

$$\tau = \sigma_n \tan \varphi_t + c_t = c_0 \left(\frac{m\sigma_t \tan \varphi_t}{c_0} \right)^{\frac{1}{1-m}} \tag{5-8}$$

联立式(5-3)~式(5-5)可得:

$$c_t = \tau - \sigma_n \tan \varphi_t = \frac{m-1}{m} c_0 \left(\frac{m\sigma_t \tan \varphi_t}{c_0} \right)^{\frac{1}{1-m}} + \sigma_t \tan \varphi_t \tag{5-9}$$

式(5-9)即为非线性 Mohr-Coulomb 强度准则下的土体内聚力表达式。其中 φ_t 为内摩擦角, 进行目标函数优化求解时, φ_t 为一个自变量。

5.3 坡顶拉裂缝下边坡稳定性上界分析

5.3.1 基本假设

本研究认为裂纹扩展的位置和深度使安全系数最小, 新破坏面由裂纹和滑动面组成。对于具体的滑动模式, 可以通过优化得到最小安全系数, 从而推导出相应的失效机理。考虑孔隙水压力的影响时, 假设边坡处于饱和状态; 边坡处于稳定渗流阶段, 土体流场等位线呈铅垂。因此水头等于该点与斜坡自由表面之间的垂直距离。

失效模式如图 5-2 所示，具有倾斜角 β、自重 γ 和高度 H，满足以内聚力 c 和摩擦角 φ 为特征的 Mohr-Coulomb 破坏准则。其中，CD 表示垂直裂纹。引入系数 ξ，裂纹深度 CD 为 ξH。OA 的长度为 L，L' 为 AC。其他假设如下：

（1）坡度为饱和水位下，即最差条件，孔隙水压力分布如图 5-2 所示。

（2）摩擦区土体不存在抗剪强度。

（3）岩土材料遵循 Mohr-Coulomb 破坏准则及相关联流动法则，忽略土体的抗拉强度。

（4）边坡沿以 O 为中心、角速度为 ω 的对数螺旋面滑动，在坡顶处出现垂直张力裂纹 CD，与剪切滑动面结合形成滑动面，即 CDB 面。

对数螺旋曲线可以写成：

$$r_h = r_0 \exp\left[(\theta_h - \theta_0)\tan\varphi_t \right] \tag{5-10}$$

式中：θ_0、θ_h 和 r_0 为几何参数；φ_t 为内摩擦角。

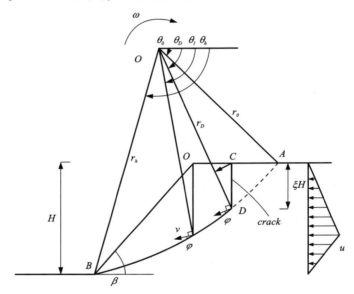

图 5-2　本章采用的失效模式

5.3.2　外部功率计算

总外功率（$\dot{W}_e$）包括自重产生的功率（$\dot{W}_\gamma$）和孔隙水压力引起的功率（$\dot{W}_u$）。

通过计算不同截面土壤即 ABO 的自重功率 $\dot{W}_{ABO}$ 和 ACD 的自重功率 $\dot{W}_{ACD}$ 的差值，可以得到土壤重力工作率。即

$$\dot{W}_\gamma = W_{ABO} - W_{ADC} = \gamma r_0^3 \omega (f_1 - f_2 - f_3 - f_1' + f_2' + f_3') \tag{5-11}$$

式中：γ 为单位权重；ω 为角速度；f_1、f_2、f_3、f_1'、f_2'、f_3' 的系数如下：

$$f_1 = \frac{1}{3(1+9\tan^2\varphi_t)}\left\{ (3\tan\varphi_t\cos\theta_h + \sin\theta_h)\exp\left[3(\theta_h - \theta_0)\tan\varphi_t\right] - (3\tan\varphi_t\cos\theta_0 + \sin\theta_0) \right\} \tag{5-12}$$

$$f_2 = \frac{1}{6}\frac{L}{r_0}\left(2\cos\theta_0 - \frac{L}{r_0}\right)\sin\theta_0 \tag{5-13}$$

$$f_3 = \frac{1}{6}\exp\left[\left(\theta_h-\theta_0\right)\tan\varphi_t\right]\left[\sin\left(\theta_h-\theta_0\right)-\frac{L}{r_0}\sin\theta_h\right]\left\{\cos\theta_0-\frac{L}{r_0}+\cos\theta_h\exp\left[\left(\theta_h-\theta_0\right)\tan\varphi_t\right]\right\}$$

$$(5-14)$$

$$f_1' = \frac{1}{3\left(1+9\tan^2\varphi_t\right)}\left\{\left(3\tan\varphi_t\cos\theta_D+\sin\theta_D\right)\exp\left[3\left(\theta_D-\theta_0\right)\tan\varphi_t\right]-\left(3\tan\varphi_t\cos\theta_0+\sin\theta_0\right)\right\}$$

$$(5-15)$$

$$f_2' = \frac{1}{6}\frac{L-L'}{r_0}\left(2\cos\theta_0-\frac{L-L'}{r_0}\right)\sin\theta_0 \tag{5-16}$$

$$f_3' = \frac{1}{3}\frac{\xi H}{r_0}\cos^2\theta_D\exp\left[2\left(\theta_D-\theta_0\right)\tan\varphi_t\right] \tag{5-17}$$

基于图 5-2 所示的几何关系，得出：

$$\frac{L}{r_0} = \frac{\sin\left(\theta_h-\theta_0\right)}{\sin\theta_h}-\frac{\sin\left(\theta_h+\beta\right)}{\sin\theta_h\sin\beta}\left\{\sin\theta_h\exp\left[\left(\theta_h-\theta_0\right)\tan\varphi_t\right]-\sin\theta_0\right\} \tag{5-18}$$

$$\frac{H}{r_0} = \sin\theta_h\exp\left[\left(\theta_h-\theta_0\right)\tan\varphi_t\right]-\sin\theta_0 \tag{5-19}$$

$$\frac{r_0}{r_0} = \cos\theta_0-\cos\theta_D\exp\left[\left(\theta_D-\theta_0\right)\tan\varphi_t\right] \tag{5-20}$$

$$\frac{\xi H}{r_0} = \sin\theta_D\exp\left[\left(\theta_D-\theta_0\right)\tan\varphi_t\right]-\sin\theta_0 \tag{5-21}$$

沿速度不连续线的孔隙水压力工作功率（$\dot{W}_u$）包括两部分——沿不连续点 BD 和沿 CD，可以通过孔隙水压力和速度矢量的积分计算得到。

$$\dot{W}_u = \dot{W}_{BD}+\dot{W}_{CD} = \gamma r_0^3\omega r_u\left(f_4+f_5\right) \tag{5-22}$$

式中：f_4 和 f_5 分别为沿速度不连续性 BD 和 CD 的积分常数。

具体来说，f_4 的表达式为：

$$f_4 = \tan\varphi_t\left(f_{4\_1}+f_{4\_2}\right) \tag{5-23}$$

$$f_{4\_1} = \frac{\left(3\tan\varphi_t\sin\theta_1-\cos\theta_1\right)\exp\left[3\left(\theta_1-\theta_0\right)\tan\varphi_t\right]}{1+9\tan^2\varphi_t}-$$

$$\frac{-\left(3\tan\varphi_t\sin\theta_D-\cos\theta_D\right)\exp\left[3\left(\theta_D-\theta_1\right)\tan\varphi_t\right]}{1+9\tan^2\varphi_t}- \tag{5-24}$$

$$\frac{\sin\theta_0\exp\left[2\left(\theta_1-\theta_0\right)\tan\varphi_t\right]-\sin\theta_0\exp\left[2\left(\theta_D-\theta_0\right)\tan\varphi_t\right]}{2\tan\varphi_t}$$

$$f_{4\_2} = \frac{\left(3\tan\varphi_t\sin\theta_h-\cos\theta_h+\cos\theta_1-3\tan\varphi_t\sin\theta_1\right)\exp\left[3\left(\theta_h-\theta_0\right)\tan\varphi_t\right]}{1+9\tan^2\varphi_t}+$$

$$\tan\beta\frac{\left(3\tan\varphi_t\cos\theta_h+\sin\theta_h\right)\exp\left[3\left(\theta_h-\theta_0\right)\tan\varphi_t\right]}{1+9\tan^2\varphi_t}-$$

$$\tan\beta\frac{\left(3\tan\varphi_t\cos\theta_1+\sin\theta_1\right)\exp\left[3\left(\theta_1-\theta_0\right)\tan\varphi_t\right]}{1+9\tan^2\varphi_t}- \tag{5-25}$$

$$\frac{\cos\theta_h\tan\beta\left(\exp\left[3\left(\theta_h-\theta_0\right)\tan\varphi_t\right]-\exp\left[\left(2\theta_1+\theta_2-3\theta_0\right)\tan\varphi_t\right]\right)}{2\tan\varphi_t}$$

沿不连续线 CD 的孔隙水压力功率如图 5-3 所示。f_5 的表示可以通过沿 CD 的积分计算，即

$$f_5 = \frac{1}{6}\{2\sin^3\theta_D \exp 3[(\theta_D-\theta_0)\tan\varphi_t] - $$

$$3\sin\theta_0\sin^2\theta_D \exp 2[(\theta_D-\theta_0)\tan\varphi_t] + \sin^3\theta_0\}$$

$$(5-26)$$

在几何关系的基础上，θ_1 可以由下式确定。

$$\cos\theta_1 \exp[(\theta_D-\theta_0)\tan\varphi_t] = \cos\theta_0 - L/r_0$$

$$(5-27)$$

因此，总的外部工作率可以表示为：

$$\dot{W}_e = \gamma r_0^3 \omega(f_1 - f_2 - f_3 - f_1' + f_2' + f_3' + r_u f_4 + r_u f_5)$$

$$(5-28)$$

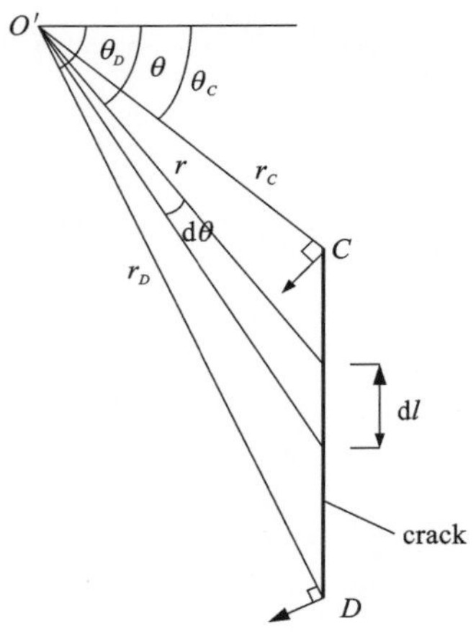

图 5-3　沿 CD 的孔隙水压力工作速率

5.3.3　内部能量耗散率的计算

可以看出，内能耗散率 $\dot{W}_V$ 仅出现在分离线 BD 上。通过积分计算得到相应的表达式：

$$\dot{W}_V = \int_{\theta_D}^{\theta_h} c(V\cos\varphi)\frac{r\mathrm{d}\theta}{\cos\varphi} = \frac{cr_0^2\omega}{2\tan\varphi_t}\{\exp[2(\theta_h-\theta_0)\tan\varphi_t] - \exp[2(\theta_D-\theta_0)\tan\varphi_t]\}$$

$$(5-29)$$

5.3.4　安全系数

在塑性理论领域，临界高度可以通过将外部功率等同于内部能量耗散来推导出，即 $H_{cr} = f(\theta_h, \theta_D, \theta_0, \tan\varphi_t)c/\gamma$。这里引入一个无量纲因 N_s，称为边坡稳定性系数。其定义为 $N_s = \min\{f(\theta_h, \theta_D, \theta_0)\}$。

$$f(\theta_h, \theta_D, \theta_0) = \frac{\{\sin\theta_h \exp[2(\theta_h-\theta_0)\tan\varphi_t] - \sin\theta_0\}/2\tan\varphi_t}{(f_1 - f_2 - f_3 - f_1' + f_2' + f_3' + r_u f_4 + r_u f_5)}$$

$$(5-30)$$

对于恒高边坡，选取 F_S 作为边坡稳定性评价因子。为了计算最小安全系数，引入强度折减技术，通过除以 F_S 来改变剪切强度参数，即

$$\begin{cases} c_f = c_t/F_s \\ \varphi_f = \arctan(\tan\varphi_t/F_s) \end{cases}$$

$$(5-31)$$

将折减后的强度参数代入临界高度公式，并与原高度等价，得到 F_S 的表达式：

$$F_s = \frac{c}{\gamma H}f(\theta_h, \theta_D, \theta_0)$$

$$(5-32)$$

很明显，式（5-32）是一个隐式表达式，在 $f(\theta_h, \theta_D, \theta_0)$ 的内摩擦角 φ 应该被替换为 $\varphi_f = \arctan(\tan\varphi_t/F_s)$。对于本章提出的失效机制，变量间的几何条件应满足以下约束条件。

$$\mathrm{s.\,t.}\begin{cases} 0<\theta_0<\pi/2 \\ 0<\theta_0<\theta_D<\theta_h<\pi \end{cases}$$

$$(5-33)$$

因此，安全系数 F_S 的最小上界解的计算被转化为数学优化模型。该模型可以通过顺序二次规划进行优化。

5.3.5　对比分析

当非线性因子 $m=1$ 时,非线性 Mohr-Coulomb 破坏准则退化为线性准则,其中 c_0 和 $\arctan(c_0/\sigma_t)$ 分别表示内聚力和内摩擦角。在线性破坏准则条件下,边坡的安全系数计算采用不考虑拉裂影响的极限平衡法和基于本章失效模式的极限分析法。相关参数对应于 $H=10$ m、$\gamma=20$ kN/m³ 和 $\beta=45°$。

假设孔隙水压力系数 $r_u=0.2$,安全系数 F_s 由可变强度参数计算。与前文两种方法相比,安全系数的变化趋势大致相同,均随着单一的密集参数而增加。本章失效模式的安全系数实际上等于考虑拉伸裂纹的极限平衡解。此外,孔隙水压力的影响降低了安全系数。当 $r_u=0.2$ 时,两种方法对安全系数的数值计算差异不大。内聚力的影响是线性的,内摩擦角的影响随着它的增加而减小。实线代表极限分析法的结果,比虚线更平滑。这部分说明极限分析法的计算更准确,并且两种方法的趋势相同,说明本章的方法是合理的。

Zhang 和 Chen(1987)在不考虑孔隙水压力和张拉裂缝的影响的情况下,引入幂律破坏准则进行边坡稳定,选择稳定因子 N_s 作为参数分析的评价指标。为更好地反映拉伸裂纹的影响,以本研究实例为研究对象,对两种状态下因子 N_s 的数值结果进行比较。相关参数对应于 $c_0=90$ kN/m²,$\sigma_t=247.3$ kN/m²,$\gamma=20$ kN/m³。稳定系数绘制在表 5-1 中,与对应于 $m=1.0\sim2.5$ 和 $\beta=45°\sim90°$ 的参数进行比较。在这种情况下,不考虑孔隙水压力,即 $r_u=0$。

5.3.6　敏感性分析

综上所述,边坡顶部张拉裂缝的存在对边坡稳定性有显著影响。从工程角度看,安全系数 F_s 作为边坡稳定性评价的主要指标,将强度折减法纳入边坡稳定性分析具有广泛的应用价值。这里采用安全系数法进行参数研究,基本参数对应于 $H=25$ m、$\gamma=20$ kN/m³、$c_0=90$ kN/m² 和 $\sigma_t=247.3$ kN/m²。

安全系数是在不考虑孔隙压力的情况下,在 $1.0\sim2.5$ 的不同非线性参数 m 值下计算的,如图 5-4 所示。此外,随着 β 的减小,m 对安全系数 F_s 的影响更加明显,这意味着斜率更平坦。

同时,随着非线性参数 m 的不同值的变化,得到 c_t 和 φ_t 的抗剪强度指数,如图 5-5 所示。变化规律表明,随着 m 增加,内聚力 c_t 在一个相对显著后逐渐减小增加,内摩擦角 φ_t 不断减小。同样,随着坡度的降低,这种趋势变得越来越明显。这一现象表明,在本质上,受 m 影响的边坡稳定性受 c_t 和 φ_t 抗剪强度参数相对于 m 的变化影响很大。

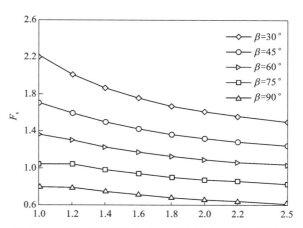

图 5-4　不考虑孔隙压力时 m 对边坡安全系数的影响

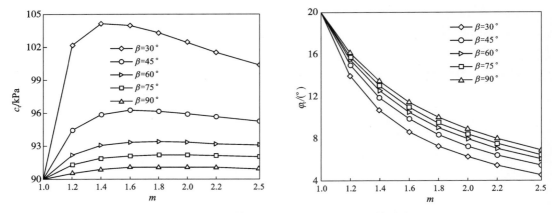

图 5-5　不考虑孔隙水压力时 m 对 c_t 和 φ_t 的影响

　　为了更好地评价孔隙压力的影响，考虑孔隙水压力系数 r_u 的取值为 $0 \sim 0.5$，推导出参数 m 从 1.0 到 2.5 和 30°和 60°的边坡安全系数角 β，如图 5-6 所示。可以发现，当 $r_u = 0 \sim 0.3$ 时，安全系数 F_s 会随着 m 的增加而减小。反之，若 $r_u = 0.4 \sim 0.5$，则 F_s 取非线性参数 m 为正，且倾斜角越大，趋势越明显，说明孔隙水压力作用越大。随着边坡倾角的增加，对边坡稳定性的影响明显。由于非线性系数 m 对土体参数的影响，忽略孔隙压力影响时，边坡稳定性应随 m 值的增加而降低。在考虑孔隙水压力的同时，上述分析表明稳定因子受参数 m 的影响较小。其原因是随着 r_u 的增加，斜坡内部和裂缝位置的水力作用得到加强。

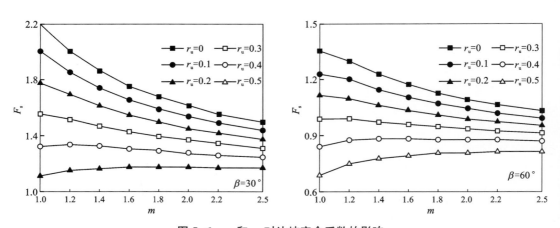

图 5-6　r_u 和 m 对边坡安全系数的影响

　　本章得出结论：裂纹发展的位置和高度使安全系数最小，裂纹与剪切滑动面结合形成新的破坏面。在得到的结果的基础上，进行反算程序以推导出拉伸裂纹的位置和高度。图 5-7 显示了在 $r_u = 0 \sim 0.5$ 时非线性参数和倾斜角对拉伸裂纹高度的影响。无量纲参数 ξ 定义为裂缝高度 h 与坡高 H 的比值。如图 5-7 所示，在土强度参数相同的条件下，裂缝高度与坡角 β 呈非线性正比，这个高度的急剧增加出现在垂直坡度上。这种现象可以解释为

在 β 值较大的情况下，边坡内的土体受到较大的拉应力，因此在坡顶处的拉伸破坏更为明显。同理，r_u 越大，裂缝高度越大。这可以解释为孔隙水的存在使土体的有效应力降低，坡体受拉面积向内延伸。奇怪的是，裂纹高度对非线性参数 m 的变化并不敏感。因此，裂缝高度主要受几何条件、强度参数和水效应的影响。同时，较大的裂缝高度缩短了滑动路径，加强了裂缝内孔隙水的作用。因此，这些因素之间的相互关系决定了边坡的稳定性。

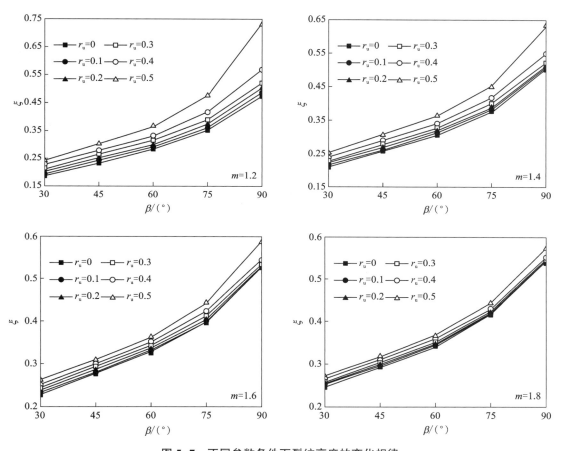

图 5-7　不同参数条件下裂纹高度的变化规律

5.4　本章小结

在现实中，大量的土体边坡破坏始于局部破坏和裂缝的持续扩展，而降雨、超载等外部因素加速了滑坡进程。在岩土工程中，对于岩土材料的特性，非常有必要引入非线性强度曲线，综合考虑相关因素来描述土体边坡的真实破坏模式。本章构建了包含竖向张拉裂缝的破坏模式，基于 Mohr-Coulomb 强度准则并考虑孔隙水压力的极限分析方法，推导出边坡稳定系数和安全系数的公式，然后进行序贯二次规划用于优化安全系数的上限解。计算结果表明：

（1）拉伸裂缝对边坡稳定性的影响可以用本章的破坏机制来解释，并且极限分析法的计算比极限平衡法的计算更精确，因为以前的计算曲线更平滑。不考虑裂缝中的水分，边坡安全系数随强度参数的曲线几乎是线性的。边坡倾角越大，裂缝对边坡稳定性的影响越显著。

（2）优化得到瞬时抗剪强度参数 c_t 和 φ_t。c_t 和 φ_t 随非线性系数 m 的变化相反（图5-5）。本质上，受 m 影响的边坡稳定性很大程度上受 c_t 和 φ_t 的抗剪强度参数相对于 m 的变化的影响。当 $r_u = 0 \sim 0.3$ 时，安全系数 F_s 趋于随着 m 的增加而减小。当 $r_u = 0.4 \sim 0.5$ 时，F_s 的值对非线性参数 m 是正的，并且随着倾斜角的增大，趋势变得更加明显（图5-6）。这说明随着坡角的增大，孔隙水压力对边坡稳定性的影响更加明显。

（3）随着坡度角的增大，裂缝高度有增加的趋势。随着坡度角接近垂直，裂缝高度呈快速增加的过程（图5-7）。几何条件、强度参数和水效应等因素及其相互关系决定了裂缝高度的程度，裂缝高度的增加减小了滑动路径，增强了裂缝内的孔隙水效应。

第 6 章

渗透力作用下三维岩质边坡稳定性分析

在实际工程中，岩质边坡是极为常见的工程结构物。其稳定性除了受其自重影响外，还在很大程度上受到渗透力的影响。渗透力来源于不同位置地下水位的水头差，水头差会引起地下水的流动，地下水流动过程中会经过岩质边坡内部。地下水作用在岩体上，岩体受到一个沿着地下水流动方向的作用力，此作用力即为渗透力。

一个边坡，无论是完全被水淹没还是部分在水中，都会受到地下水的影响而有可能发生失稳破坏。边坡失稳破坏会延误工期，造成经济损失。因此，学者们采用了不同的方法对地下水存在时的边坡稳定性进行了研究。基于传统的极限平衡法，Morgenstein 以一个外部水位发生急速下降的土质边坡为研究对象，研究了其在水力边界条件发生改变时，地下水对其稳定性的影响；计算了不同几何参数和不同强度参数边坡的稳定性系数并将所得结果汇总到一套稳定性系数图中，以便于在实际工程中让工程师可以直接查阅，省去繁琐的极限平衡法计算过程。近年来，极限分析由于其坚实的塑性力学基础和简便的应用、计算过程，受到了学者们的广泛关注。基于极限分析上限法，Viratjandr 和 Michalowski（2006）进行了地下水作用下二维边坡的稳定性分析，计算了外力对边坡的做功功率及边坡的内部能量耗散率，通过优化算法得到了边坡安全系数的最小上限解并将其看作边坡安全系数。由于边坡内部及外部的水位升降过程较为复杂，他们将边坡外部的水位下降过程分为四种类型，分别为快速下降、水库满泄后下降、缓慢下降和保持恒定水位差下降；针对这四种不同的水力边界条件进行了分别的计算，获得了相应条件下的边坡安全系数，并将所得结果汇总到了四套不同的图表中，以便于工程师们针对不同的水位升降条件直接查阅相应几何及强度参数边坡的安全系数。除了极限平衡法和极限分析法，有限元法也是进行边坡稳定性分析的一种常用方法。基于有限元方法，Lane 和 Griffiths、Berilgen、Pinyol 等都评估了外部水位发生变化时边坡的稳定性，进而评估地下水对边坡安全性的影响。

这些工作都只进行了二维边坡的稳定性分析。在实际工程中，如果边坡的宽度较小，边坡的破坏往往呈现三维特征。因此，简单的二维稳定性分析是不够反映现实状况的，需要研究渗流作用下边坡的三维稳定性。文献中可以找到此类研究。在极限分析框架中，这些研究都利用了由 Bishop 和 Morgenstein 提出的简化方法。这一简化方法将某一点的孔隙水压力近似看作是孔隙水压力系数、岩土体容重和该点到坡面垂直距离的连乘积。Yang 和 Zou 利用这一简化方法计算了孔隙水压力大小、孔隙水压力的做功功率，然后计算其他外力功率及边坡的内部能量耗散率，利用极限分析上限定理列出功率平衡方程，最终求出边坡的安全系数。Michalowski 和 Drescher 于 2009 年提出的三维旋转破坏机构，

Michalowski 和 Nadukuru 基于该简化方法计算了孔隙水压力大小,分析了三维边坡的稳定性。由于三维旋转破坏机构与实际边坡的破坏模式更为接近,Michalowski 和 Nadukuru 给出了更为合理的三维边坡安全系数。2014 年,Gao 等改进了 Michalowski 和 Nadukuru 的工作。Michalowski 和 Nadukuru 认为孔隙水压力大小在边坡的宽度方向上是大小不变的;Gao 等认为由于滑动面为曲面,面上各点在边坡宽度方向上的水头高度并不完全一致,所以孔隙水压力大小在边坡宽度方向上也是不同的,并基于此改进了 Michalowski 和 Nadukuru 的工作,得到了更为合理的边坡安全系数上限解。然而,Gao 等的工作也是基于该简化方法计算了孔隙水压力。

Bishop 和 Morgenstein 提出的简化方法存在一定的合理性。Saada 等,以及 Pan 和 Dias 利用了数值方法计算了孔隙水压力。他们将所得结果与利用该简化方法所得结果进行对比,证明了该简化方法的有效性,还发现了通过合理地选择孔隙压力系数,可以得到较为满意的边坡安全系数结果。该方法有一个极大的缺陷,即在实际的边坡稳定性分析中,无法确定到底该取孔隙水压力系数为何值。无法确定一个合理的孔隙水压力系数先验值这一缺点极大地限制了该简化方法的实际应用。为了改进这一缺点,本章不采用该简化方法,而采用有限差分技术来获得孔隙水压力大小。利用所得孔隙水压力场计算出离散后三维边坡内各点的水头,进而计算水头差及水力梯度;利用经典的土力学知识通过水力梯度计算渗透力大小。本章将渗透力作为体力考虑,对三维旋转破坏机制进行离散化,计算外功率和内耗能率。通过对稳态水力条件下的渗流问题进行数值模拟,得到坡体内的水头分布。最后进行了参数分析,讨论了模型参数的影响。为了验证所提出方法的有效性,将该方法得到的结果与前人研究所给出的边坡安全系数进行了比较验证。

6.1　问题陈述

为研究三维边坡稳定性,首先须建立一个三维边坡模型。该边坡的横断面如图 6-1 所示,其坡角为 β,坡高为 H,坡体中岩石的容重为 γ。岩石的破坏遵循 Hoek 和 Brown 提出的 Hoek-Brown 破坏准则。本章采用杨小礼提出的广义切线定理将非线性的 Hoek-Brown 破坏准则转化为线性的 Mohr-Coulomb 破坏准则,具体方法将在本章后续内容中进行阐述。

地下水流动引起了渗透力,渗透力作用于土颗粒,有带动土颗粒进行运动的趋势,进而降低了边坡的安全性。为研究在渗流存在时三维岩质边坡的安全性,本章将渗透力看作外力作用于边坡上,计算其对边坡所做功的功率。然后计算其他外力所做功的功率以及边坡内部的能量耗散率(包括体积变形所引起的能量耗散和滑动面上相对滑动所引起的能量耗散)。再应用第二章所述的极限分析上限定理,编程计算边坡安全系数的上限值。最后通过不断搜索可能的滑动面,找到边坡的最不利滑动面,获得最小的上限安全系数值,将其认为是边坡的安全系数。

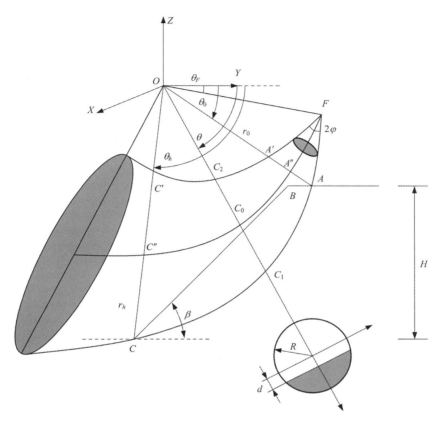

图 6-1　所考虑的边坡模型及三维旋转破坏机构

6.2　Hoek-Brown 破坏准则

1776 年，库仑通过大量的试验，提出了著名的库仑公式，即 Mohr-Coulomb 破坏准则：

$$\tau = c + \sigma \tan \varphi \tag{6-1}$$

式中：τ 为土体发生剪切破坏时破坏面上的剪应力；σ 为破坏面上的正应力；c、φ 分别为土体的内聚力和内摩擦角。

由式（6-1）可知，该准则认为土体发生屈服时，引起土体发生破坏的剪应力与土体中的正压力成线性关系。

近年来，Mohr-Coulomb 破坏准则因其应用简便的特点，在工程上得到了广泛应用。然而，该准则仅适用于土体的破坏过程。对于岩石材料，大量的实验证明，岩石材料屈服破坏时的剪应力与正应力之间的关系是非线性的。实验表明，对于大多岩石材料，随着围压的不断增大，内摩擦角在不断减小。为了将该非线性强度准则研究清楚，学者们做了大量试验，并根据得到的结果提出了各种非线性准则。例如，Hobbs 在 1966 年基于三轴试验提出了一个破坏准则，并将该准则成功应用于矿井巷道的掌子面稳定性分析；Ladanyi 在 1974 年根据格里菲斯裂缝理论提出了一个非线性破坏准则；最为有名的是 Hoek-Brown 破坏准则，它由 Hoek 和 Brown 根据大量的岩石破坏试验总结而来。近年来，非线性 Hoek-Brown 破坏准则在岩石工程中得到了广泛应用，其表达式如下：

$$\sigma_1-\sigma_3=\sigma_c\left[\frac{m\sigma_3}{\sigma_c}+s\right]^n \tag{6-2}$$

式中：σ_1 和 σ_3 分别为岩石破坏时的最大主应力和最小主应力；σ_c 为岩石的单轴抗压强度；m，s 和 n 的值为：

$$\frac{m}{m_i}=\exp\left(\frac{\text{GSI}-100}{28-14D}\right) \tag{6-3}$$

$$s=\exp\left(\frac{\text{GSI}-100}{9-3D}\right) \tag{6-4}$$

$$n=\frac{1}{2}+\frac{1}{6}\left[\exp\left(-\frac{\text{GSI}}{15}\right)-\exp\left(-\frac{20}{3}\right)\right] \tag{6-5}$$

式中：GSI 为表征岩石质量好坏的地质强度指标，其大小取决于岩石的结构特点、岩石所处的地质环境以及岩石的表面特征；D 为岩石的扰动系数，反映了开挖对岩石整体性的影响，其大小介于 0 和 1 之间，其中，0 代表岩石处于未扰动状态且在原有位置，1 表示岩石被极大地扰动；m_i 为岩石材料的 Hoek-Brown 常数，其大小取决于岩石的类型。对于不同类型的岩石，Hoek 给出了不同的 m_i 推荐取值：对于晶体节理发育较好的碳酸盐岩（白云岩、石灰岩和大理岩），$m_i\approx7$；对于石化泥质岩（泥岩、粉砂岩页岩和板岩），$m_i\approx10$；对于含强晶体和不发育晶体节理的砂质岩石（砂岩和石英岩），$m_i\approx15$；对于细粒多矿物火成岩和结晶岩（安山岩、粒玄岩、辉绿岩和流纹岩），$m_i\approx17$；对于粗粒多矿物火成岩和变质岩（角闪岩、辉长岩、片麻岩、花岗岩和石英闪长岩），$m_i\approx25$。GSI 的取值大小介于 10 与 80 之间。

6.3　广义切线技术

由塑性力学可知，外切强度包线上的强度值往往大于或等于相应位置处的实际强度值。因此，利用外切强度包线代替实际强度准则求解极限荷载时，会高估岩土体的强度，所得到的值是大于等于实际极限荷载的。受此规律的启发，在应用极限分析上限法时，可以利用实际非线性强度准则的外切强度包线来代替实际的非线性强度准则，进而求解极限荷载的上限值。

图 6-2 为 Hoek-Brown 破坏准则在应力空间中的表示形式，横轴表示正压力，纵轴表示破坏时的剪应力，曲线即表示该准则。曲线的一条切线如图 6-2 所示，切点为 M，这条切线可以用如下方程表示：

$$\tau=c_t+\sigma_n\tan\varphi_t \tag{6-6}$$

式中：c_t 为切线在纵轴上的截距；φ_t 为切线关于横轴的倾角。

c_t 与 φ_t 也可以这样理解，比较式（6-1）与式（6-6）可以看出这两个式子的表达式非常相似，如果把图 6-2 中的切线看作是某一种材料的 Mohr-Coulomb 破坏准则，c_t 和 φ_t 可分别看作这一材料的内聚力和内摩擦角。在后续计算及优化程序中，将通过改变 M 点的位置

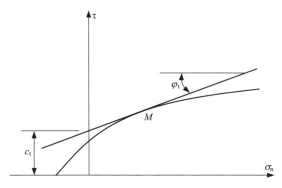

图 6-2　Hoek-Brown 破坏准则与广义切线技术

寻找最小上限解，改变 M 点的位置，相应地改变内摩擦角 φ_t 的值。而内聚力 c_t 可通过下式与 φ_t 建立一个关系：

$$\frac{c_t}{\sigma_c} = \frac{\cos \varphi_t}{2} \left[\frac{mn(1-\sin \varphi_t)}{2\sin \varphi_t} \right]^{\frac{n}{1-n}} - \frac{\tan \varphi_t}{m} \left(1 + \frac{\sin \varphi_t}{n} \right) \left[\frac{mn(1-\sin \varphi_t)}{2\sin \varphi_t} \right]^{\frac{1}{1-n}} + \frac{s}{m} \tan \varphi_t \quad (6-7)$$

由图 6-2 可知，当正应力相等时，切线所对应的破坏强度大于等于实际 Hoek-Brown 破坏准则的破坏强度。因此，利用切线对应破坏准则求得的极限荷载是利用实际 Hoek-Brown 破坏准则所求得的极限荷载的上限。结合极限分析上限法，编程实现对参数以及对点 M 位置的优化，最终可以求得最小上下解。本章的后续部分，将利用式（6-6）中的切线形式的破坏准则，而并非式（6-2）中的非线性 Hoek-Brown 破坏准则，来计算外力做功的功率以及内部能量的耗散率。同时，广义切线技术的应用也为后面利用三维旋转破坏机构进行三维边坡稳定性的分析提供了便利。这是因为对于该破坏机构，内摩擦角是一个很重要的量，而广义切线技术引入了等效内摩擦角 φ_t，为应用该破坏机构提供了很大的便利。

6.4　三维边坡失稳破坏机构

如第四章所述，为应用极限分析上限原理来进行边坡的稳定性分析，须建立一个运动许可的速度场，即破坏机构。为解决这一问题，Michalowski 于 1989 年提出了多块体平移破坏机构，并基于该破坏机构研究了在坡顶承受荷载的边坡的稳定性。由于实际边坡的破坏更接近转动而非平移，所以该平移破坏机构存在一定的弊端，与实际情况相差较大。因此，Michalowski 和 Drescher 于 2009 年基于 Chen 介绍极限分析的专著中提出的二维对数螺旋线破坏机构，提出了边坡的三维牛角形旋转破坏机构，得出了与工程实际非常接近的边坡安全系数。后来，学者们在三维边坡的安全性分析中广泛地采用了该破坏机构。Gao 等将该破坏机构扩展到通过坡趾下方和通过坡面，以考虑更一般的破坏形式。尽管旋转破坏机构最初是针对土质边坡的失稳破坏而提出来的，但是经过学者们的广泛探讨，论证了当采用广义切线技术将非线性破坏准则转化为线性破坏准则时，其对岩质边坡的适用性[69],[72-76]。虽然旋转破坏机构适用于遵循线性破坏准则的土体，但是通过广义切线技术，可以将非线性破坏准则转化为线性破坏准则，只不过线性破坏准则为非线性破坏准则的包络线。即，在后续的计算中，将不采用非线性准则，而是将岩质边坡近似视为强度较高且遵循线性 Mohr-Coulomb 破坏准则的土质边坡。因此旋转破坏机构可以用于此处。Yang 和 Pan[69] 给出了在岩质边坡中构建三维旋转破坏机构的方法，并对三维旋转破坏机构进行了改进。利用该三维旋转破坏机构评估了地震力作用下岩质边坡的安全性，提出了具有实用性的表格，以供岩土工程从业人员直接通过设计表格查阅相应条件下三维边坡的安全系数，省去了繁琐的计算过程，大大方便了岩质边坡的稳定性分析。本章将采用该破坏机构进行计算与分析。

如图 6-1 所示为该三维旋转破坏机构的示意。由图 6-1 可知，从整体上看，该破坏机构可以认为是整个失稳滑动体绕着一个水平轴以角速度 ω 进行旋转，而滑动面以下的其余部分保持静止。由图 6-1 可知，在对称面上，该牛角形破坏机构以两条对数螺旋线为边界。这两条对数螺旋线由以下两个方程表示：

$$r = r_0 e^{(\theta-\theta_0)\tan\varphi_t} \tag{6-8}$$

$$r' = r_0' e^{-(\theta-\theta_0)\tan\varphi_t} \tag{6-9}$$

式中：$r_0 = OA$，$r_0' = OA'$（OA 和 OA' 见图 6-1）；φ_t 为 Hoek-Brown 破坏准则的切线所对应的内摩擦角，即切线与横轴之间的夹角（如图 6-2 所示），其正切值即为切线斜率；φ_t 的引入为最终安全系数最小上限的优化求解过程增加了一个新的优化变量，其大小介于 0° 与 90° 之间。

当实际边坡宽度很大时，为了便于进行平面应变情况（即二维情况）的边坡稳定性分析，须将该三维旋转破坏机构进行改进。做法是先将该破坏机构从对称面处"切开"，然后在正中间插入一个块体，将这相互对称的两部分分离开来。该插入块体的横截面形状与三维旋转破坏机构在对称面内的形状（即如图 6-1 所示形状）一致，这样可以保证插入块体与原有的三维旋转破坏机构之间的顺利连接。改进后边坡的三维破坏机构如图 6-3 所示。

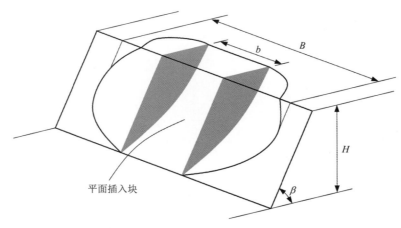

平面插入块

图 6-3　带有中间插入块体的改进的三维旋转破坏机构

6.5　渗透力作用下三维岩质边坡的运动学分析

如前所述，本章所研究的对象是一个坡脚为 β、坡高为 H 的三维岩质边坡。地下水在流动的过程中对边坡的坡体作用有一个力，这个力即为渗透力。为研究渗透力作用对边坡稳定性的影响，需计算其大小。根据土力学经典理论，渗透力是一种体积力，其方向与水流动的方向一致，大小等于水的重度与水力梯度的乘积。水的重度取 $\gamma_w = 10 \text{ kN/m}^3$，任意两点之间的水力梯度为这两点间的水头差与这两点间的距离之比。为了获取任意两点间的水头差，首先须求出任一点处的水头高度，之后作差即可。因为任一点处的水头高度与水的重度 γ_w 的乘积为该点处的孔隙水压力。所以，任一点处的水头高度可由该点处的孔隙水压力逆向求得。因此，计算任一点处的水头高度可转化为求三维边坡的孔隙水压力场。

关于孔隙水压力的计算方法，文献中常采用 Bishop 和 Morgenstern 提出的孔隙水压力系数 r_u。该简化方法认为，边坡内任一点处的孔隙水压力大小近似等于孔隙水压力系数 r_u、岩土体的容重和该点与坡面（坡顶）的距离之间的连乘积。该方法有一个极大的缺点，即在实际工程应用中，无法获得一个合理的先验值。因此，本章不采用这一方法，而是利用有限差分技术来获得孔隙水压力，利用极限分析上限定理对渗流存在时岩质边坡的安全性进行评估。外力的功率包括重力功率和渗流力的功率，内能耗散包括在由岩土体变形引起的能量耗散和沿速度不连续面发生的能量耗散。

6.5.1　外力功率计算

外力功率包括重力功率和渗透力功率。

对于重力功率的计算，有如下两种方法。第一种方法是利用文献中已有的公式进行计算，第二种方法是基于离散化方案进行计算。下面对这两种方法进行阐述。

第一种方法是利用文献中已有的计算公式进行计算。三维旋转破坏机构的重力做功功率分为两部分，第一部分是关于两端曲线圆锥部分的重力做功功率，第二部分是关于中间插入块体部分的重力做功功率。关于两端曲线圆锥部分的重力做功功率记为 $W_{\gamma\text{-3D}}$，其表达式为：

$$W_{\gamma\text{-3D}} = 2\omega\gamma \left[\int_{\theta_0}^{\theta_B} \int_0^{x_1^*} \int_{a_0}^{y^*} (r_m + y)^2 \cos\theta \mathrm{d}x\mathrm{d}y\mathrm{d}\theta + \int_{\theta_B}^{\theta_h} \int_0^{x_2^*} \int_{d_0}^{y^*} (r_m + y)^2 \cos\theta \mathrm{d}x\mathrm{d}y\mathrm{d}\theta \right]$$

$$(6-10)$$

式中：ω 为三维旋转破坏机构的旋转角速度；γ 为岩土体重度；$x_1^* = \sqrt{R^2 - a_0^2}$，$x_2^* = \sqrt{R^2 - d_0^2}$，$y^* = \sqrt{R^2 - x^2}$；$a_0$ 为三维旋转破坏机构嵌入边坡坡顶面的深度；d_0 为三维旋转破坏机构嵌入边坡坡面的深度。二者的大小可用如下两个表达式计算得到：

$$a_0 = \frac{\sin\theta_0}{\sin\theta} r_0 - r_m = r_0 f_3(\theta) \tag{6-11}$$

$$d_0 = \frac{\sin(\theta_h + \beta)}{\sin(\theta + \beta)} r_0 \mathrm{e}^{(\theta_h - \theta_0)\tan\varphi} - r_m = r_0 f_4(\theta) \tag{6-12}$$

其中，θ_B 为三维旋转破坏机构的旋转中心与边坡顶点的连线与水平面之间的夹角，其大小可用如下公式计算得到：

$$\theta_B = \arctan \frac{\sin \theta_0}{\cos \theta_0 - \kappa} \tag{6-13}$$

$$\kappa = \frac{\sin (\theta_h - \theta_0)}{\sin \theta_h} - \frac{e^{(\theta_h - \theta_0) \tan \varphi} \sin \theta_h - \sin \theta_0}{\sin \theta_h \sin \beta} \sin (\theta_h + \beta) \tag{6-14}$$

式(6-10)是关于 y、x 以及 θ 的积分。关于 y、x 的积分可以用解析的方式进行化简，最终得到一个关于 θ 的积分表达式如下：

$$W_{\gamma\text{-}3D} = \gamma \omega r_0^4 g_1(\theta_0, \theta_h, r_0'/r_0) \tag{6-15}$$

最终求解该积分表达即可得到关于两端曲线圆锥部分的重力做功功率 $W_{\gamma\text{-}3D}$，其中：

$$g_1(\theta_0, \theta_h, r_0'/r_0) = 2\int_{\theta_0}^{\theta_B} \left[\left(\frac{f_2^2 f_3}{8} - \frac{f_3^3}{4} - \frac{2f_1 f_3^2}{3} - \frac{f_3 f_1^2}{2} + \frac{2f_1 f_2^2}{3} \right) \sqrt{f_2^2 - f_3^2} + \right.$$
$$\left. \left(\frac{f_2^4}{8} + \frac{f_2^2 f_1^2}{2} \right) \arcsin \left(\frac{\sqrt{f_2^2 - f_3^2}}{f_2} \right) \right] \cos \theta d\theta +$$
$$2\int_{\theta_B}^{\theta_h} \left[\left(\frac{f_2^2 f_4}{8} - \frac{f_4^3}{4} - \frac{2f_1 f_4^2}{3} - \frac{f_4 f_1^2}{2} + \frac{2f_1 f_2^2}{3} \right) \sqrt{f_2^2 - f_4^2} + \left(\frac{f_2^4}{8} + \frac{f_2^2 f_1^2}{2} \right) \arcsin \left(\frac{\sqrt{f_2^2 - f_4^2}}{f_2} \right) \right] \cos \theta d\theta \tag{6-16}$$

式(6-16)涉及的参数的计算公式如下：

$$\frac{H'}{r_0} = \sin \theta_h e^{(\theta_h - \theta_0) \tan \varphi} - \sin \theta_0 \tag{6-17}$$

$$\frac{L}{r_0} = \frac{\sin (\theta_h - \theta_0)}{\sin \theta_h} - \frac{\sin (\theta_h + \beta)}{\sin \theta_h \sin \beta} \left[\sin \theta_h e^{(\theta_h - \theta_0) \tan \varphi} - \sin \theta_0 \right] \tag{6-18}$$

$$f_1(\theta) = \frac{1}{2} \left[e^{(\theta - \theta_0) \tan \varphi} + \frac{r_0'}{r_0} e^{-(\theta - \theta_0) \tan \varphi} \right] \tag{6-19}$$

$$f_2(\theta) = \frac{1}{2} \left[e^{(\theta - \theta_0) \tan \varphi} - \frac{r_0'}{r_0} e^{-(\theta - \theta_0) \tan \varphi} \right] \tag{6-20}$$

$$f_3(\theta) = \frac{\sin \theta_0}{\sin \theta} - \frac{1}{2} \left[e^{(\theta - \theta_0) \tan \varphi} + \frac{r_0'}{r_0} e^{-(\theta - \theta_0) \tan \varphi} \right] \tag{6-21}$$

$$f_4(\theta) = \frac{\sin (\theta_h + \beta)}{\sin (\theta + \beta)} e^{(\theta_h - \theta_0) \tan \varphi} - \frac{1}{2} \left[e^{(\theta - \theta_0) \tan \varphi} + \frac{r_0'}{r_0} e^{-(\theta - \theta_0) \tan \varphi} \right] \tag{6-22}$$

关于中间插入块体部分的重力做功功率记为 $W_{\gamma\text{-}insert}$，其大小等于二维情况下对数螺旋线破坏机构的做功功率乘以三维旋转破坏机构中间插入块体的宽度 b，其表达式如下：

$$W_{\gamma\text{-}insert} = \gamma \omega r_0^4 g_2(\theta_0, \theta_h, b/H) \tag{6-23}$$

其中，g_2 的表达式如下：

$$g_2(\theta_0, \theta_h, b/H) = \frac{b}{H}(f_5 - f_6 - f_7) \left[\sin \theta_h e^{(\theta_h - \theta_0) \tan \varphi} - \sin \theta_0 \right] \tag{6-24}$$

其中涉及的参数的表达式为：

$$f_5(\theta_0, \theta_h) = \frac{1}{3(1+9\tan^2\varphi)}\left[(3\tan\varphi\cos\theta_h+\sin\theta_h)\,\mathrm{e}^{3(\theta_h-\theta_0)\tan\varphi}-(3\tan\varphi\cos\theta_0+\sin\theta_0)\right]$$

$$(6-25)$$

$$f_6(\theta_0, \theta_h) = \frac{1}{6}\frac{L}{r_0}\left(2\cos\theta_0-\frac{L}{r_0}\right)\sin\theta_0 \tag{6-26}$$

$$f_7(\theta_0, \theta_h) = \frac{1}{6}\mathrm{e}^{(\theta_h-\theta_0)\tan\varphi}\left[\sin(\theta_h-\theta_0)-\frac{L}{r_0}\sin\theta_h\right]\left[\cos\theta_0-\frac{L}{r_0}+\cos\theta_h\,\mathrm{e}^{(\theta_h-\theta_0)\tan\varphi}\right]$$

$$(6-27)$$

由于三维旋转破坏机构由两端的曲线圆锥体以及中间的插入块体组成，所以，将所得到的关于两端曲线圆锥部分的重力做功功率 $W_{\gamma-3D}$ 和关于中间插入块体部分的重力做功功率 $W_{\gamma-\text{insert}}$ 进行求和，即可得到整个三维旋转破坏机构的重力做功功率。

第二种计算重力做功功率的方法是基于离散化的三维旋转破坏机构展开的。为了计算外力功率，本章采用了 Pan 等提出的边坡离散方案。该方案如图 6-4 所示，离散控制参数为 $\delta\theta$ 和 $\delta\alpha$。重力功率的计算方法是首先计算每一个小平面 F_{ij} 所对应的每个微小单元的重力功率，然后将每个单元上的所有重力功率相加求和。因此，重力功率的表达式为：

$$W_\gamma = \iiint_V \gamma' \cdot v\mathrm{d}V = \omega\gamma'\sum_i\sum_j(R_{i,j}V_{i,j}\cos\theta_{i,j}) \tag{6-28}$$

式中：$R_{i,j}$ 和 $\theta_{i,j}$ 为对应的三角形小平面 $F_{i,j}$ 的重心的极坐标；$V_{i,j}$ 为与小平面 $F_{i,j}$ 所对应的小微元的体积，同时也包括二维平面插入块部分；ω 是三维旋转破坏机构在破坏时的旋转角速度；γ' 是岩体的浮重度，浮重度的使用实际上是考虑了浮力的影响，但是对于在水位面之上的岩体部分，将使用干重量 γ_d 来计算重力做功功率，因为这部分的岩体处于干燥状态。

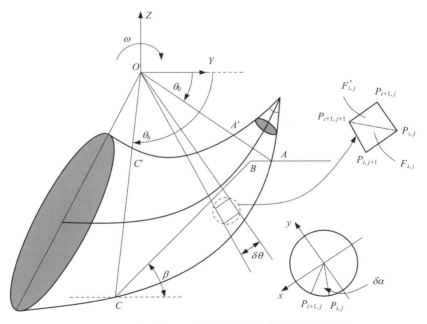

图 6-4　三维边坡及三维旋转破坏机构的离散化方案

$$\gamma' = \gamma_{sat} - \gamma_w \tag{6-29}$$

当边坡内部存在地下水时,边坡会受到浮力的作用,浮力会影响边坡的安全性,因此必须予以考虑。在具体计算中,浮力与重力都是恒定的体积力,且二者方向相反。根据公式(6-29),将浮力的计算隐含在重力功率的计算中,这也是公式(6-28)中使用浮重度而非饱和重度的原因。式(6-29)中,γ_{sat} 为饱和重度,γ_w 为水的重度,是计算浮力时所使用的重度。

为了计算渗透力做功功率,采用了如图 6-5 所示的离散化方案。在图 6-5 中,B' 为整个三维旋转破坏机构的最大宽度;点 $P_{i,j}$,$P_{i,j+1}$ 和 $P_{i+1,j+1}$ 在三维旋转破坏机构的边界上;点 $P_{i,j}^m$,$P_{i,j+1}^m$ 和 $P_{i+1,j+1}^m$ 在三维旋转破坏机构的中间对称面上,且为点 $P_{i,j}$,$P_{i,j+1}$ 和 $P_{i+1,j+1}$ 的在该对称面上的投影。在渗透力做功功率的计算中,如图 6-5 所示,块体 $P_{i,j}$ $P_{i,j+1}P_{i+1,j+1} - P_{i,j}^m P_{i,j+1}^m P_{i+1,j+1}^m$ 被进一步分割成了 m 个小块。实际上,根据数值结果,水头高度在 x 方向上的变化非常微小。在具体的计算中,将 m 的值设为了 10。在具体的渗透力功率计算中,块体 $P_{i,j}^k P_{i,j+1}^k P_{i+1,j+1}^k - P_{i,j}^{k+1} P_{i,j+1}^{k+1} P_{i+1,j+1}^{k+1}$ 是最小的计算单元。即,首先计算在块体 $P_{i,j}^k P_{i,j+1}^k P_{i+1,j+1}^k - P_{i,j}^{k+1} P_{i,j+1}^{k+1} P_{i+1,j+1}^{k+1}$ 上渗透力所做的功;然后将所有小块体上的渗透力功率相加求和,得到渗透力对整个三维旋转破坏机构所做的功。通过对三维旋转破坏机构的整个体积进行积分,可以得到渗透力的做功功率表达式如下:

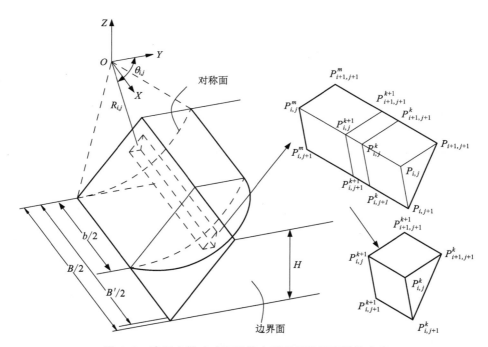

图 6-5　渗透力做功功率计算中所采用的的离散化方案

$$W_s = -\iiint_V \gamma_w \left(\frac{\partial h}{\partial x} v_x + \frac{\partial h}{\partial y} v_y + \frac{\partial h}{\partial z} v_z \right) dV \tag{6-30}$$

式中:h 为水头高度;$\partial h / \partial x$,$\partial h / \partial y$ 和 $\partial h / \partial z$ 为水力梯度在 x,y,z 方向上的三个分量;v_x,

v_y 和 v_z 是破坏机构上一点的运动速度在 x，y，z 方向上的三个分量。在三维旋转破坏机构中，因为旋转发生在 YOZ 平面内，$v_x = 0$，所以后续计算中只需保留 v_y 和 v_z 即可，因此，式 (6-30)可以简化为：

$$W_s = \omega \sum_i \sum_j \left[R_{i,j} \sum_{k=1}^{m} (F_y^k) \sin \theta_{i,j} + F_z^k \cos \theta_{i,j} \right] \tag{6-31}$$

式中：F_y^k 为作用在块体 $P_{i,j}^k P_{i,j+1}^k P_{i+1,j+1}^k - P_{i,j}^k P_{i,j+1}^k P_{i+1,j+1}^k$ 上的渗透力在 y 方向上的分量，F_z^k 为作用在块体 $P_{i,j}^k P_{i,j+1}^k P_{i+1,j+1}^k - P_{i,j}^{k+1} P_{i,j+1}^{k+1} P_{i+1,j+1}^{k+1}$ 上的渗透力在 z 方向上的分量。F_y 和 F_z^k 可由下式计算得到：

$$F_y^k = \iiint_{v^k} \gamma_w \frac{\partial h}{\partial y} dV^k \tag{6-32}$$

$$F_z^k = \iiint_{v^k} \gamma_w \frac{\partial h}{\partial z} dV^k \tag{6-33}$$

根据散度定理，F_y^k 和 F_z^k 的表达式可以转化为：

$$F_y^k = \gamma_w \sum \overline{h^k} n_y^k s^k \tag{6-34}$$

$$F_z^k = \gamma_w \sum \overline{h^k} n_z^k s^k \tag{6-35}$$

式中：符号 $\sum$ 为对块体 $P_{i,j}^k P_{i,j+1}^k P_{i+1,j+1}^k - P_{i,j}^{k+1} P_{i,j+1}^{k+1} P_{i+1,j+1}^{k+1}$ 的所有边界面进行求和；n_y^k 和 n_z^k 为块体 $P_{i,j}^k P_{i,j+1}^k P_{i+1,j+1}^k - P_{i,j}^{k+1} P_{i,j+1}^{k+1} P_{i+1,j+1}^{k+1}$ 每一个边界面上单位正向量的方向余弦；s^k 为每一个边界面的面积；$\overline{h^k}$ 为每一个边界面上的水头高度；γ_w 为水的重度。

水头高度是计算渗透力做功功率的关键参数，本章采用数值计算的方法计算水头。基于有限差分软件 FLAC 3D，利用其内置的程序设计语言(FISH 语言)，可以生成若干个小立方体块。将它们组合成一个整体，可构建一个三维边坡模型。为了消除边界效应引起的计算误差，所建立的计算模型的高度是边坡高度的两倍，且坡面周围的网格设置比其他区域更密集。故可在坡面区域周围获得更精确的结果，提高计算精度和速度。本章的水力边界条件如图 6-6 所示，坡顶面、坡面和坡底面孔隙水压力均为零，顶面和底面的水头差为 $h_w = H$，这是渗透力产生的原因。

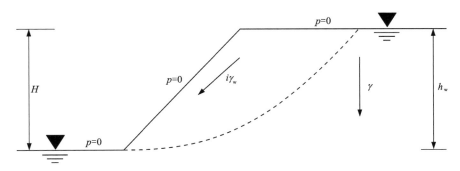

图 6-6 本章所考虑的水力边界条件

设置水力边界条件后，利用 FLAC 3D 的渗流模块进行渗流数值计算，即可得到孔隙水压力场。利用 FLAC 3D 内置的 FISH 语言遍历所有节点，可提取孔隙水压力场。孔隙水压力场为所有节点处的孔隙水压力。获得孔隙水压力场后，某一点的水头高度可以利用该点的孔隙水压力除以水的重量来计算获得。对于离散化的三维旋转破坏机构中的每个离散点，其水头可以利用所得到的孔隙水压力场来计算求得。将所得到的水头代入式(6-30)中，计算渗透力的外力做功功率。注意，由于只使用了 FLAC 3D 的渗流计算模块，且三维边坡的几何形状不复杂，因此渗流计算不太费时。例如，对于 B/H、坡角 β 和坡高 H 分别为 5、60°和 10 m 的边坡，进行渗流计算和提取孔隙压力场仅需 10 分钟。

6.5.2 内能耗散率计算

在该三维旋转破坏机构中，能量耗散来源于边坡内的体应变以及发生在滑动面上的摩擦。根据 Michalowski 和 Drescher 得到的结论，发生在边坡体积内以及边坡滑动面上的能量耗散之和为：

$$W_D = c_t \cot \varphi_t \iint_S v \cdot n \mathrm{d}S = -\omega_t \cot \varphi_t \left[\sum_i R_i S_i \cos \theta_i + \sum_j R_j S_j \cos (\theta_j + \beta) \right] \quad (6-36)$$

式中：φ_t 为图 6-2 中非线性 Hoek-Brown 破坏准则曲线的切线所对应的内摩擦角；c_t 为该切线的截距，其大小可以通过式(6-7)得到；S_i 为坡顶上任一个面微元的面积；R_i 和 θ_i 为坡顶上任一个面微元重心的极坐标；S_j 为坡面上任一个面微元的面积；R_j 和 θ_j 为坡面上任一个面微元重心的极坐标。

除了根据离散法计算三维边坡的内部能量耗散率外，还可以采用现有的公式计算内能耗散率，计算过程如下。

内部能量耗散率包括：由于发生体应变而产生的能量耗散，由于滑动面的摩擦而产生的能量耗散。根据既有文献，这两部分内部能量耗散率的计算可以转化为两个积分的和，这两个积分分别是关于边坡顶面和边坡面的积分，这两个积分可分别用 D_{top} 和 D_{sur} 来表示。对于两端的曲线圆锥部分，内部能量耗散率为：

$$D_{\text{top-3D}} = -2\omega c_t \cot \varphi_t \int_{\theta_0}^{\theta_B} \int_0^{x_1^*} \frac{\sin^2 \theta_0}{\sin^3 \theta} \cos \theta r_0^2 \mathrm{d}x \mathrm{d}\theta \quad (6-37)$$

$$D_{\text{sur-3D}} = -2\omega c_t \cot \varphi_t \int_{\theta_B}^{\theta_h} \int_0^{x_2^*} \frac{\sin^2 (\theta_h + \beta)}{\sin^3 (\theta + \beta)} \cos (\theta + \beta) r_0^2 e^{2(\theta_h - \theta_0) \tan \varphi} \mathrm{d}x \mathrm{d}\theta \quad (6-38)$$

$D_{\text{top-3D}}$ 和 $D_{\text{sur-3D}}$ 的和即为曲线圆锥部分总的内部能量耗散率，即

$$D_{\text{3D}} = D_{\text{top-3D}} + D_{\text{sur-3D}} \quad (6-39)$$

将式(6-37)和式(6-38)代入式(6-39)中，可得：

$$D_{\text{3D}} = \omega c_t \cot \varphi_t r_0^3 g_1(\theta_0, \theta_h, r_0'/r_0) \quad (6-40)$$

其中

$$g_1(\theta_0, \theta_h, r_0'/r_0) = -2\sin^2 \theta_0 \int_{\theta_0}^{\theta_B} \frac{\cos \theta}{\sin^3 \theta} \sqrt{f_2^2 - f_3^2} \mathrm{d}\theta -$$

$$2 e^{2(\theta_h - \theta_0) \tan \varphi} \sin^2 (\theta_h + \beta) \int_{\theta_B}^{\theta_h} \frac{\cos (\theta + \beta)}{\sin^3 (\theta + \beta)} \sqrt{f_2^2 - f_4^2} \mathrm{d}\theta \quad (6-41)$$

同样的，中间插入块体部分的能量耗散率计算为：

$$D_{\text{top-insert}} = -2\omega c_t \cot \varphi_t \int_{\theta_0}^{\theta_B} \int_0^{b/2} \frac{\sin^2 \theta_0}{\sin^3 \theta} \cos \theta r_0^2 \mathrm{d}x \mathrm{d}\theta \quad (6-42)$$

$$D_{\text{sur-insert}} = -2\omega c_t \cot \varphi_t \int_{\theta_B}^{\theta_h} \int_0^{b/2} \frac{\sin^2(\theta_h+\beta)}{\sin^3(\theta+\beta)} \cos(\theta+\beta) r_0^2 e^{2(\theta_h-\theta_0)\tan\varphi} \, dx d\theta \quad (6-43)$$

$D_{\text{top-insert}}$ 和 $D_{\text{sur-insert}}$ 的和即为中间插入块体部分总的内部能量耗散率，即

$$D_{\text{insert}} = D_{\text{top-insert}} + D_{\text{sur-insert}} \quad (6-44)$$

将式（6-42）和式（6-43）代入式（6-44）中，可得：

$$D_{\text{insert}} = \omega c_t \cot \varphi_t r_0^3 g_2(\theta_0, \theta_h, b/H) \quad (6-45)$$

其中

$$g_2(\theta_0, \theta_h, b/H) = \frac{b}{2H}\left\{ \frac{\sin^2\theta_0}{\sin^2\theta_B} - 1 + \left[1 - \frac{\sin^2(\theta_h+\beta)}{\sin^2(\theta_B+\beta)} \right] e^{2(\theta_h-\theta_0)\tan\varphi} \right\} \cdot \left[\sin\theta_h e^{(\theta_h-\theta_0)\tan\varphi} - \sin\theta_0 \right]$$

$$(6-46)$$

因此，整个三维旋转破坏机构的内部能量耗散率为 D_{3D} 和 D_{insert} 之和。

6.5.3 安全系数及目标函数优化

根据极限分析上限定理，外力做功功率对应于使边坡发生破坏的作用，而内部能量耗散率对应于阻碍边坡发生破坏的作用，因此安全系数可以定义为：

$$F = \frac{W_D}{W_\gamma + W_s} \quad (6-47)$$

式中：F 为边坡安全系数；W_D 为内部能量耗散率，一般情况下，W_D 为正值；W_γ 和 W_s 分别为重力做功功率和渗透力做功功率。

从式（6-47）关于安全系数 F 的定义可知，$F<1$ 时，外力做功功率大于内部能量耗散率，即促使边坡发生滑动的作用大于阻碍边坡发生滑动的作用，边坡处于不稳定的状态；$F=1$ 时，内部能量耗散率等于外力做功功率，功率平衡方程成立，边坡处于极限状态；$F>1$ 时，边坡处于稳定状态。根据极限分析上限定理，由式（6-47）定义的边坡安全系数是一个上限值。通过非线性优化算法计算式（6-47）的最小值，进而获得最小上限解，即临界安全系数。求最小值的优化过程是关于五个变量的，它们分别为：θ_0，θ_h，r_0'/r_0，b/H 和 φ_t。优化过程满足以下约束条件：

$$\begin{cases} 0° < \theta_0 < 180° \\ 0° < \theta_h < 180° \\ 0 < r_0'/r_0 < 1 \\ 0 < b/H + B_{\max}^{3D}/H < B/H \\ 0° < \varphi_t < 90° \end{cases} \quad (6-48)$$

式中：$B_{\max}^{3D}$ 为三维旋转破坏机构在被改进前（即在中间插入块体前）的最大宽度。

关于非线性优化算法，为了避免错过安全系数的全局最小值并减少计算负担，采用了混合优化算法。首先，采用粒子群优化算法在全局最优点附近定位一个点。然后，以此点作为 Nelder-Mead 单纯形算法的起点，进一步寻找安全系数的全局最小值。在下面的分析中，将利用 2007 年 Li 等提出的无量纲稳定数进行探究。该无量纲稳定数定义为：

$$N = \sigma_c/\gamma HF \quad (6-49)$$

式中：F 即为由式（6-47）及式（6-48）计算所得的安全系数。

6.6 结果验证及参数分析

6.6.1 结果比较与验证

Saada 等人于 2012 年基于 Hoek-Brown 破坏准则对渗透力作用下的岩质边坡进行了二维稳定性分析，他们的孔隙水压力场也来源于渗流过程的数值计算。为了验证本章所得结果的正确性及合理性，将本章所得结果与 Saada 等人在文献中提出的二维分析结果进行比较。在比较中，由于 Saada 等人的结果为二维平面应变条件下边坡的安全系数，所以取本章三维边坡模型的 B/H 值为 15。因为当 B/H 值较大时，三维边坡会趋于平面应变的情况。边坡的倾斜角 β 设置为 45°，无量纲参数 $\gamma H/\sigma_c$ 设置为 1.2×10^{-2}。所得结果的比较见表 6-1，其中 F 为地下水存在时的边坡安全系数，F_0 为无水（即干燥）情况下的安全系数。表 6-1 共列出了 10 组工况。可以发现，本章所得结果与 Saada 等人的二维分析结果非常吻合。例如，工况 8 的差异仅为 1.0%，工况 9 的差异最大，约为 13.8%。这表明了所本章所提方法的有效性。

表 6-1　本章结果与二维结果的比较

工况编号	m_i	GSI	F/F_0		
			本章结果 ($B/H=15$)	Saada 等的二维结果	差异/%
1	25	70	0.523	0.510	2.5
2	25	30	0.486	0.500	2.9
3	17	70	0.531	0.510	4.0
4	17	30	0.490	0.500	2.0
5	15	70	0.558	0.510	8.6
6	15	30	0.493	0.500	1.4
7	10	70	0.578	0.516	10.7
8	10	30	0.495	0.500	1.0
9	7	70	0.593	0.511	13.8
10	7	30	0.508	0.501	1.4

6.6.2 稳定性图表与参数分析

如上所述，在约束条件式（6-48）下求解式（6-47）的最小值即可得到渗透力作用下岩质边坡的安全系数。在本节中，安全系数以式（6-49）中定义的无量纲稳定性数 N 的形式呈现。

图 6-7 至图 6-10 展示了 B/H 值分别等于 3、5、10 和 15 时的计算结果，将无量纲稳定性数 N 绘制为 Hoek-Brown 常数 m_i 的函数，m_i 的取值介于 5 和 35 之间。在计算中，GSI 的取值介于 10 到 80 之间；扰动因子 D 设置为 0 以模拟原位岩石未受扰动的情况；无量纲参数 $\gamma H/\sigma_c$ 设置为 0.2。观察式(6-21)可知，无量纲稳定性数 N 与边坡安全系数 F 成反比。换言之，N 值越小，F 越大。由图 6-7 至 6-10 可知，无量纲稳定性数 N 随着 m_i 或 GSI 的增加而减小。因为岩石的 m_i 和 GSI 值越大，岩石越坚固，边坡就越稳固，边坡也更安全，安全系数越大。例如，在图 6-7(c)中，当 GSI = 10 时，通过将 m_i 从 5 增加到 10，安全系数增加了 51%；将 m_i 从 30 增加到 35，安全系数仅增加了 19%。由此可以发现，随着 m_i 的增加，这种安全系数的增加变得更小。类似的现象在 GSI 上也可以发现。在 GSI 大于 50 后，当 $B/H = 3$，$\beta = 60°$，$m_i = 10$ 时，安全系数的增加趋于稳定。

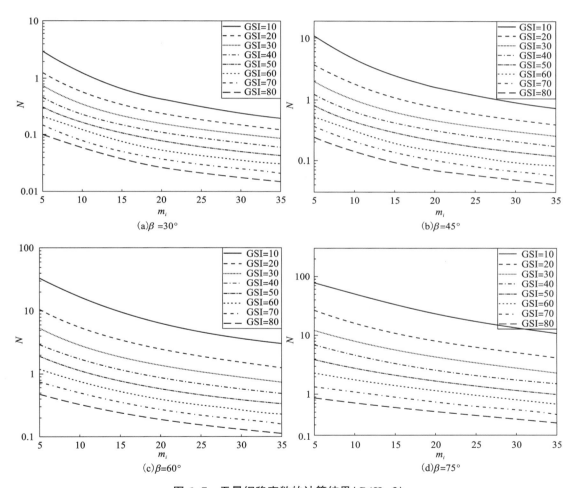

图 6-7 无量纲稳定数的计算结果($B/H = 3$)

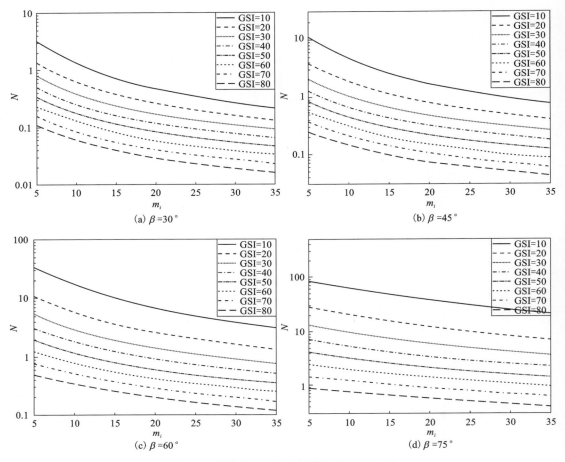

图6-8　无量纲稳定数的计算结果($B/H=5$)

给定B/H，β，m_i和GSI的大小后，可以根据图6-7至图6-10获得无量纲稳定性数N的值，进而根据式(6-49)反算出边坡安全系数。这些图表可以省去繁琐的计算过程，大大方便了安全系数的计算，可以直接供工程师们在实际的岩土工程中使用。

为了探究坡角β对边坡稳定性的影响，将不同β值的无量纲稳定数绘制在了图6-11中，其中无量纲稳定性数仍然被绘制为m_i的函数。在计算中，无量纲参数$\gamma H/\sigma_c$设置为0.2。可以看出，无量纲稳定性数N随着边坡倾角β的增加而增加。因此，边坡倾角β越大，边坡越不稳定，这与工程经验也是一致的。类似地，利用图6-11，对于给定的边坡倾角β，通过估计m_i和GSI的值，可以得到无量纲稳定数N和边坡安全系数F的值，简化了实际工程中边坡安全系数的计算，免去繁琐的计算过程。例如，从图6-11可以发现，将边坡倾角β从60°减小到45°，可以将安全系数提高50%以上。这意味着将倾斜角减小15°可以将安全系数提高至少50%，这与Li等人通过数值模拟所观察到的结果非常吻合。

注意，本章考虑岩石破坏遵循Hoek-Brown破坏准则，假设岩质边坡的整体性较好，并

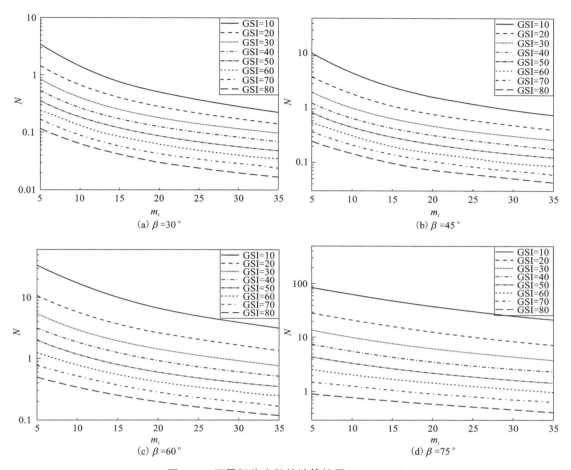

图 6-9　无量纲稳定数的计算结果($B/H=10$)

未考虑岩体裂缝及松散堆积的情况，这是本章的一个局限。后续工作可以进一步研究渗流作用下裂缝岩质边坡的稳定性。

6.7　本章小结

　　本章基于极限分析上限法评估了渗透力作用下三维岩质边坡的安全性，计算了特定水力边界条件下岩质边坡的安全系数。关于破坏准则，本章采用了更适用于岩石工程的 Hoek-Brown 破坏准则，并采用广义切线技术将复杂的稳定性分析问题转化为关于五个变量的非线性优化问题。为了计算重力做功功率及渗透力做功功率，本章将三维旋转破坏机构离散化，配合有限差分数值计算所得到的孔隙水压力场，插值获得各离散点处的水头高度；利用所得水头高度计算水力梯度，基于土力学经典理论计算渗透力大小及其做功功率。为了寻找安全系数上限解的全局最小值，采用粒子群优化算法结合 Nelder-Mead 单纯

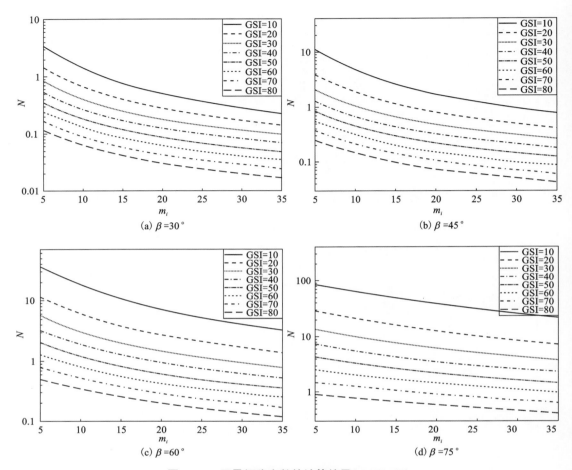

图 6-10　无量纲稳定数的计算结果($B/H=15$)

形算法的组合算法，针对五个优化参数寻找最小上限解。基于上述工作，可以得出以下结论。

（1）边坡安全系数的计算结果以稳定性图表的形式呈现，如图 6-7 至图 6-11 所示。在确定了 B/H、边坡倾角 β、Hoek-Brown 常数 m_i 和 GSI 的大小后，不必进行繁琐的计算过程。边坡安全系数可以直接通过查阅稳定性图表中的无量纲稳定数来获得，无量纲稳定数与边坡安全系数成反比。这些稳定性图表中的安全系数计算结果可以应用于实际的岩石工程中。

（2）参数分析表明，无量纲稳定数 N 随着 Hoek-Brown 常数 m_i 或 GSI 的增大而减小，边坡倾角 β 和 B/H 比的增大而增大。根据安全系数与无量纲稳定数之间的反比关系，安全系数随着 Hoek-Brown 常数 m_i 或 GSI 的增加而增加边坡倾角 β 和 B/H 比的增加而减小。

（3）一些关于边坡倾角 β 的分析表明，将倾斜角减小 15°可以将安全系数提高 50%以上。探讨了 B/H 比对边坡安全性的影响，当 B/H 大于 10 时，边坡安全系数的变化非常微

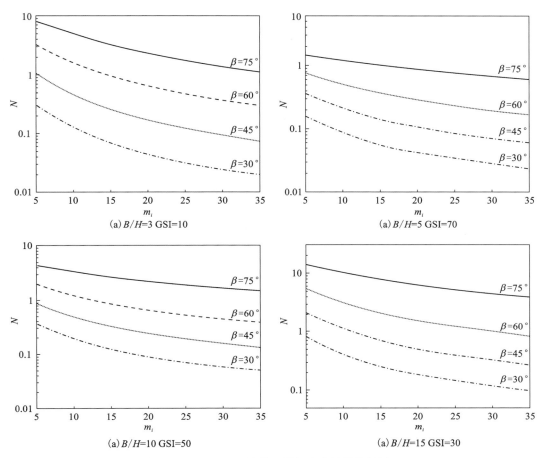

图 6-11　不同 β 值的无量纲稳定数计算结果

小，可以忽略不计；当 B/H 小于 10 时，边坡安全系数的变化幅度较大，边坡的三维影响非常显著。对于 B/H 大于 10 的三维边坡，其三维影响可以忽略不计，此时二维平面应变分析也适用于三维边坡。基于这一结论，将本章所得结果与文献中的二维平面应变分析结果进行了对比，证明了所提出方法的正确性。

第 7 章
单级边坡拟静力稳定性的变分法研究

7.1 变分法简介

　　变分法是 17 世纪末兴起的用于处理函数领域的一门数学分支。它起源于约翰·伯努利的最速曲线问题，由欧拉首先详尽阐述此问题。变分法最终寻求的是使得泛函取得极大或者极小值的极值函数。变分法的关键定理是欧拉-拉格朗日方程，它能够反映出泛函的临界点。最速曲线的物理意义为：它是一条确定的曲线，使得任意质点受自重的作用从最高处的某一点沿该曲线下降到最低处时所用的时间最短。根据最速曲线的物理意义，联系到边坡在某一状态下承受外力发生滑动时，也总是沿着一条确定的滑裂面下滑，这条滑裂面就是边坡中的最速曲线。由于求解最速曲线获得边坡滑动破坏面的理论分析过程十分严谨，并且容易得到十分简洁明了的解析解，计算结果精度较高，因此变分法也成了边坡工程中常用的求解滑动破坏面的数学方法。由于涉及复杂的数学推导过程，本节不作拉格朗日方程的详细推导，只提出便于下文变分法分析的原始数学表达式及结论。

　　对于泛函：

$$S = \int_{x_1}^{x_2} L(f(x), f'(x), x)\,\mathrm{d}x \tag{7-1}$$

则泛函取得极值的必要条件为：

$$\frac{\partial L}{\partial f(x)} - \frac{\mathrm{d}}{\mathrm{d}x}\frac{\partial L}{\partial f'(x)} = 0 \tag{7-2}$$

7.2 Hoek-Brown 破坏准则简介

　　Hoek-Brown 准则是目前广泛应用于密质硬岩体的一种破坏准则，而由于缺乏较为合适的替代方法，Hoek-Brown 准则也同样应用于软弱岩体。基于该准则能够有效利用工程地质数据估计岩体强度，因此在岩石力学分析计算中也有广泛的应用。目前，边坡工程的分析计算通常采用 Mohr-Coulomb 破坏准则。Hoek-Brown 破坏准则作为一种非线性的破坏准则，通常能够获得关于岩质边坡稳定性的更精确解，适用条件更为广泛。作为岩体强度的经典准则，Hoek-Brown 准则引起了学者的关注。Fraldi 和 Guarracino 采用极限分析与变分法对隧道拱顶的稳定性进行了分析；黄阜根据浅埋围岩隧道顶部围岩破坏特征，构造了弯曲破坏机制，并基于 Hoek-Brown 破坏准则计算了相应的内能耗散和内力功率。

经典的 Hoek-Brown 准则表达式如下：

$$\sigma_1' = \sigma_3' + \sigma_{ci}\left(m_b\frac{\sigma_3'}{\sigma_{ci}} + s\right)^a \tag{7-3}$$

$$m_b = m_i e^{\left(\frac{GSI-100}{28-14D}\right)} \tag{7-4}$$

$$a = \frac{1}{2} + \frac{1}{6}\left(e^{-\frac{GSI}{15}} - e^{-\frac{20}{3}}\right) \tag{7-5}$$

$$s = e^{\left(\frac{GSI-100}{9-3D}\right)} \tag{7-6}$$

由公式(7-3)~式(7-6)可知，经典的 Hoek-Brown 破坏准则为正应力形式的破坏准则，其表达式的关键参数为 m_b，s 以及 a，这三个参数又可以用地质强度指标 GSI 以及扰动因子 D 表示。经典 Hoek-Brown 准则的每一个参数都具备物理意义，考虑到本章需要推导 Hoek-Brown 准则下单级边坡拟静力稳定性的解析表达式，因此采用剪应力形式的 Hoek-Brown 准则。即

$$\tau = A\sigma_c\left(\frac{\sigma_n + \sigma_t}{\sigma_c}\right)^B \tag{7-7}$$

式中：τ 和 σ_n 分别为岩体的剪应力和正应力；A 和 B 为描述岩体强度的无量纲参数；σ_t 和 σ_c 分别为体破坏时的拉应力和压应力。

图 3-1 表示了流动法则下 Hoek-Brown 与 Mohr-Coulomb 破坏准则的应力-应变曲线关系。其中 $B=1$ 时对应 Mohr-Coulomb 破坏准则，$B \neq 1$ 时对应 Hoek-Brown 破坏准则。

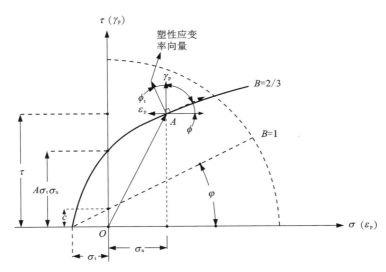

图 7-1　流动法则下 Hoek-Brown 与 Mohr-Coulomb 破坏准则的应力-应变曲线

7.3 拟静力法作用下的变分法过程

7.3.1 拟静力法简介

考虑到 Zhang 和 Chen 在 Mohr-Coulomb 破坏准则下采用变分法推导了无地震力作用下的边坡极限状态的稳定系数公式，本章在非线性破坏准则 Hoek-Brown 准则下，引入地震力这种更加复杂的情况。对边坡稳定系数重新采用变分法进行推导，并进行拟静力作用下的边坡稳定性分析。

7.3.2 拟静力作用下的变分法公式推导

如图 7-2 所示，假定边坡坡面是一条任意曲线 $y_1(x)$。假设破坏面的极限破坏状态遵循对数螺旋曲线形式，曲线的旋转中心为 O_1，破坏面在笛卡尔坐标系 XOY 坐标下用 $y(x)$ 表示，在极坐标系下用 $r(\theta)$ 表示。极限状态下的破坏面通过考虑力的平衡方程与力矩平衡方程，采用变分分析方法确定。r_0 为旋转中心 O_1 到坐标原点 O 的距离，r 为旋转中心 O_1 到破坏面曲线上任意一点的距离，r_n 为旋转中心 O_1 到坡趾的距离。

岩质边坡的静力平衡状态如图 7-3 所示。$\sigma(x)$ 和 $\tau(x)$ 分别为滑动破坏面上分布的正应力和剪应力，S_x 和 S_y 分别为水平方向的地震力和竖直方向的地震力，R_x 和 R_y 分别为水平地震力 S_x 到 OX 轴的距离和竖向地震力 S_y 到 OY 轴的距离，x_c 和 y_c 分别为旋转中心 O_1 的横坐标与纵坐标。边坡将要开始滑动时，滑动面上均应满足静力平衡。

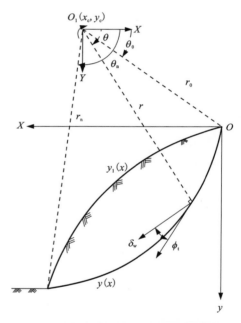

图 7-2　任意坡面的单级边坡旋转破坏机构

以边坡为整体进行受力分析，可以得到关于边坡的静力平衡方程。考虑到边坡处于静力平衡状态时，水平方向的合力 $\sum H$、竖直方向的合力 $\sum V$ 以及合力矩 $\sum M$ 均为零，因此可以得到水平力 H、竖向力 V 以及力矩 M 的表达式如下：

$$H = \int_0^{x_n} (\tau - \sigma y' + S_x)\,dx \tag{7-8}$$

$$V = \int_0^{x_n} [(\sigma + \tau y') - \gamma(y - y_1) - S_y]\,dx \tag{7-9}$$

$$M = \int_0^{x_n} [(\tau - \sigma y')y - (\sigma + \tau y')x + \gamma(y - y_1)x - S_x R_y + S_y R_x]\,dx \tag{7-10}$$

$$S_x = k_h \gamma(y - y_1) \tag{7-11}$$

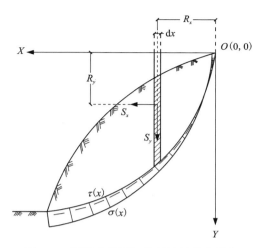

图 7-3　拟静力作用下单级边坡静力平衡

$$S_y = k_v \gamma (y - y_1) \tag{7-12}$$

式中：H、V 和 M 分别为水平力、竖向力以及力矩；$y' = \mathrm{d}y/\mathrm{d}x$；$k_h$ 和 k_v 分别为水平地震力系数和竖向地震力系数；γ 为岩体重度；S_x 和 S_y 分别为水平方向的地震力和竖直方向的地震力；R_x 和 R_y 分别为水平地震力 S_x 到 OX 轴的距离和竖向地震力 S_y 到 OY 轴的距离。由虚功原理可知，滑动破坏面上总的虚功可以表示如下：

$$I = \Delta u H + \Delta v V + \Delta \Omega M \tag{7-13}$$

式中：Δu 和 Δv 分别为水平虚位移和竖向虚位移；$\Delta \Omega$ 为滑动破坏面相对旋转中心 O_1 的虚转角。

将式（7-8）～式（7-12）代入式（7-13）中，总虚功可以表示为：

$$I = \int_0^{x_n} \Delta u \left[\tau - \sigma y' - k_h \gamma (y - y_1) \right] \mathrm{d}x + \Delta v \left[(\sigma + \tau y') - \gamma (y - y_1) - k_v \gamma (y - y_1) \right] \mathrm{d}x +$$

$$\Delta \Omega \left[(\tau - \sigma y') y - (\sigma + \tau y') x + \gamma (y - y_1) x - k_h \gamma (y - y_1) R_y + k_v \gamma (y - y_1) R_x \right] \mathrm{d}x \tag{7-14}$$

将虚功方程简化为：

$$I = \Delta \Omega \int_0^{x_n} F \mathrm{d}x \tag{7-15}$$

其中

$$F = \sigma \left[\left(\frac{\Delta v}{\Delta \Omega} + x \right) - y' \left(\frac{\Delta u}{\Delta \Omega} - y \right) \right] + \tau \left[y' \left(\frac{\Delta v}{\Delta \Omega} + x \right) + \left(\frac{\Delta u}{\Delta \Omega} - y \right) \right] + \gamma (y - y_1) \left(\frac{\Delta v}{\Delta \Omega} + x \right)$$

$$- \frac{\Delta u}{\Delta \Omega} k_h \gamma (y - y_1) - \frac{\Delta v}{\Delta \Omega} k_v \gamma (y - y_1) - k_h \gamma (y - y_1) R_y + k_v \gamma (y - y_1) R_x \tag{7-16}$$

定义

$$X = \frac{\Delta v}{\Delta \Omega} + x = -x_c + x = -r\cos \theta \tag{7-17}$$

$$Y = \frac{\Delta u}{\Delta \Omega} - y = y_c - y = r\sin \theta \tag{7-18}$$

式中：x_c 和 y_c 分别为旋转中心 O_1 的横坐标与纵坐标。

式(7-16)可以表示为：

$$F = \sigma\left[X - Yy'\right] + \tau\left[Xy' + Y\right] + \gamma(y - y_1)X - \frac{\Delta u}{\Delta\Omega}k_h\gamma(y - y_1) - \frac{\Delta v}{\Delta\Omega}k_v\gamma(y - y_1) -$$
$$k_h\gamma(y - y_1)R_y + k_v\gamma(y - y_1)R_x \tag{7-19}$$

于是泛函 F 可以简写为：

$$F = F(x, y, y', \sigma, \sigma', \tau, \tau') \tag{7-20}$$

这个泛函包含一个关于正应力 σ 与剪应力 τ 的函数关系，即 $\tau = f(\sigma)$。函数 f 对应所使用的破坏准则，本章使用的为 Hoek-Brown 破坏准则。为方便表示，这里统一记作 $f(\sigma)$。与泛函 F 的表达形式统一，另记函数 $G(\sigma, \tau)$。令

$$G(\sigma, \tau) = \tau - f(\sigma) \tag{7-21}$$

由 R_x 和 R_y 的定义，结合图 7-3 可知，R_x 和 R_y 的几何表达式为：

$$R_x = x \tag{7-22}$$

$$R_y = \frac{1}{2}(y_1 + y) \tag{7-23}$$

式中：y_1 和 y 分别为边坡面和滑动破坏面的纵坐标。

由泛函 F 的表达式可知，欧拉方程可表示为：

$$\frac{\mathrm{d}}{\mathrm{d}x}\left(\frac{\partial F}{\partial\sigma'}\right) - \frac{\partial F}{\partial\sigma} + \lambda\frac{\partial G}{\partial\sigma} = 0 \tag{7-24}$$

$$\frac{\mathrm{d}}{\mathrm{d}x}\left(\frac{\partial F}{\partial\tau'}\right) - \frac{\partial F}{\partial\tau} + \lambda\frac{\partial G}{\partial\tau} = 0 \tag{7-25}$$

$$\frac{\mathrm{d}}{\mathrm{d}x}\left(\frac{\partial F}{\partial y'}\right) - \frac{\partial F}{\partial y} + \lambda\frac{\partial G}{\partial y} = 0 \tag{7-26}$$

由图 7-1 中所示，可以得出，

$$\frac{\partial\tau}{\partial\sigma} = \frac{\partial f(\sigma)}{\partial\sigma} = -\frac{\partial G}{\partial\sigma} = \tan\varphi_t \tag{7-27}$$

由式(7-19)、式(7-21)、式(7-24)、式(7-25)及式(7-27)可得：

$$\frac{-X + Yy'}{Y + Xy'} = \tan\varphi_t \tag{7-28}$$

由定义式(7-17)和式(7-18)可知：

$$y' = \frac{\mathrm{d}y}{\mathrm{d}x} = \frac{r'\sin\theta + r\cos\theta}{r\sin\theta - r'\cos\theta} \tag{7-29}$$

由式(7-17)、式(7-18)以及式(7-29)可知，式(7-28)可以简化为，

$$\frac{\mathrm{d}r}{\mathrm{d}\theta} = \tan\varphi_t \tag{7-30}$$

由式(7-22)、式(7-23)及式(7-26)可得：

$$Y\frac{\mathrm{d}\sigma}{\mathrm{d}x} - X\frac{\mathrm{d}\tau}{\mathrm{d}x} + 2\tau - (k_v + 1)\gamma X - k_h\gamma Y = 0 \tag{7-31}$$

考虑到有如下几何关系：

$$\frac{\mathrm{d}\tau}{\mathrm{d}x} = \frac{\mathrm{d}\sigma}{\mathrm{d}x}\tan\varphi_t \tag{7-32}$$

$$\frac{\mathrm{d}\sigma}{\mathrm{d}x}=\frac{\mathrm{d}\sigma}{\mathrm{d}\theta}\frac{1}{r'\cos\theta-r\sin\theta} \tag{7-33}$$

式(7-31)可以简化为：

$$\frac{\mathrm{d}\sigma}{\mathrm{d}\theta}=(k_{\mathrm{v}}+1)\gamma r\cos\theta+k_h\gamma r\sin\theta-2\tau \tag{7-34}$$

式(7-30)与式(7-34)构成微分方程组，通过这两个微分方程可以求出破坏面的形状以及破坏面上的应力状态分布。由于这两个微分方程考虑了地震力的作用，令式(7-34)中 $k_{\mathrm{v}}=0$，$k_h=0$，可以发现推导出的解析式与 Zhang 和 Chen 一致，因此可以一定程度上证明本章拟静力作用下变分法推导的合理性。

7.3.3　边界(横截)条件

假定滑动破坏面的起始点与末端点均为可变点，则变分法的横截条件为：

$$\big[F-(y'-y_1')F_{y'}\big]_{x=x_i}=0 \tag{7-35}$$

式中：$F_{y'}$ 为泛函 F 对 y' 的偏导数；x_i 为破坏面起点或终点的位置($i=0$，n)。

注意到有隐藏条件 $y_1'|_{x=x_0}=y'|_{x=x_0}=0$，$y_1|_{x=x_0}=y|_{x=x_0}=0$，其中 x_0 表示破坏面的起点位置。将式(7-19)代入式(7-35)可得：

$$(-\sigma\cos\theta+\tau\sin\theta)_{x=x_0}=0 \tag{7-36}$$

对于 r 和 σ 的初始值用如下方程表示：

$$r(\theta_0)=r_0 \tag{7-37}$$

$$\sigma(\theta_0)=\sigma_0 \tag{7-38}$$

式中：r_0 和 θ_0 为定义旋转中心 O_1 的几何参数，在已知 r_0 和 θ_0 的条件下，可以通过式(7-36)计算出 σ_0 的取值。

至此，确定破坏面的微分方程及初始条件已经全部得出。为了保证计算的精度，本节在优化过程中选用龙格-库塔的数值计算方法，对微分方程式(7-30)与式(7-34)进行求解得到滑动破坏面形状。在接下来的小节中采用极限分析的方法，通过计算破坏面上的外力功率与内能耗散，最终确定极限状态下的破坏面。

7.4　极限分析过程

在上一节通过龙格-库塔数值计算方法对微分方程求解后，得到不同初始条件 r_0 和 θ_0 下不同的滑动破坏面形状。本节通过对内能耗散、外力功率(包括重力功率和地震惯性力功率)的求解，最终找到极限状态下的破坏面，确定其稳定系数，对边坡稳定性进行分析。

7.4.1　内能耗散

如图 7-2 所示，滑动破坏面上总的内能耗散率为滑动破坏面上每一点内能耗散率的叠加，可以表示为：

$$\sum D=\omega\int_{\theta_0}^{\theta_n}(\tau-\sigma\tan\varphi_{\mathrm{t}})(\delta w\cos\varphi_{\mathrm{t}})\frac{r\mathrm{d}\theta}{\cos\varphi_{\mathrm{t}}}=\omega\int_{\theta_0}^{\theta_n}r^2(\tau-\sigma\tan\varphi_{\mathrm{t}})\mathrm{d}\theta \tag{7-39}$$

式(7-39)为内能耗散率的解析表达式。在实际优化计算中考虑到积分式的复杂性，通常采用近似叠加的方法进行计算，能够大大减少计算难度，且能够得到较为准确的结果。

7.4.2　外力功率

考虑到拟静力作用条件，外力功率分为重力功率和地震惯性力功率两个部分考虑。重力功率表示为：

$$W_g = \omega \int_{x_0}^{x_n} \gamma (y - y_1)(x_c - x)\,\mathrm{d}x \qquad (7-40)$$

地震惯性力功率又分为水平地震惯性力功率和竖向地震惯性力功率，分别表示为：

$$W_{kh} = k_h \omega \int_{x_0}^{x_n} \gamma (y - y_1)(y_c - y)\,\mathrm{d}x \qquad (7-41)$$

$$W_{kv} = k_v \omega \int_{x_0}^{x_n} \gamma (y - y_1)(x_c - x)\,\mathrm{d}x \qquad (7-42)$$

式中：W_{kh} 和 W_{kv} 分别表示水平地震惯性力功率和竖向地震惯性力功率，k_h 和 k_v 分别为水平地震力系数和竖向地震力系数。注意，式(7-40)、式(7-41)以及式(7-42)中 y 和 y_1 实质上都是关于 x 的函数 $y(x)$ 与 $y_1(x)$。为与前面小节保持一致，这里简记为 y 和 y_1。总的外力功率 W_1 可以表示为：

$$W_1 = W_g + W_{kh} + W_{kv} \qquad (7-43)$$

由极限分析上限法原理可知，极限状态下外力功率等于内能耗散率。基于这个原理，可以对边坡的稳定性进行分析。

7.4.3　稳定系数上限分析

为了找到临界破坏面和相应的稳定系数，采用变分法分析确定破坏面后，本节需要对上节已得出的外力功率与内能耗散率进行分析。在上一节中采用龙格-库塔的数值计算方法确定了组成破坏面形状的一系列点。根据极限分析上限定理，外力功率之和与内能耗散率相等时达到极限状态，据此可以展开确定极限状态破坏面的分析。如图 7-4 所示，为便于分析，假定上坡角 α 为 0，即上坡面水平，位于 X 轴上。对于破坏面上每一个点 $X_i(x_i, y_i)$，都能在 X 轴上找到一点 X_L，使得 $X_L X_0 X_i$ 曲面上的总外力功率等于滑动破坏面 $X_0 X_i$ 上的内能耗散率。设 β 为边坡 $X_0 X_L X_i$ 对应的坡角，根据以上思路，计算分析过程如下。

$$\sum W_1 - \sum D - W_2 = 0 \qquad (7-44)$$

$$\sum W_1 = \sum W_g + \sum W_{kh} + \sum W_{kv} \qquad (7-45)$$

式中：$\sum W_1$、$\sum D$ 为 W_1 和 D 的数值计算结果（$\sum W_1$ 为区域 $X_0 X_i X_n'$ 的总的外力功率），与前面所表示的 W_1 和 D 进行区分，W_2 为三角形区域 $X_L X_i X_n'$ 的总的外力功率；X_n' 为龙格-库塔过程得到的末端点 X_n 在 X 轴的投影点。W_2 的表达式为

$$W_2 = \frac{\gamma}{2} y_i L \left(r_0 \cos\theta_0 - \frac{2}{3}x_n + \frac{1}{3}L - \frac{1}{3}x_i \right)(1 + k_v) + \frac{1}{2}k_h \gamma y_i L \left(r_0 \sin\theta_0 + \frac{1}{3}y_i \right) \qquad (7-46)$$

为尽可能简化下面的优化计算过程，在龙格-库塔过程中能够直接得出末端点 X_n 的横坐标与纵坐标，因此采用计算三角形区域 $X_L X_i X_n'$ 的总的外力功率的方法。

将式(7-46)整理得：

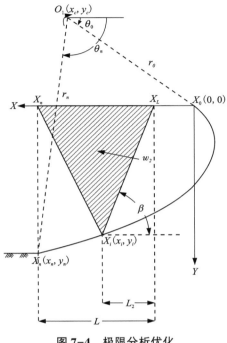

图 7-4　极限分析优化

$$(1+k_v)L^2+\left[(1+k_v)(3r_0\cos\theta_0-2x_n-x_i)+k_h(3r_0\cos\theta_0+y_i)\right]L-\frac{6W_2}{\gamma y_i}=0 \qquad (7-47)$$

式(7-47)可看做关于 L 的一元二次方程。通过式(7-44)和式(7-45)确定 W_2，通过式(7-47)求出 L。由图 7-4 所示的几何关系可得：

$$L_2=L-(x_n-x_i) \qquad (7-48)$$

对应坡角 β 为：

$$\tan\beta=\frac{y_i}{L_2} \qquad (7-49)$$

对应稳定系数可以计算得出：

$$N_s=y_i\frac{\gamma}{c} \qquad (7-50)$$

式中：y_i 为点 X_i 的纵坐标；γ 为岩体重度；c 为内聚力。

由上可知，给定初始条件之后，优化计算过程按如下步骤进行。

(1)给定所需要的输入参数，包括 r_0、θ_0 以及 $\Delta\theta$；

(2)根据式(7-7)以及式(7-36)，利用给出的 r_0 和 θ_0 值确定 σ_0；

(3)令 $\theta_{i+1}=\theta_i+\Delta\theta$，$i=0,1,2,\cdots,n-1$；

(4)对于每一个 θ_{i+1}，通过龙格-库塔数值计算方法算出相应的 r_{i+1} 以及 σ_{i+1}，并计算对应的 τ 值；

(5)重复步骤(3)与步骤(4)，直到剪应力 $\tau\leqslant0$ 的第一个值出现，停止计算，并记录末

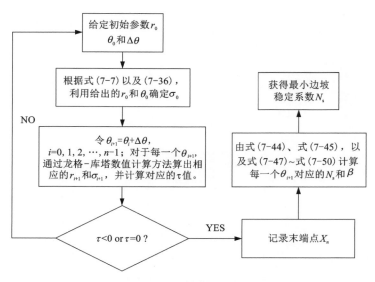

图 7-5　边坡稳定系数优化流程

端点 $X_n(x_n, y_n)$；

（6）对于每一个 θ_{i+1}，通过对式（7-44）和式（7-45）进行数值积分计算得到相应的 $\sum W_1$，$\sum D$，进而得出对应的 W_2，通过式（7-47）式（7-48）分别求出 L 和 L_2，最终由式（7-49）和式（7-50）分别得出相应的 β 与 N_s；

（7）取不同的初值 r_0 和 θ_0（$\Delta\theta$ 保持一致，保证精度一致），重复步骤（2）到步骤（6），计算出不同初值下对应的稳定系数 N_s，最终获得最小稳定系数。

7.5　计算结果分析

假定破坏面穿过坡趾，上面几节计算得到的结果在本节用于如下分析：（1）参数 σ_t/σ_c，A 和 B 分别对稳定系数 N_s 以及破坏面区域大小的影响；（2）参数 k_h 与 k_v 对稳定系数 N_s 的影响。

7.5.1　应力比 σ_t/σ_c 的影响

如图 7-6 所示，边坡角 β 的变化范围设定为 65°到 85°。σ_c 设置为常数（10 MPa），拉应力 σ_t 从 25 kPa 变化到 200 kPa。当边坡角 β 保持不变时，稳定系数 N_s 随着 σ_t 增加而减小。这意味着 σ_t/σ_c 增大，边坡趋于不安全。以 $\beta=75°$ 为例，σ_t 从 25 kPa 变化到 50 kPa 时，N_s 从 80.50 下降到 54.44，约下降 32.8%。由图 7-6 可看出，随着边坡角 β 的增大，稳定系数 N_s 减小，边坡趋于不稳定。

图 7-7（a）是 Fraldi 针对参数 σ_t/σ_c 对隧道拱顶塌落域的分析研究。图 7-7（b）是本章通过计算 σ_t/σ_c 对边坡破坏域得到的结果。通过对比可以发现，随着应力比 σ_t/σ_c 值的不

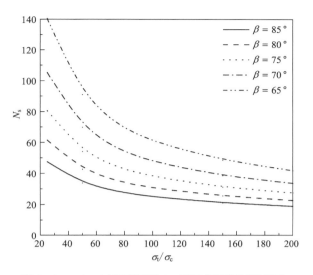

图 7-6　σ_t/σ_c 对稳定系数 N_s 及破坏面区域的影响

断增大,无论是隧道拱顶的塌落域还是边坡的破坏域都逐渐增大。Fraldi 采用的破坏准则同样是切应力形式下的 Hoek-Brown 破坏准则,理论基础为极限分析上限定理,本质上隧道拱顶的塌落域与边坡破坏域的变化规律相同。通过横向比较可以论证本章关于应力比 σ_t/σ_c 的计算分析结果是准确合理的。

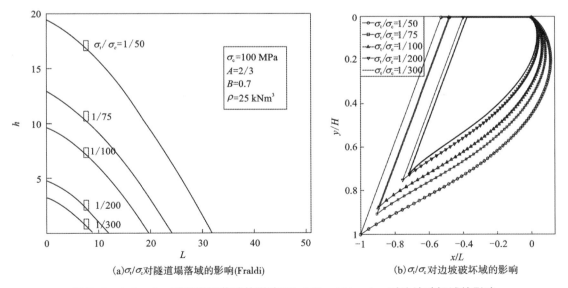

(a)σ_t/σ_c对隧道塌落域的影响(Fraldi)　　　(b)σ_t/σ_c对边坡破坏域的影响

图 7-7　(a)σ_t/σ_c 对隧道塌落域的影响(Fraldi); (b)σ_t/σ_c 对边坡破坏域的影响

7.5.2 无量纲参数 A 的影响

如图 7-8 所示,边坡角 β 的变化范围同上。随着无量纲参数 A 的增加,稳定系数 N_s 也逐渐增大。以 $\beta = 75°$ 为例,当 A 从 0.15 增大至 0.35 时,N_s 从 8 增大至 15.57,表明 A 的增大有利于边坡的稳定性。A 对于破坏面区域的影响如图 7-9 所示。随着参数 A 的增大,隧道拱顶的塌落域逐渐增大,边坡的破坏区域也越来越大。因此在其他条件保持一致的情况下,本章计算的参数 A 对边坡破坏域的规律也与 A 对隧道拱顶塌落域的影响相同,是准确合理的。

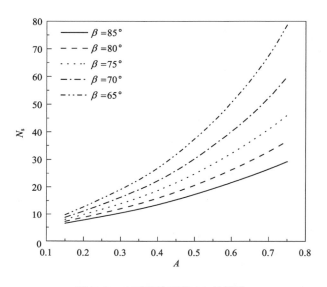

图 7-8 A 对稳定系数 N_s 的影响

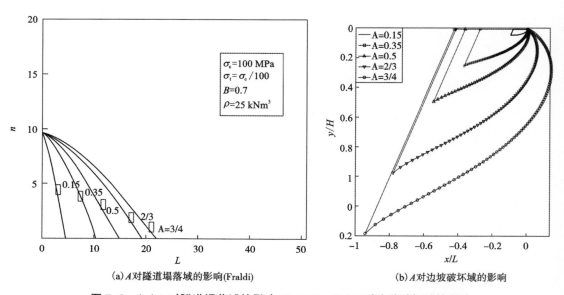

(a) A 对隧道塌落域的影响(Fraldi)　　(b) A 对边坡破坏域的影响

图 7-9 (a) A 对隧道塌落域的影响(Fraldi);(b) A 对边坡破坏域的影响

7.5.3 无量纲参数 B 的影响

图 7-10 和图 7-11 分别体现出无量纲参数 B 对于稳定系数 N_s 以及破坏面区域的影响。在图 7-10 中，在边坡角为某一确定值的情况下，稳定系数随着 B 的增大而近似线性递减。以 $\beta = 75°$ 为例，在 $B = 0.7$ 时，N_s 约为 37.6；当 $B = 0.8$ 时，N_s 约为 29.0，下降了约 22.9%。

在图 7-11(b) 中，参数 B 对于边坡破坏域的影响规律与 A 相反。即随着 B 的增大，边坡破坏域区域逐渐减小。图 7-11(a) 是 Fraldi 计算得到的参数 B 对于隧道拱顶塌落域的影响结果图，可以看出，隧道拱顶的塌落域随着参数 B 的增大同样逐渐减小。通过横向对比，本章与

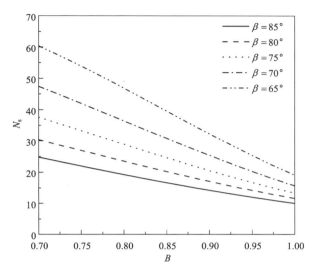

图 7-10 B 对稳定系数 N_s 的影响

Fraldi 同样在服从 Hoek-Brown 破坏准则的条件下采用极限分析上限定理进行计算，得到的影响规律相同，再一次论证了本章计算推导过程的合理性。

以上关于参数 σ_t/σ_c、A 和 B 对于破坏区域的影响，在 Fraldi 和 Guarracino 对于隧道拱顶塌落的研究一文中也有类似出现。因此本章通过对比其对隧道塌落面的分析研究，以及得出相同规律这一过程，从侧面论证了本节所得结论的可靠性。

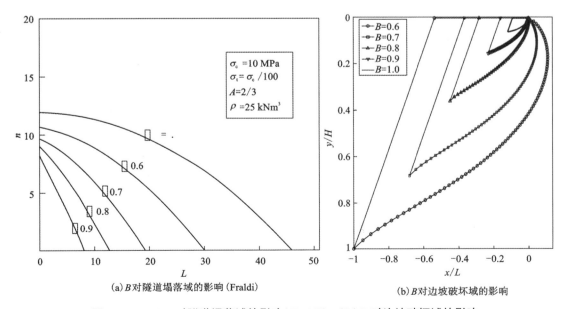

(a) B 对隧道塌落域的影响(Fraldi)   (b) B 对边坡破坏域的影响

图 7-11 (a) B 对隧道塌落域的影响(Fraldi)；(b) B 对边坡破坏域的影响

7.5.4　水平地震力系数 k_h 的影响

水平地震力系数 k_h 在不同边坡角条件下对稳定系数 N_s 的影响如图 7-12 所示。本节所取 k_h 的变化范围为 0 到 0.1。从图中可以看出，将边坡角 β 固定为某一个值时，稳定系数 N_s 随着水平地震力系数 k_h 的增大而递减。以 $\beta = 75°$ 为例，当 $k_h = 0$ 时，$N_s = 37.72$；当 $k_h = 0.06$ 时，$N_s = 32.84$，下降了约 12.94%。由此可以得出水平地震力系数 k_h 对边坡的稳定性会产生不利的影响，k_h 越大，边坡趋于不稳定。

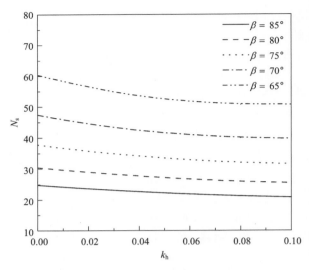

图 7-12　k_h 对稳定系数 N_s 的影响

7.5.5　竖向地震力系数 k_v 的影响

如图 7-13 所示，可以很明显地看出，在相同条件下，竖向地震力系数 k_v 对于稳定系数 N_s 的影响规律与水平地震力系数 k_h 几乎相同，但 k_v 的影响程度却不及 k_h。随着竖向地震力系数 k_v 的增大，在其他条件保持不变的情况下，稳定系数 N_s 近似于线性递减。以边坡角 $\beta = 75°$ 为例，令竖向地震力系数 k_v 从 0 增大到 0.04，则稳定系数 N_s 从 37.72 减少到 35.65，仅减少了约 5.5%。因此可以得出如下结论：竖向地震力系数 k_v 同样会对边坡稳定性产生不利影响；与水平地震力系数相比较，竖向地震力系数 k_v 的影响程度没有水平地震力系数 k_h 大。

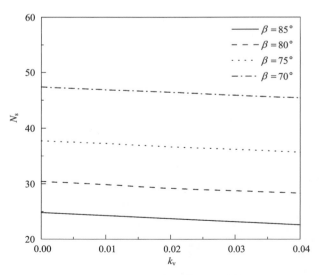

图 7-13　k_v 对稳定系数 N_s 的影响

通常地震力对于边坡的影响是不利影响，地震力的存在会使得边坡趋于更不安全的情况。本节对于地震力对边坡稳定系数影响的分析与地震力的常识性原理相符，由此可以说明本节所得出的关于水平地震力系数 k_h 和竖向地震力系数 k_v 的结论是具备一定合理性的。

7.6 本章小结

变分法是一种通过对泛函求极值得到最速曲线的数学方法，由于最速曲线在边坡中对应边坡的滑动破坏面，因此变分法也成为较为常见的应用于边坡滑动破坏面的分析方法。目前已有学者在无地震力情况下采用较为简单的非线性破坏准则对边坡进行变分法的分析，但对于地震作用下的边坡变分法推导滑动面解析式的研究较少。

本章所做的工作在于引入地震力这种更为复杂的因素，并考虑适用于岩质边坡的更繁杂的 Hoek-Brown 破坏准则，重新进行变分法分析和公式推导。最终得出加入地震力系数的与破坏面形状相关的微分方程组，并在给定初始条件的情况下运用龙格-库塔数值计算方法算出破坏面形状。通过对破坏面运用极限分析的上限定理，最终得出极限状态下的稳定系数。与已有研究相比，Hoek-Brown 破坏准则拓宽了边坡的适用范围，考虑了地震力后的边坡滑动面解析式随着地震力系数的变化会产生相应的变化，更加符合实际地震边坡的滑移方式。

本章计算结果讨论了 Hoek-Brown 准则的相关参数以及地震力系数对于稳定系数和破坏面区域的影响。得出结论如下：

（1）地震力系数、应力比以及无量纲参数 B 的增大对边坡稳定性不利，无量纲参数 A 的增大对边坡稳定性有利。

（2）应力比以及无量纲参数 A 增大，边坡破坏域增大；无量纲参数 B 增大，边坡破坏域减小。将边坡破坏区域的影响结论与采用 Hoek-Brown 准则分析隧道拱顶塌落域的已有相关研究进行对比，对比结果显示各参数的影响规律均一致，从侧面论证了本章理论分析的可行性。

第8章

二级边坡拟动力稳定性分析

随着越来越多的复杂工程的出现，越来越多的高边坡项目成为当下工程师不得不解决的问题。由于高边坡采用单级处理会导致边坡风险系数和施工难度提高，因此分级处理的多级边坡成为目前各高边坡工程的主流。二级边坡作为多级边坡的基础，其分析的意义与重要性也逐渐体现出来。本章以二级边坡为研究对象，考虑拟动力法作用，从均质各向同性与非均质各向异性两个角度考虑土体材料强度并进行分析。

8.1　拟动力法简介

上一章在分析单级边坡稳定性时采用的是拟静力法。拟静力法是一种较为简单的将地震力假定为一种恒定的、不随时间和空间变化的仅与地震力系数相关的惯性力。由于其计算出的结果相对保守，在各种抗震相关的规范设计中能经常见到，其表达式的便捷性也有助于推导各种解析表达式。但也正是由于其过于保守，计算出的精度相对不足。实际上，频率、振幅以及时间均是地震破坏性能的重要描述参数。为了弥补拟静力法的精度不足问题，并且能尽可能与实际地震波的情况相符，一种更为合适的方法来描述地震波的动力特性是必不可少的。从理论上定性分析，地震波实质上是波的叠加，其波形并不具备明显的特征和规律，直接分析求出其解析式是十分困难的。拟动力法利用傅里叶变换，将叠加波进行分解，简化其复杂程度，便于进行更加深入的分析。地震在传播过程中有两种传播方式，即体波和面波。本章只考虑体波，其中体波又分为剪切波和压缩波。其波速与传播介质相关，表示如下：

$$V_s = \sqrt{G/\rho} \tag{8-1}$$

$$V_p = \sqrt{2G(1-\nu)/[\rho(1-2\nu)]} \tag{8-2}$$

式中：G、ρ 和 ν 分别为岩土材料的剪切模量、岩土密度和泊松比。

式(8-1)和(8-2)中并没有体现出时间这一变量，而地震波不仅与空间位置相关，还与时间相关。因此需要对上式考虑时间变量加以细化。考虑到地震加速度关于时间的变化都是周期性的，而周期函数中，三角函数最为常见，使用较为简单。同时傅里叶变换的基本表达式也是正弦三角函数的叠加。因此本章采用正弦函数来表示水平地震加速度和竖向地震加速度，并引入放大系数 f_s 描述地震加速度在岩土体中的放大效应。为了下文便于分析，这里提前取深度 z 为任意时刻坐标，H 为二级边坡的总高度。对 z 坐标处的水平地震

加速度和竖向地震加速度可以表示为

$$\alpha_h = \left(1+(f_s-1)\Delta\frac{H-z}{H}\right)\Delta k_h g\sin\left(2\pi\left(\frac{t}{T}-\frac{H-z}{\lambda_s}\right)\right) \tag{8-3}$$

$$\alpha_v = \left(1+(f_s-1)\Delta\frac{H-z}{H}\right)\Delta k_v g\sin\left(2\pi\left(\frac{t}{T}-\frac{H-z}{\lambda_p}\right)\right) \tag{8-4}$$

式中：f_s 为放大系数；k_h 和 k_v 分别表示水平地震力系数和竖直地震力系数；T 为地震波的周期；t 为时间自变量；λ_s 和 λ_p 分别表示横波和纵波的波长。

根据波长的定义，λ_s 和 λ_p 又可以分别写作：

$$\lambda_s = V_s\Delta T \tag{8-5}$$

$$\lambda_p = V_p\Delta T \tag{8-6}$$

8.2　土体材料的非均质性与各向异性

无论是在边坡工程还是其他岩土工程问题中，岩土体材料的强度是分析工程建筑物相关问题的重要指标。在许多研究中，学者专家都假定材料为均质且各向同性。这种假定大大简化了分析问题的过程和逻辑推导过程。岩土体本身材料构成十分复杂，仅仅用均质和各向同性来描述岩土体材料特性会与实际情况产生较大的差异，导致岩土体在承受各种荷载及外界因素时不能很好地反映出与实际相符的相关特征。基于上述问题的产生，越来越多非均质土与各向异性土的相关问题研究成为热点。下面对土体材料的非均质性与各向异性作出相关介绍。

8.2.1　土体材料的非均质性

常见的描述土体材料的强度指标为内聚力和内摩擦角。如图 8-1 所示，土体内聚力随深度的变化特征从左到右依次为常量、线性增加与阶梯型增加。内聚力随深度不变表征的是均质土的特性，而线性增加与阶梯型增加为非均质土内聚力常用的两种假设。线性增加相较于阶梯型增加更能够推导出较好的目标量解析解，计算难度相对较低。总体上而言，两种非均质土内聚力假设模型与均质土相比都更加符合实际边坡工程的情况。但阶梯型增加更符合土体分层十分明显的边坡，与实际工程中的分层土地基情况更加吻合。但由于阶梯型表达式过于复杂，理论推导往往较难得到具有代表性的解析表达式与内摩擦角的非均质性模型与内聚力类似。在大多数非均质理论研究中，线性增加已经能够很好地反映非均质土的一般性。本章采用线性增加的模型对土体的非均质性进行分析和推导。

8.2.1.1　土体内聚力的非均质性

对于内聚力沿深度方向线性增加的土体，以边坡滑动面为研究对象，假设边坡坡顶内聚力为 c。对于滑动破坏面上埋深为 Δz 的任意一点，其内聚力表达式为：

$$c_z = c+p_1\Delta z \tag{8-7}$$

式中：c_z 为埋深 Δz 的土体水平方向内聚力；p_1 为内聚力系数，当 $p_1=0$ 时，边坡土体的黏聚力不随深度发生变化，即与均质土体黏聚力所表现出的规律相一致。

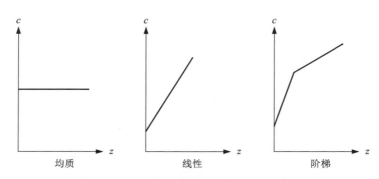

图 8-1　黏聚力随深度变化(均质与非均质)

8.2.1.2　土体内摩擦角的非均质性

由于非均质土体内摩擦角的变化特征与黏聚力相似,因此同样采用线性增加的假设模型。假设边坡坡顶内摩擦角为 φ,对于滑动破坏面上埋深为 Δz 的任意一点,内摩擦角表达式为:

$$\varphi_z = \varphi + p_2 \Delta z \tag{8-8}$$

式中: φ_z 表示埋深为 Δz 的土体水平方向黏聚力; p_2 为内摩擦角系数,当 $p_2 = 0$ 时,边坡内摩擦角与均质土体内摩擦角一致。

在土体黏聚力与内摩擦角的非均质表达式均已得出后,下面针对土体材料的各向异性进行分析介绍。

8.2.2　土体材料的各向异性

在实际边坡工程中,对土体抗剪强度的两个指标(黏聚力与内摩擦角)而言,均存在着各向异性。许多学者研究发现,土体黏聚力相较于内摩擦角对于各向异性的表征更为明显。因此许多专家在进行黏聚力与内摩擦角的各向异性研究时,通常会忽略内摩擦角的各向异性。以便更好地得出相关结论。为简化计算过程,本章同样忽略内摩擦角的各向异性,重点分析土体黏聚力的各向异性。

通过 Casagrande 和 Carillo 的研究可知,黏聚力的各向异性与破坏面的方向有关。各向同性材料与各向异性材料的黏聚力,如图 8-2 所示, c_ζ 表示各向异性材料黏聚力。LO 在研究中发现水平方向的黏聚力 c_h 与竖直方向 c_v 的黏聚力之比为一常数,因此这里将水平方向的黏聚力 c_h 与竖直方向 c_v 的黏聚力之比用参数 k_1 表示,表达式如下:

$$k_1 = c_h / c_v \tag{8-9}$$

根据图 8-2 的模型,求出各向异性材料黏聚力 c_ζ 的关键在于找到 ζ 角的几何关系以及确定 ζ 角的几何意义。由图 8-3 可知, ζ 表示最大主应力方向与竖直方向的夹角。利用几何关系,可以求出任意各向异性材料的土体黏聚力如下:

$$c_\zeta = c_h + (c_v - c_h) \cos^2 \zeta \tag{8-10}$$

考虑式(8-9)中的 k_1 为一常数,将式(8-9)代入式(8-10)化简可得:

$$c_\zeta = c_h \left(1 + \frac{1-k_1}{k_1} \cos^2\zeta \right) \tag{8-11}$$

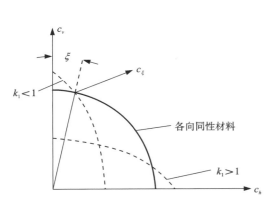

图 8-2　黏聚力各向异性关系

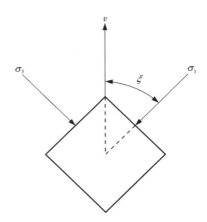

图 8-3　各向异性黏聚力与主应力关系

当常数 k_1 给定后，通过式（8-11）可以求解出各向异性材料的土体黏聚力 c_ζ，进而对各向异性的土体材料作进一步分析。

8.2　基于二级边坡的破坏机构

随着边坡工程的不断发展，尤其是高边坡工程案例的不断增多，直接采用单级边坡进行分析处理已经不能满足工程上的需求。实际工程中对于高边坡的处理通常是将边坡分为多级，因此，对多级边坡的稳定性分析的重要性也在日益增长。多级边坡相较单级边坡复杂程度明显提升，二级边坡作为多级边坡的基础模型，也受到众多学者的关注和研究。目前，大多数关于二级边坡受地震作用的稳定性分析都是采用拟静力法进行分析。拟静力法较为直观简单，也便于得出理想的解析表达式，但精度上有所欠缺。因此本章采用较为复杂的拟动力法对二级边坡进行处理，并对其稳定性进行合理分析。

与单级边坡的破坏机构不同，二级边坡的破坏机构更为复杂。为了便于分析，假定边坡土体服从相关联流动法则和莫尔-库伦破坏准则。基本的二级边坡破坏机构如图 8-4 所示，折线 $ABCD$ 构成二级边坡的边缘，滑动破坏面 AD 遵循对数螺旋破坏，并假定滑动破坏面通过坡趾；角 φ 定义为许可运动场 $\upsilon(\theta)$ 与滑动破坏面切线的夹角；边坡的总高度为 H，第一级边坡高度为 H_1；土体自重为 G，G_h 和 G_v 分别为土体受到的水平地震力与竖向地震力；第一级边坡的坡角为 β_1，第二级边坡的坡角为 β_2；O 为区域 $ABCDA$ 的旋转中心，旋转角速度记为 ω；V_s 和 V_p 分别表示地震横波与地震纵波的波速。为了便于后面的计算分析和表达，图 8-4 将旋转中心至坡顶点 A 与坡趾 D 的距离分别记为 r_0 和 r_h，对应的旋转角分别为 θ_0 和 θ_h，AB 的长度记为 L。根据极限分析与土体塑性中的相关结论，对数螺旋破坏面 AD 可以表示为：

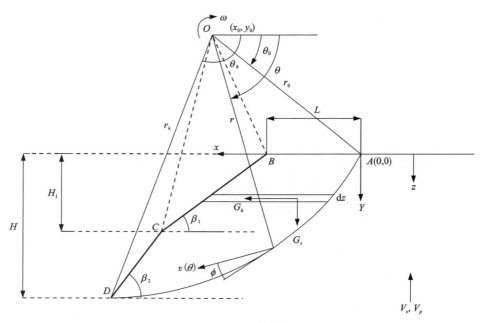

图8-4　二级边坡破坏机构

$$r(\theta) = r_0 e^{(\theta - \theta_0)\tan\varphi} \tag{8-12}$$

8.3　二级边坡的拟动力分析

上一节介绍了二级边坡的破坏结构，并给出了二级边坡相关的各项参数。基于这些，下面对拟动力作用下二级边坡的能耗进行具体计算。能耗的计算主要包括四个部分：土体重力功率、内能耗散率计算以及地震惯性力功率。

8.3.1　各向同性均质土体重力功率及内能耗散率计算

上文假定了二级边坡的破坏面服从对数螺旋破坏，在对数螺旋破坏情况下，二级边坡的土体重力功率计算与单级边坡的计算方法类似。由极限分析与土体塑性中的分析方法可知，土体重力功率依然采用整体功率减去局部功率这样的计算方法。如图8-4所示，土重功率 W_γ 表示为整体区域 OAD 的总功率依次减去三角形区域 OAB、OBC 以及 OCD 的功率，具体表达式为：

$$W_\gamma = \gamma \omega r_0^3 (f_1 - f_2 - f_3 - f_4) \tag{8-13}$$

式中：f_1、f_2、f_3 以及 f_4 分别表示与区域 OAD、OAB、OBC 以及 OCD 的功率相关的表达式，即 $W_{OAD} = \gamma \omega r_0^3 f_1$，$W_{OAB} = \gamma \omega r_0^3 f_2$，$W_{OBC} = \gamma \omega r_0^3 f_3$，$W_{OCD} = \gamma \omega r_0^3 f_4$。

根据图8-4中的几个关系，f_1、f_2、f_3 以及 f_4 分别表示为：

$$f_1 = \frac{1}{3(1+9\tan^2\varphi)} \left[(3\tan\varphi\cos\theta_h + \sin\theta_h) \cdot e^{3(\theta_h-\theta_0)\tan\varphi} - (3\tan\varphi\cos\theta_0 + \sin\theta_0) \right] \tag{8-14}$$

$$f_2 = \frac{1}{6}\frac{L}{r_0}\sin\theta_0\left(2\cos\theta_0 - \frac{L}{r_0}\right) \tag{8-15}$$

$$f_3 = \frac{\alpha}{3}\frac{H}{r_0}\left(\cos^2\theta_0 + \frac{L}{r_0}\left(\frac{L}{r_0} - 2\cos\theta_0\right) + \sin\theta_0\beta_1\cdot\left(\cos\theta_0 - \frac{L}{r_0}\right) - \right.$$
$$\left. \frac{\alpha}{2}\frac{H}{r_0}\cot\beta_1\cdot\left(\cos\theta_0 - \frac{L}{r_0} + \sin\theta_0\cot\beta_1\right)\right) \tag{8-16}$$

$$f_4 = \frac{1-\alpha}{3}\frac{H}{r_0}(\,\mathrm{e}^{2(\theta_h-\theta_0)\tan\varphi}(\,\cos^2\theta_h + \sin\theta_h\cos\theta_h\cot\beta_2) + $$
$$\mathrm{e}^{(\theta_h-\theta_0)\tan\varphi}\left(\frac{1-\alpha}{2}\frac{H}{r_0}\cos\theta_h\cot\beta_2 + \frac{1-\alpha}{2}\frac{H}{r_0}\sin\theta_h\cos^2\beta_2\right) + \frac{1-\alpha}{2}\frac{H}{r_0}\sin\theta_h\cos^2\beta_2) \tag{8-17}$$

式中：$\alpha = \dfrac{H_1}{H}$ 为深度系数。

通过进一步几何关系计算可以发现，H，r_0 和 L 之间的关系可以由以下表达式表示：

$$\frac{H}{r_0} = \mathrm{e}^{(\theta_h-\theta_0)\tan\varphi}\sin\theta_h - \sin\theta_0 \tag{8-18}$$

$$\frac{L}{r_0} = \cos\theta_0 - \cos\theta_h\,\mathrm{e}^{(\theta_h-\theta_0)\tan\varphi} - \frac{H}{r_0}(\,\alpha\cot\beta_1 + (1-\alpha)\cot\beta_2) \tag{8-19}$$

均质各向同性条件下滑动破坏面 AD 上的内能耗散率可以表示为：

$$D = \frac{c\omega r_0^2}{2\tan\varphi}(\,\mathrm{e}^{2(\theta_h-\theta_0)\tan\varphi} - 1) \tag{8-20}$$

式中：c 表示土体的黏聚力。

从式(8-14)~式(8-17)可以看出，与极限分析与土体塑性中的单级边坡破坏机构不同，由于二级边坡存在不同的坡角，边坡的边缘面也并不是像单级边坡一样光滑单一。二级边坡的两个坡角 β_1 和 β_2 均决定着重力功率的大小，因此土体重力功率的计算变得更为复杂。

8.3.2　地震惯性力功率计算

在本章的开头已有过较为简短的介绍，地震加速度随时间和空间位置的变化而不断变化。本节针对这一特点，对拟动力作用下的地震力惯性功率进行详细分析和计算。

以图 8-4 作为计算模型进行分析。图中 z 所指方向为深度方向(相当于 XOY 坐标中与 Y 平行的方向，这里加以区分)。根据第一节中对于地震加速度的介绍，二级边坡的水平地震加速度 α_h 与竖向地震加速度 α_v 可由式(8-3)和式(8-4)表示。根据牛顿第二定律，力等于质量与质心加速度的乘积。因此本节的关键在于建立与 α_h 和 α_v 相对应的土体质量函数关系，二级边坡由于各级边坡形函数不同，须分情况进行考虑。采用微元的思路，取单位厚度为 $\mathrm{d}z$，对于任意深度 z，质量函数 $m(z)$ 具体表达式为：

$$m(z) = \begin{cases} \dfrac{\gamma}{g}(L - (x_0 - r\cos\theta) + z\cot\beta_1)\mathrm{d}z, & 0\leqslant z\leqslant H_1 \\[2mm] \dfrac{\gamma}{g}(L + H_1\cot\beta_1 - (x_0 - r\cos\theta) + (z - H_1)\cot\beta_2)\mathrm{d}z, & H_1 < z\leqslant H \end{cases} \tag{8-21}$$

$$x_0 = r_0\cos\theta_0 \tag{8-22}$$

式中：g 为重力加速度；θ 和 r 为滑动破坏面上某一点的旋转角和旋转半径。

水平地震力和竖向地震力可由式(8-23)和式(8-24)得到。即

$$G_h(t) = \begin{cases} \int_0^{H_1} \dfrac{\gamma}{g}(L-(x_0-r\cos\theta)+z\cot\beta_1)\alpha_h\,dz, \ 0 \leqslant z \leqslant H_1 \\ \int_0^{H_1} \dfrac{\gamma}{g}(L-(x_0-r\cos\theta)+z\cot\beta_1)\alpha_h\,dz+ \\ \int_{H_1}^{H} \dfrac{\gamma}{g}(L+H_1\cot\beta_1-(x_0-r\cos\theta)+(z-H_1)\cot\beta_2)\alpha_h\,dz, \ H_1<z\leqslant H \end{cases} \tag{8-23}$$

由式(8-23)和式(8-24)可以看出，水平地震力 $G_h(t)$ 和竖向地震力 $G_v(t)$ 的计算思路是将土体分割成水平微元(图8-4中的水平条 dz)。对任意微元找到其单位地震力的几何表达式，可沿深度方向进行积分得到。即

$$G_v(t) = \begin{cases} \int_0^{H_1} \dfrac{\gamma}{g}(L-(x_0-r\cos\theta)+z\cot\beta_1)\alpha_v\,dz, \ 0\leqslant z\leqslant H_1 \\ \int_0^{H_1} \dfrac{\gamma}{g}(L-(x_0-r\cos\theta)+z\cot\beta_1)\alpha_v\,dz+ \\ \int_{H_1}^{H} \dfrac{\gamma}{g}(L+H_1\cot\beta_1-(x_0-r\cos\theta)+(z-H_1)\cot\beta_2)\alpha_v\,dz, \ H_1<z\leqslant H \end{cases} \tag{8-24}$$

根据功率等于力与速度的乘积，假定每一个微元的速度方向为该微元的质心速度方向，当分割数量足够多的时候，水平微元可近似看作矩形条，因此质心位于水平微元的中心位置。定义土体微元的速度沿深度 z 方向的函数为 $v(z)$，其水平分量 $v_h(z)$ 和竖向分量 $v_v(z)$ 可以表示为：

$$v_h(z) = \omega(r_0\sin\theta_0+z), \ 0\leqslant z\leqslant H \tag{8-25}$$

$$v_v(z) = \begin{cases} \omega\left(r\cos\theta-\dfrac{1}{2}\left(\dfrac{z}{\tan\beta_1}+L-r_0\cos\theta_0+r\cos\theta\right)\right), \ 0\leqslant z\leqslant H_1 \\ \omega\left(r\cos\theta-\dfrac{1}{2}\left(\dfrac{z-H_1}{\tan\beta_2}+L-r_0\cos\theta_0+r\cos\theta\right)\right), \ H_1<z\leqslant H \end{cases} \tag{8-26}$$

从式(8-25)和式(8-26)可以看出，速度的水平分量沿深度方向的表达式 $v_h(z)$ 不受边坡级数的影响，竖向分量 $v_v(z)$ 则受各级边坡角的影响。为了便于将总体表达式写出，式(8-25)与式(8-26)可以简写为：

$$v_h(z) = v_1(z), \ 0\leqslant z\leqslant H \tag{8-27}$$

$$v_v(z) = \begin{cases} v_2(z), \ 0\leqslant z\leqslant H_1 \\ v_3(z), \ H_1<z\leqslant H \end{cases} \tag{8-28}$$

因此，水平地震惯性力功率 W_{kh} 和竖向地震惯性力功率 W_{kv} 可以表示为：

$$W_{kh} = G_h(t)v_h(z) \tag{8-29}$$

$$W_{kv} = G_v(t)v_v(z) \tag{8-30}$$

注意，$v_h(z)$ 和 $v_v(z)$ 都是关于深度 z 的函数，$G_h(t)$ 和 $G_v(t)$ 是关于水平微元 dz 的积分式。因此在计算过程中须将 $v_h(z)$ 和 $v_v(z)$ 当作被积函数放入积分号内进行计算。观察式(8-23)~式(8-26)可以发现，最终待求的水平地震惯性力功率 W_{kh} 和竖向地震惯性力功率 W_{kv} 中包含三个变量 r、θ 和 z，需要建立这三个变量之间的几何关系，化多变量为单一变量进行计算。r 和 θ 的几何关系已由式(8-12)给出，z 与 θ 的几何关系可以表示为：

$$z(\theta) = r_0 \left(e^{(\theta-\theta_0)\tan\varphi} \sin\theta_h - \sin\theta_0 \right) \tag{8-31}$$

对式(8-31)两边取微分得:

$$dz = r_0 e^{(\theta-\theta_0)\tan\varphi} \sin\theta_h \tan\varphi d\theta \tag{8-32}$$

即

$$dz = r(\theta) \sin\theta_h \tan\varphi d\theta \tag{8-33}$$

式(8-12)和式(8-33)将 r，θ 和 z 三个变量均用 θ 表示，沿深度方向的微元 dz 也转化为转角微元 $d\theta$，则水平地震惯性力功率 W_{kh} 和竖向地震惯性力功率 W_{kv} 可以进一步表示为:

$$W_{kh} = G_h(\theta, t) v_h(\theta) \tag{8-34}$$

$$W_{kv} = G_v(\theta, t) v_v(\theta) \tag{8-35}$$

式中：$v_h(\theta)$ 和 $v_v(\theta)$ 分别为速度的水平分量和竖向分量对转角 θ 的函数。

综合公式(8-21)~式(8-35)，可以得到具体的拟动力法作用下地震惯性力功率的表达式如下:

$$W_{kh} = \begin{cases} \int_0^{H_1} \dfrac{\gamma}{g}(L-(x_0-r\cos\theta)+z\cot\beta_1)\alpha_h v_1 r\sin\theta_h\tan\varphi d\theta, \ 0 \leqslant z \leqslant H_1 \\[3mm] \int_0^{H_1} \dfrac{\gamma}{g}(L-(x_0-r\cos\theta)+z\cot\beta_1)\alpha_h v_1 r\sin\theta_h\tan\varphi d\theta+ \\[3mm] \qquad \int_{H_1}^{H} \dfrac{\gamma}{g}(L+H_1\cot\beta_1-(x_0-r\cos\theta)+(z-H_1)\cot\beta_2)\alpha_h v_1 r\sin\theta_h\tan\varphi d\theta, \ H_1 < z \leqslant H \end{cases} \tag{8-36}$$

$$W_{kv} = \begin{cases} \int_0^{H_1} \dfrac{\gamma}{g}(L-(x_0-r\cos\theta)+z\cot\beta_1)\alpha_v v_2 r\sin\theta_h\tan\varphi d\theta, \ 0 \leqslant z \leqslant H_1 \\[3mm] \int_0^{H_1} \dfrac{\gamma}{g}(L-(x_0-r\cos\theta)+z\cot\beta_1)\alpha_v v_3 r\sin\theta_h\tan\varphi d\theta+ \\[3mm] \qquad \int_{H_1}^{H} \dfrac{\gamma}{g}(L+H_1\cot\beta_1-(x_0-r\cos\theta)+(z-H_1)\cot\beta_2)\alpha_v v_3 r\sin\theta_h\tan\varphi d\theta, \ H_1 < z \leqslant H \end{cases} \tag{8-37}$$

式(8-34)和式(8-35)是用于最终进行优化计算的地震惯性力功率的解析表达式。由于拟动力及二级边坡的复杂性，式(8-34)和式(8-35)无法进一步化简为求解积分之后的表达式，需要采用数值积分的叠加思想进行求解。即对于每一个很小的 $\Delta\theta_i$，都有:

$$W_{kh} = \sum_i G_h(\Delta\theta_i, t) v_h(\Delta\theta_i) \tag{8-38}$$

$$W_{kv} = \sum_i G_v(\Delta\theta_i, t) v_v(\Delta\theta_i) \tag{8-39}$$

由极限分析上限定理可知，外力功率等于内能耗散，而外力功率又等于重力功率与地震惯性力功率之和，因此可以建立能耗平衡方程为:

$$D = W_\gamma + W_{kh} + W_{kv} \tag{8-40}$$

为了便于下文的对比分析，这里定义边坡的稳定系数为:

$$N_s = \frac{\gamma H}{c} \tag{8-41}$$

式中：γ 为坡体重度；c 为坡体黏聚力。

在拟动力法作用下，二级边坡的极限分析能耗平衡方程计算变得更为复杂。注意，在计算地震惯性力功率时，解析表达式中是以转角 θ 为自变量，理论上计算过程完成后在外力功率的表达式仍留有周期这一参变量。根据极限分析的思想，最终要找到边坡的临界破坏状态，求得外力功率的最大值以保证无限接近边坡的内能耗散。因此，在数值计算过程中，可以优先求取地震惯性力功率的最大值，然后优化初始变量，找到外力功率等于内能耗散的极限破坏状态。根据上述思路，优化分析过程如下。

（1）给定待优化变量 r_0，θ_0 和 θ_h 的初始值，并给出其他参数值；

（2）根据地震惯性力功率表达式，给定一个地震波的变化周期；

（3）对于每一个 r_0，θ_0 和 θ_h，求出地震惯性力功率在一个周期内变化的最大值，并记录下每一组 r_0，θ_0 和 θ_h 以及其对应的地震惯性力功率最大值；

（4）计算 r_0，θ_0 和 θ_h 对应的重功率与内能耗散；

（5）变化 r_0，θ_0 和 θ_h，求出外力功率与内能耗散相等情况下的边坡临界高度；

（6）获得极限状态下的边坡稳定系数。

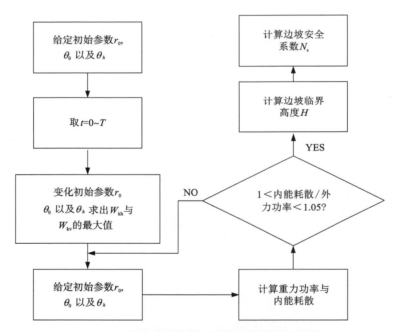

图 8-5 拟动力法计算边坡稳定系数优化流程

8.3.3 各向异性非均质材料计算分析

由前面对各向异性非均质土体材料的介绍中可以得知，无论是非均质还是各向异性，都属于土体材料反映出的特征。由极限分析上限定理可知，这些土体材料特征与土体承受外力做功功率无关，仅影响土体自身的内能耗散。因此，针对二级非均质各向异性边坡，重力功率与地震惯性力功率的分析推导过程与前面一致，这里不再赘述。

对于非均质各向异性边坡的内能耗散而言，由于黏聚力与内摩擦角随深度的变化而不断改变，因此无法按照式(8-20)对内能耗散进行计算分析。根据 Chen 的研究结论，滑动破坏面的内能耗散等于微元面积、黏聚力以及切向间断速度三者连乘积沿整个滑动破坏面的积分。采用本章水平微元的思想，非均质各向异性边坡的内能耗散表达式采用叠加的形式表示如下：

$$D_1 = \sum c_\zeta l\omega r\cos \varphi_z \tag{8-42}$$

式中：l 表示微元曲面的弧长。

取微元变量为 $\Delta\theta$，则式(8-42)可以进一步化简如下：

$$D_1 = \sum c_\zeta r^2 \Delta\theta\omega\cos \varphi_z \tag{8-43}$$

其中，c_ζ 可由式(8-7)、式(8-9)与式(8-11)联立计算得到，φ_z 可由式(8-8)计算得出。有极限分析上限定理可知，非均质各向异性边坡的内能耗散等于外力做功总功率，即

$$D_1 = W_\gamma + W_{kh} + W_{kv} \tag{8-44}$$

稳定系数表达式同式(8-41)。

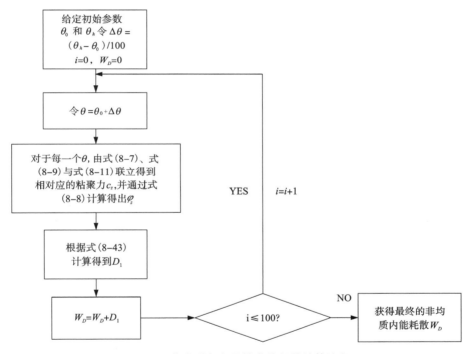

图 8-6　非均质各向异性内能耗散计算流程

由于非均质各向异性边坡的内能耗散计算方法与均质各向同性不同，计算过程更为复杂。大致的内能耗散计算步骤如下：(计算流程如图 8-6 所示)

(1)给定 θ_0 和 θ_h，取 $\Delta\theta = (\theta_h - \theta_0)/100$；

(2)令 $\theta = \theta_0 + i\Delta\theta$，其中 $i = 0, 1, 2, \cdots, 100$；

(3)对于每一个 θ，由式(8-7)、式(8-9)与式(8-11)联立得到相对应的黏聚力 c_ζ，并通过式(8-8)计算得出 φ_z；

(4)对每一个 θ，由公式(8-43)计算得到 D_1；

(5)重复步骤(1)~(4),将所有得到的 D_1 相加,得到最终的各向异性非均质内能耗散。

8.3.3　对比

由于二级边坡尤其是土体材料假定为非均质各向异性且受地震力作用的研究较少,这里令 $\beta_1 = \beta_2 = 30°$,并令水平与竖向地震波加速度的值分别等于拟静力法作用下的水平和竖向地震力系数与重力加速度的乘积;忽略地震波周期、放大系数及波速这些拟动力参数的影响,假定土体为均质各向同性的情况下进行计算分析并与已有文献计算结果进行对比。如图 8-2 可知,上曲线为蒋赣献采用拟静力法推导的二级边坡退化为单机边坡得到的稳定系数,下曲线为本章拟动力法简化后得到的结果。通过图像纵坐标数值的比较可以看出,整体的计算结果十分接近,能够论证本章理论方法的合理性。

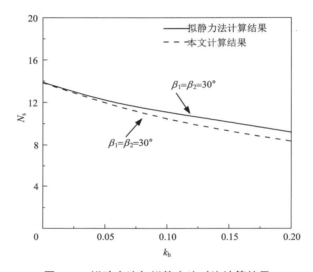

图 8-7　拟动力法与拟静力法对比计算结果

8.4　二级边坡稳定性的初步评估

为了便于后面在工程实际案例中对本章的理论部分进行应用,这里对边坡安全系数进行初步定义,并在仅考虑自重和地震动力作用的情况下对边坡的稳定性进行一个初步的理论分析。

由极限分析上限定理可知,在极限状态下内能耗散率等于外力功率之和。一般状态下,内能耗散率是要大于外力功率之和的。这里可以定义一个安全系数 F_s,F_s 的表达式如下:

$$F_s = \frac{\sum W_D}{\sum W_f} \tag{8-45}$$

式(8-37)采用内能耗散率与外力功率之和的比值表示安全系数,则 $F_s \geqslant 1$,F_s 越大,即表示边坡越稳定,取等条件为达到极限状态。为了便于下面对安全系数 F_s 的分析,这里给一些常量进行合理的赋值:

$L = 10 \text{ m}$，$H_1 = 6 \text{ m}$，$\gamma = 20 \text{ kN/m}^3$，$c = 15 \text{ kPa}$，$\beta_1 = 45°$，$\beta_2 = 60°$，$g = 9.8 \text{ m/s}^2$，$V_s = 150 \text{ m/s}$，$V_p = 1.87 V_s$，$f_s = 1.4$，$T = 0.2 \text{ s}$，$k_h = 0.2$。

计算结果如图 8-8 所示，横坐标是水平地震力系数 k_h，纵坐标为安全系数值。由图中数据可知，随着水平地震力系数的不断增大，安全系数不断减小。图中的三条结果图线从上向下依次为 $k_h = 0$、$k_h = 0.2 k_v$ 以及 $k_h = 0.5 k_v$ 三种情况，可以看出，在水平地震力系数 k_h 保持不变的条件下，随着竖向地震力系数的不断增大，边坡的安全系数整体都有较明显的下降；竖向地震力系数越大，边坡的安全系数下降得越快。拟动力法作用下的二级边坡受地震力的影响程度较大，该计算结果也为后面针对实际工程案例的理论计算分析提供了思路。

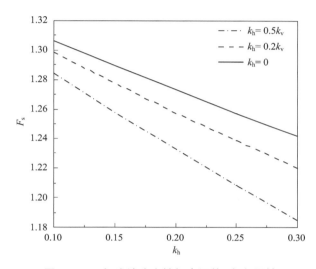

图 8-8 二级边坡稳定性初步评估（各向同性）

8.5 均质各向同性边坡形状与深度系数对稳定性系数的影响

在二级边坡中，各级坡角的大小互不相同。根据图 8-4 中对于坡角的表示，当 $\beta_1 > \beta_2$ 时，边坡形状对应为凹型，即凹边坡；当 $\beta_1 < \beta_2$ 时，对应边坡形状为凸型，及工程中常见的凸边坡。

如图 8-9 所示，$\beta_1 = 45°$，$\beta_2 = 60°$，对应边坡形状为凸边坡。可以看出，在一定范围内，随着深度系数 α 的不断增大，稳定性系数 N_s 不断增大，速率不断增加；从地震作用的角度考虑，在深度系数保持不变的情况下，随着地震力系数的增大（$k_h = 0.5 k_v$），边坡稳定性系数呈现明显下降的趋势。由于深度系数 α 对应二级边坡中上面一级边坡所占的比重，对于凸边坡而言，在一定范围内边坡的稳定性系数随着深度系数的增大而增大，且增大的速率不断提高，稳定系数随着地震力系数的增大呈现明显下降的趋势。

对于凹边坡的分析结果，如图 8-10 所示。注意，对于凹边坡，在一定范围内，随着深度系数的增加，稳定系数不断减小，与凸边坡在增减趋势上呈现出相反的规律。而地震作用依然会对边坡稳定系数产生明显的不利影响。从分级处理高边坡工程的角度而言，以二级边坡为例，在一定范围内，当边坡形状为凹边坡时，位于上一级的边坡所占比重越小，即本章所计算的深度系数越低时，边坡相对越安全；当边坡形状为凸边坡时，位于下一级的边坡所在比重越小，即本章所计算的深度系数越高时，边坡相对越安全。图 8-9 与图 8-10 的计算结果与蒋赣献采用拟静力法计算二级边坡得到的规律相一致，这从侧面证明了结论的可靠性。

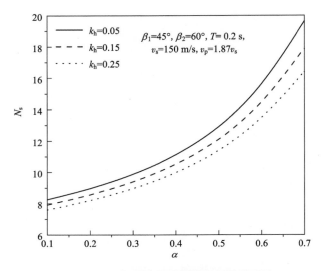

图 8-9   凸边坡深度系数对稳定系数的影响

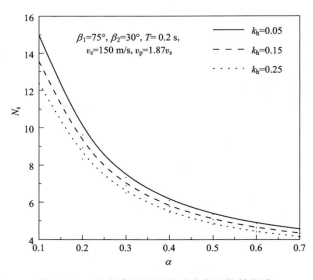

图 8-10   凹边坡深度系数对稳定系数的影响

8.6 均质各向同性边坡内摩擦角 φ 对稳定性系数的影响

对于边坡而言, 内摩擦角也是一个影响边坡稳定性能的重要因素。图 8-11 和图 8-12 分别表示凸边坡与凹边坡内摩擦角的变化对于边坡稳定性系数的影响。可以看出, 无论是凸边坡还是凹边坡, 在内摩擦角从 10°增大到 20°时, 边坡的稳定性系数均有明显的提升; 内摩擦角固定不变时, 地震力系数的增大使得边坡处于更加不稳定的状态。由此可以得出, 在一定范围内, 坡体内摩擦角的增大对于边坡会产生有利的影响, 并且这种有利影响随着内摩擦角的增大而增大。

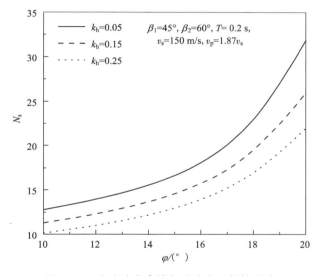

图 8-11　凸边坡内摩擦角对稳定系数的影响

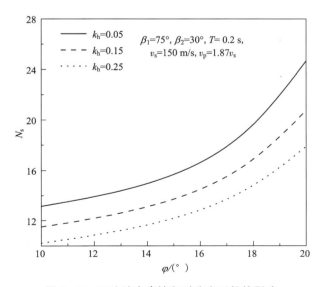

图 8-12　凹边坡内摩擦角对稳定系数的影响

8.7　非均质参数对边坡稳定系数的影响

由于本章的非均质各向异性计算是在二级边坡破坏模式下进行的，因此计算结果分别以凸边坡和凹边坡作为研究对象进行分析。

8.7.1　黏聚力比 k_1 的影响

图 8-13 与图 8-14 分别描述了凸边坡和凹边坡模式下黏聚力比 k_1 对边坡稳定系数 N_s 的影响。由图可知，随着黏聚力比的增大，无论是凸边坡还是凹边坡，稳定系数均逐步减小；且 k_1 越大，N_s 越趋于稳定，即 N_s 的增大速率越来越低。

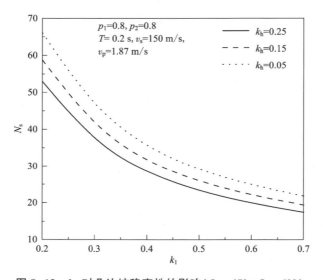

图 8-13　k_1 对凸边坡稳定性的影响（$\beta_1 = 45°$, $\beta_2 = 60°$）

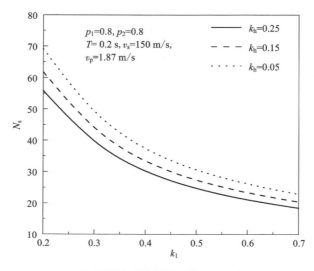

图 8-14　k_1 对凹边坡稳定性的影响（$\beta_1 = 60°$, $\beta_2 = 30°$）

以凸边坡水平地震力系数 $k_h = 0.15$ 为例，当 k_1 从 0.2 增大到 0.7 时，边坡稳定系数缩小了约 3 倍。这表明黏聚力比对于二级边坡稳定性而言影响程度较大。因此可以得出如下结论：对于二级边坡，黏聚力比 k_1 的增大不利于边坡的稳定性。

8.7.2　黏聚力系数 p_1 的影响

黏聚力系数 p_1 对于凸边坡和凹边坡的稳定系数分别如图 8-15 和图 8-16 所示。黏聚力系数 p_1 的增大使得非均质边坡的黏聚力呈线性增加，而凸边坡与凹边坡的稳定系数也近似呈线性增加。以水平地震力系数 $k_h = 0.25$ 作用下的凹边坡为例，当 $p_1 = 0.2$ 时，$N_s =$ 20.55；当 $p_1 = 0.8$ 时，$N_s = 24.51$，增大了约 19.3%；凸边坡在水平地震力系数 $k_h = 0.05$ 作用下，当 $p_1 = 0.2$ 时，$N_s = 23.54$；当 $p_1 = 0.8$ 时，$N_s = 28.05$，增大了约 19.2%。因此，黏聚力系数 p_1 对二级边坡的稳定性能够产生比较有利的影响。

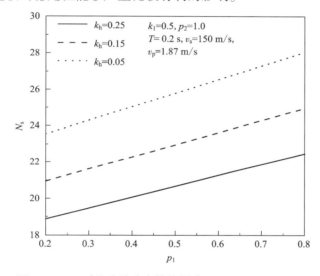

图 8-15　p_1 对凸边坡稳定性的影响（$\beta_1 = 45°$，$\beta_2 = 60°$）

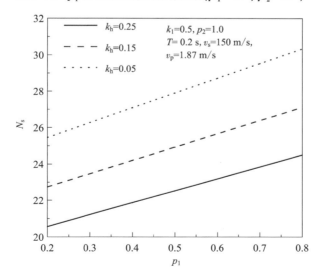

图 8-16　p_1 对凹边坡稳定性的影响（$\beta_1 = 60°$，$\beta_2 = 30°$）

8.7.3 内摩擦角系数 p_2 的影响

　　如图 8-17 与图 8-18 所示，凸边坡与凹边坡模型下边坡内摩擦角系数 p_2 也是决定边坡稳定系数的一个主要影响因素。从整体角度来看，内摩擦角系数也对二级边坡的稳定性有利。与黏聚力系数相比，内摩擦角系数的影响程度大大降低。以凸边坡模式下水平地震力系数 $k_h=0.25$ 为例，当 p_2 从 0.2 增大至 0.8 时，稳定系数仅增大了 0.8%。从内摩擦角系数与非均质耗散的分析推导中不难看出，内摩擦角对于内能耗散的影响仅存在于一个余弦因子里。在边坡高度较大的情况下，内摩擦角系数的影响程度才会有明显体现。这一点恰好说明，在广泛适用于高边坡工程的二级边坡破坏机构下，考虑土体材料非均质各向异性是有一定意义的。

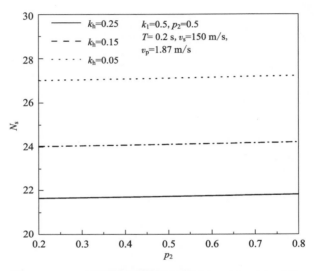

图 8-17 p_2 对凸边坡稳定性的影响（$\beta_1=45°$，$\beta_2=60°$）

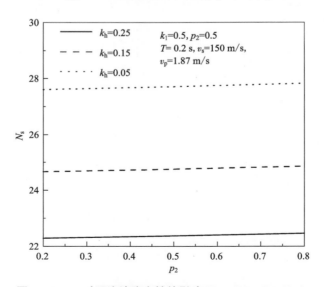

图 8-18 p_2 对凹边坡稳定性的影响（$\beta_1=60°$，$\beta_2=30°$）

8.8 本章小结

许多学者都采用拟动力法对单级边坡进行稳定性和抗震的相关分析。目前在实际高边坡工程中,边坡的分级处理已经成为一种非常常见且有效的高边坡处理方式,可进一步开展各项工程建设。但很少有人采用拟动力法对多级边坡展开研究。

本章所做的工作在于以二级边坡作为多级边坡的基础,介绍了二级边坡的破坏机构,引入拟动力法,综合考虑地震加速度与时间、空间及放大系数的相关性;结合微元的数学思想,推导出了拟动力法作用下二级边坡的地震惯性力功率表达式。该表达式对比单级边坡在拟动力法作用下的表达式更为复杂。考虑土体材料非均质各向异性,建立出更加复杂条件下的能耗平衡方程。

对于计算分析过程,本章首先将拟动力法计算结果与已有拟静力法结果进行对比。对比结果整体比较吻合,论证了本章理论推导的合理性与可行性。随后结合极限分析上限定理讨论了均质各向同性条件下二级边坡形状、深度系数以及内摩擦角对二级边坡稳定性系数的影响,分析了非均质参数对凸边坡与凹边坡稳定系数的影响,得出结论如下:

(1)对于凸边坡而言,一定范围内边坡的稳定系数随深度系数的增加而增大;对于凹边坡而言,一定范围内边坡的稳定系数随深度系数的增加而减小。

(2)在莫尔-库伦破坏准则下,土体内摩擦角在一定范围内对于任意形状的二级边坡均产生有利影响。

(3)就非均质参数而言,黏聚力比的增大对二级边坡稳定性较为不利;黏聚力系数和内摩擦角系数的增大均对边坡稳定性有利,但黏聚力系数影响程度更大。

(4)地震力系数的增大对边坡安全系数产生显著的不利影响,该计算结果作为边坡安全稳定性的初步评估,为后文针对实际工程案例的理论计算分析提供了思路。

第9章
岩质地基极限承载力分析

传统的极限承载力计算是以线性的 Mohr-Coulomb(M-C)失效准则为基础制定的。实验数据表明,几乎所有类型的岩石的强度包络在广泛的法向应力范围内,并且是非线性的。在本章中,岩体的强度包络被认为是遵循修正的 Hoek-Brown(H-B)失效准则,这是一个非线性失效准则。在塑性极限分析的框架内,使用了两种不同的技术来发展极限承载力。

第一种技术是作者提出的广义切线技术。基于多楔平移破坏机制,广义切线技术被用来将承载力问题表述为一个经典的优化问题。其中目标函数,即关于破坏机制的参数和切点位置的最小化,与耗散功率相对应。通过优化得到最小的解决方案。使用该技术,可以考虑基底下的岩石重量和附加载荷的影响。第二种技术是"切线"技术,最初用于分析具有非线性破坏标准的斜坡稳定性。为了评估所提出方法的有效性,切线技术被扩展到评估具有非线性破坏准则的承载力因素,但不考虑自重和附加荷载对承载力的影响。第二种技术必须利用先前计算的极限承载力系数,并采用线性 M-C 破坏准则。最后对数字结果进行了比较,并提出了在岩石工程中的实际应用。

9.1 背景介绍

条形地基的承载力问题是土木工程领域最常见的问题之一,也是以往文献中被广泛研究的地质力学的一个环节。这些文献中关于承载力的方法主要可以分为以下四类:①极限平衡法;②滑移线法;③极限分析法;④有限元或有限差分数值技术。在这些方法中,极限平衡法被广泛用于估算极限承载力。这可能是由于极限平衡法及其公式非常简单,而且该方法是最知名的,被执业工程师广泛接受。这些提到的工作主要集中在线性 M-C 失效准则上。

Terzaghi 提出了一个计算条形地基(光滑和粗糙)极限承载力的极限平衡表达式,可写为:

$$q_u = cN_c + q_0 N_q + 0.5\gamma B_0 N_\gamma \tag{9-1}$$

式中:c 为黏性;q_0 为等效附加荷载;γ 为土质材料的单位重量;B_0 为基脚宽度;N_c,N_q 和为承载力系数;N_γ 只取决于内摩擦角 φ。式(9-1)对土工材料遵循线性 M-C 破坏准则的情况有效。

　　然而，实验表明，土工材料的强度包络具有非线性的性质。大多数土工材料的摩擦角随着压实压力的增加而减小，莫尔包络线也随之弯曲。在过去，人们提出了各种强度包络来表示土工材料的非线性强度包络。例如，Lefebvre 使用双线性包络来近似表示非线性破坏准则；Mello 用一个三线性包络来近似非线性破坏准则；既有文献中也给出了一个简单的非线性幂律关系。在实践和理论研究中经常出现的一个问题是，如何使用非线性破坏准则确定承载力。

　　为了分析非线性破坏准则对平边坡上表面的条形地基承载力的影响，Baker 和 Frydman 应用变分微积分技术制定了承载力，并在其工作中提出了治理方程。Zhang 和 Chen 将复数微分方程转换为初值问题，并提出了一个有效的数值程序，称为逆方法，用于解决具有一般非线性破坏准则的平面应变稳定性极限分析问题；还给出了一些关于无限的、同质的和自由附加荷载斜坡的稳定系数的数值结果。基于上界定理，Drescher 和 Christopoulos 以及 Collins 等人提出了一种切线技术，利用 Chen 给出的线性稳定系数来评估一个无限的同质斜坡的稳定系数。Drescher 和 Christopoulos 使用非线性破坏准则，提出了数值结果，该结果高估了 Zhang 和 Chen 给出的稳定系数。Collins 等人将极限分析的上界定理应用于非线性 H-B 破坏准则的无限同质边坡的稳定性，并提出了五种类型岩石的边坡稳定性系数。然而，Drescher 和 Christopoulos 以及 Collins 等人提出的技术必须利用 Chen 给出的以前的线性稳定系数 N_L。如果以前的文献没有提出具有复杂几何形状的斜坡和施加各种载荷的数值结果 N_L，该技术的应用将遇到困难。Yang 等人利用非线性破坏准则提出了一个条形基座搁置在同质无重岩体上的承载力计算的下限解决方案。可接受的应力场被用来制定解决方案。注意，下界解小于或等于实际解。

　　本章提出了一种用修正的 H-B 破坏准则计算极限承载力的上界方法。在计算中，采用了 Soubra 和 Michalowski 的平移失效机制。该方法使用切线（线性 M-C 失效准则），而不是实际的非线性失效准则来计算功和能量耗损。通过优化可以得到最关键的极限承载力。该技术由 Yang 提出，没有利用之前由 Chen 给出的线性稳定系数 N_L。为了评估本技术的有效性，提出并比较了数值结果。本章将 Chen，Michalowski 以及 Soubra 使用线性 M-C 失效准则计算极限承载力的工作扩展到使用非线性失效准则。最后，论文提出了一些与单轴抗压强度有关的承载力系数的数值，供岩石工程中实际使用。

9.2　问题描述

　　从理论的角度来看，对岩体上的带状地基的承载力的计算还没有进行详细的研究。一个原因是岩体中经常存在不连续、断层或垫层，导致介质各向异性，这意味着对承载力的简单理论处理是不现实的。另一个原因是，岩体的破坏受非线性破坏准则的制约，但目前岩土工程中用于评估承载力的大多数计算机代码和设计都是按照线性 M-C 破坏准则制定的。为了避免各向异性带来的困难，均质化方法试图将节理岩体的行为视为均质和各向同性的材料。Maghous 等人和 Collins 等人采用这种方法来评估岩石结构的稳定性。Serrano 和 Oralla 将各向异性的岩体，即浅层带状脚手架所覆盖的岩体，以一种方式处理为均质和各向同性的介质。一般来说，如果满足以下两个条件，可以认为岩体表现出各向同性和均质行为。第一，岩体中不存在断层或垫层；不连续面的方向是充分随机分布的；与岩石结构的规模相比，接头的分离度很小。第二，不连续面必须足够密集，即相邻两个不连续面之间的间距与岩石结构的整体尺寸相比足够小。在实践中，有时岩体非常脆弱，其行为产生的影响比不连续因素更大。在这种情况下，岩体一般表现为均质和各向同性材料的特性。在本分析中，条形地基的极限承载力的计算是基于以下假设。

（1）采用各向同性和同质化的基本思想，用极限分析的上界定理计算搁置在岩体上的浅条形基脚的极限承载力的大小。条形基脚足够长，则可将问题看作是平面应变问题，如图 9-1 所示。

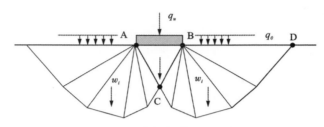

图 9-1　破话机制及外荷载

（2）采用由刚性三角块组成的对称平移破坏机制。

（3）均质和各向同性的岩块被理想化为完全塑性材料，并遵循相关的流动规则。岩石块的破坏是由修改过的 H-B 破坏准则来控制的。

如图 9-1 所示，一个条形地基位于岩体上，脚底板上方岩体的重量由附加荷载代替。条形地基的极限承载力 q_u 等于岩体在初衰状态下所能承受的极限载荷除以条形地基的面积，可以定义为：

$$q_u = s^{0.5}\sigma_c N_\sigma + q_0 N_q + 0.5\gamma B_0 N_\gamma \tag{9-2}$$

式中：σ_c 为岩石在破坏时的单轴压应力；s 为式（9-3）中的修正 H-B 破坏准则的参数；q_0 为表面附加荷载；γ 为岩体的单位重量；B_0 为基脚宽度；N_σ、N_q 和 N_γ 分别为与单轴抗压强度 σ_c、附加压力 q_0 和岩体单位重量 γ 有关的三个承载力系数。

式（9-2）与 Terzaghi 提出的服从线性 M-C 破坏准则的土壤的公式（9-1）相似。不同的是，方程（9-2）$s^{0.5}\sigma_c N_\sigma$ 是用于遵循修正的 H-B 破坏准则的岩体，而不是用于遵循线性 M-C 破坏准则的土壤的方程（9-1）cN_c。

9.3　修改后的 Hoek-Brown 破坏准则

在许多实际问题中，大量的实验证据表明，几乎所有岩体的破坏包络在 $\sigma_1 \sim \sigma_3$ 应力空间中，且都不是线性的。这种线性偏离对极限承载力的计算有很大影响。一般来说，岩体的破坏服从于修正的 H-B 破坏准则，其形式为：

$$\sigma_1 - \sigma_3 = \sigma_c [m\sigma_3/\sigma_c + s]^n \tag{9-3}$$

式中：σ_c 为破坏时岩石的单轴压应力；σ_1 为破坏时的主要主应力；σ_3 为破坏时的次要主应力或约束压力；m、s 和 n 的大小取决于地质强度指数（GSI），该指数表征岩体的质量。

GSI 取决于其结构和接缝的表面状况。强度参数 m, s 和 n 是由 Hoek 等人定义的, 其形式为:

$$\frac{m}{m_i} = \exp\left(\frac{GSI-100}{28-14D}\right) \tag{9-4a}$$

$$s = \exp\left(\frac{GSI-100}{9-3D}\right) \tag{9-4b}$$

$$n = \frac{1}{2} + \frac{1}{6}\left[\exp\left(-\frac{GSI}{15}\right) - \exp\left(-\frac{20}{3}\right)\right] \tag{9-4c}$$

式中: D 为干扰系数, 取值范围为从 0(未受干扰的原地岩体)到 1(非常受干扰的岩体)。

对于式(9-4a)~式(9-4c), 可以看出, 参数 m, n 和 s 是 GSI 的平滑函数。m_i 对于完整的岩石, 是 m 的值, 可以从实验中得到。该参数对于黏土岩等极细弱的岩石来说, m_i 的取值为 4~33; 对于花岗岩等粗粒浅色火成岩石来说, 该参数是不同的。Hoek 为五种类型的岩石确定了近似值:

(1)$m_i \approx 7$ 晶体裂隙发达的碳酸盐岩(白云岩、石灰岩和大理岩); (2)$m_i \approx 10$ 岩化的精矿岩(泥岩、粉砂岩、页岩和板岩); (3)$m_i \approx 15$ 晶体强烈、晶体裂隙不发达的矿岩(砂岩和石英岩); (4)$m_i \approx 17$ 细粒多金属火成结晶岩(安山岩、辉绿岩和流纹岩); (5)$m_i \approx 25$ 粗粒多金属火成岩和变质岩(闪长岩、辉绿岩、片麻岩、花岗岩和石英闪长岩)。

在 $\sigma_n \sim \tau$ 应力空间中, 修改后的 H-B 失效准则可以被画成一条曲线。如果一个由原点的矢量代表的应力状态从零开始增加, 当矢量到达 $\sigma_n \sim \tau$ 应力空间的曲线时就会发生屈服。如图 9-2 所示, 在切点 M 处的曲线切线表示为:

$$\tau = c_t + \sigma_n \tan\varphi_t \tag{9-5}$$

式中: φ_t 和 c_t 分别是切向摩擦角和直线与轴 τ 的截距, 其中 c_t 为:

$$\frac{c_t}{\sigma_c} = \frac{\cos\varphi_t}{2}\left[\frac{mn(1-\sin\varphi_t)}{2\sin\varphi_t}\right]^{\left(\frac{n}{1-n}\right)}$$

$$-\frac{\tan\varphi_t}{m}\left(1+\frac{\sin\varphi_t}{n}\right)\left[\frac{mn(1-\sin\varphi_t)}{2\sin\varphi_t}\right]^{\left(\frac{1}{1-n}\right)} + \frac{s}{m}\tan\varphi_t \tag{9-6}$$

对于特殊情况 $n=0.5$, 式(9-6)简化为:

$$\frac{c_t}{\sigma_c} = \frac{m(1-\sin\varphi_t)^2}{16\sin\varphi_t\cos\varphi_t} + \frac{s}{m}\tan\varphi_t \tag{9-7}$$

式(9-7)也是由 Collins 等人得出的。修改后的 H-B 破坏准则可以适用于完整的岩石, 或岩石的微观结构是各向同性的, 或含有一些接头的岩体, 这些岩体组可以被视为各向同性的破碎介质。H-B 破坏准则一般不能应用于只包含一些不连续的岩体, 或者其行为基本上是各向异性的。

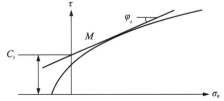

图 9-2　修正后的 Hoek-Brown 强度准则及其切线

9.4　上限分析

上限定理指出，在任何运动学上可接受的速度场中，实际力所做的功率都小于或等于能量耗散率。运动学上可接受的速度场是与地质材料质量边界的速度相适应的。从上界定理得到的解，在非保守的一方，不低于运动上可接受的速度场的实际解。为了获得更好的解（较低的上界），必须对尽可能多的试验运动学上可接受的速度场做工作。通过尝试各种可能的运动学上可接受的失效机制，寻找一个最低可能的上限解决方案。

9.4.1　广义切线定理

从线性失效面计算出来的极限载荷，总是包围着实际的非线性失效面，它将是实际极限载荷的一个上限值。这是由于包围实际非线性破坏面的强度等于或大于实际破坏面的强度。在本分析中，在 M 点使用了修正的 H-B 准则的切线，如图 9-2 所示。可以看出，在相同的法向应力下，切线的强度等于或超过了非线性破坏准则的强度。因此，切线所代表的线性失效准则将给材料的实际载荷一个上限，而材料的失效是由非线性失效准则所支配的。事实上，许多研究人员在他们的极限分析中都采用了这种方法。线性 M-C 失效准则可以表示为一个圆，它在平面应变条件下的应力空间中表示为 $(\sigma_x - \sigma_y)^2 + (2\tau_{xy})^2 = [2c\cos\varphi - (\sigma_x + \sigma_y)\sin\varphi]^2$。在该表达式中，$c$ 和 φ 是线性 M-C 破坏准则的内聚力和摩擦角。为了使用塑性的上界定理将稳定性问题表述为线性编程问题，有必要用一个外部多边形来近似圆，它总是包围着线性 M-C 破坏准则。通过运动学方法可知，与外部多边形对应的上界解大于或等于与线性 M-C 失效准则对应的上界解。

在本分析中，采用了修正的 H-B 破坏准则来评估岩体上的条形基座的极限承载力。不使用式（9-3）中的修正 H-B 破坏准则，而是采用式（9-5）中的线性 M-C 破坏准则来计算外部功和能量耗散率。该准则由一条切线表示，它总是与修正破坏准则的曲线相切。由于切线的使用，作用在所有楔子上的法向和剪切应力是恒定的。切点的位置是通过优化得到的。通过这种方式得到了极限承载力的上界值。

9.4.2　多楔形破坏机构

岩土工程中的稳定性分析在很大程度上取决于在使用极限分析方法时选择的破坏机制。因此，选择一个合适的破坏机制对于正确估计坍塌荷载是非常重要的。Soubra 和 Michalowski 提出了一个有效的多楔离散系统，用于计算线性 M-C 破坏准则的极限承载力。本章采用同样的离散化模式来计算非线性 H-B 破坏准则的承载力。带状地基下的塑性区被一系列倾斜的直线划分为若干三角形楔子。每个三角形楔子都作为一个刚性或块状物移动。塑性能量耗散只发生在两个相邻的楔子的界面和楔子的底部。由于问题是对称的，图 9-3 中只显示了问题域的一半（右侧部分），它是由三角形楔子 k 组成的。在破坏机制中，只有一个楔子 ABC 在条形基脚下。楔子 i 的几何形状由基底的长度 d_i、角度 α_i 和 β_i，以及界面的长度 $L_i(i = 1, \cdots, k)$ 来表征。对于三角楔 i，为了完整起见，本章的附录 A 中给出了长度 d_i 和 L_i 和表面 S_i。

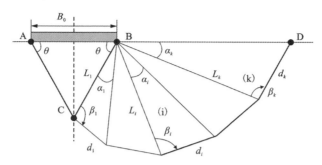

图 9-3 地基对称破坏机制

现考虑任意两个相邻楔子的速度计算，如图 9-4 所示。假设以楔子 ABC 的速度大小为单位，因为速度的绝对值对最终结果没有影响。左边的楔子，以速度 V_i 移动，相对于基座倾斜 φ_i。同样地，右边的楔子 $i+1$，移动的速度为 V_{i+1}。一般来说，沿界面的楔子 i 相对于楔子 $i+1$ 的速度 $V_{i,i+1}$ 方向是向上的，相对于界面倾斜于 $\varphi_{i,i+1}$。为了保证分配给平移失效机制的速度在运动学上是可接受的，两个相邻的楔子不能移动导致重叠或分离。

对于各向同性和同质岩体，由于使用了切线（线性 M-C 失效准则），故沿所有滑移面的切向角 φ_t 是不可改变的（其值未知）。根据式（9-6），c_t 沿整个滑移面也是不可改变的。可以得到 $\varphi_t = \varphi_i = \varphi_{i,i+1}$ 和 $c_t = c_i = c_{i,i+1}$（$i = 1, \cdots, k$）。在图 9-5 中，显示了第一个楔子和第 i 个楔子的楔形速度图，它确定了楔形速度和 i 楔子相对于 $i+1$ 楔子沿界面的相对速度。这样，如果给定了楔子 ABC 的速度，就可以找到所有楔子的速度和相对速度。

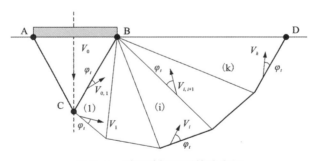

图 9-4 对称破坏机制的速度场

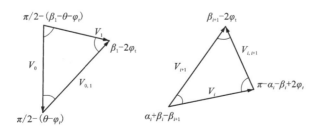

图 9-5 第一个和第 i 个块体的速度矢量图

9.4.3 功能耗散的计算

在 $\sigma_n \sim \tau$ 应力空间中，线性 M-C 失效判据可以表示为一条直线。基于上界定理，运动学上的可接受性条件要求速度不连续线上的速度以恒定的角度倾斜。在没有法向应力分布信息的情况下，可以直接得到沿失效面的内能耗散。当失效准则在 $\sigma_n \sim \tau$ 应力空间中为非线性时，沿失效面的内能耗散的计算会受到法向应力分布的影响。由于本分析采用了切线（线性 M-C 失效准则），因此避免了使用非线性失效准则计算能量耗散率的困难，尽管切线的位置未知。以下沿速度不连续线计算外力作用率和内能耗散率的步骤与 Soubra 所考虑的条形地基基本相同。

有了平移破坏机制的速度，就可以通过叠加计算外力做功率和内能耗散率。由于岩体被视为完全刚性材料，不允许发生一般的塑性变形，因此内能 $\dot{W}_{int}$ 只沿静止材料和运动材料之间的速度不连续面 $d_i(i=1, \cdots, k)$，以及沿相邻两楔间的相对速度不连续界面 $L_i(i=1, \cdots, k-1)$ 耗散，可表示为：

$$\dot{W}_{int} = 2c_t B_0 (f_4 + f_5 + f_6) V_0 \tag{9-8}$$

式中：f_4，f_5 和 f_6 为非维函数，取决于几何参数 α_i，β_i 和切线角 φ_t。为了完整起见，本章的附录 A 中报告了 f_4，f_5，f_6 的表达式。外部功率 $\dot{W}_{ext}$ 是由附加荷载、每个楔子的重量和作用在地基上的压力完成的，表示为：

$$\dot{W}_{ext} = \frac{\gamma B_0^2}{2}(f_1 + f_2) V_0 + q_u V_0 + q_0 B_0 f_3 V_0 \tag{9-9}$$

其中，无量纲函数 f_1，f_2 和 f_3 在本章的附录 A 中查阅。

9.4.4 上限解的表达式

将外部荷载的功率等同于内部总的能量耗散率，可以用上界法得到极限承载力的一般方程式，即

$$q_u = 2c_t B_0 (f_4 + f_5 + f_6) - \frac{\gamma B_0^2}{2}(f_1 + f_2) - q_0 B_0 f_3 \tag{9-10}$$

根据极限分析的上界定理，极限承载力的临界值可以通过对这些系数的最小化来获得，其中涉及破坏机制参数和切点的位置。

9.5 数值结果

这里考虑的问题是用修改后的 H-B 破坏准则来计算一个搁置在同质岩体上的条形基座的极限承载力，其结果已经得到。使用广义切线技术，通过最小化方程式（9-10）得到承载力的最小上界，以及关于破坏机制的参数 θ，α_i 和 $\beta_i(i=1, \cdots, k)$ 切线位置参数 φ_t。上限解可以通过增加三角楔的数量 k 来改善。在线性 M-C 失效准则下，Soubra 的数值结果表明，三角楔的数量 $k=14$ 是足够的。在目前的计算中，三角楔的数量 k 等于 15，这意味着最小化程序是针对 32 个变量及约束条件 $\sum \alpha_i + \theta = \pi$ 和 $\alpha_i + \beta_i \geqslant \beta_{i+1}$ 进行的（见图 9-3 和图 9-5）。从下面的比较中可以发现，考虑非线性 H-B 破坏准则的影响时，三角楔形数 $k=$

15 也是足够的。

数值结果在表中进行了总结。选择的例子包括以下几个方面。(1)在不考虑自重和附加荷载的影响下,对搁置在同质岩体上的条形基座进行了比较;(2)使用式(9-10),研究了附加荷载 q_0 和单位重量 γ 对极限承载力的影响。

9.5.1 极限承载力因数 N_σ

Drescher 和 Christopoulos 和 Collins 等人提出了一种用非线性破坏准则评估边坡稳定系数 N_n 的技术。如 Collins 等人将线性 M-C 破坏准则的边坡稳定系数 N_L 定义为 $N_L = H_c \gamma / c_t$,其中,H_c 为边坡的临界高度;非线性 H-B 破坏准则的边坡稳定系数 N_n 定义为 $N_n = H_c \gamma / (s^{0.5} \sigma_c)$。Collins 等人将边坡稳定系数 N_n 与 N_L 以 $N_n = N_L c_t / (s^{0.5} \sigma_c)$ 联系起来,其中线性稳定系数 N_L 由 Chen 给出,涉及 5 度区间。最小的上界解是关于 φ_t 的最小化,它出现在 $c_t(\varphi_t)$ 和 $N_L(\varphi_t)$ 的多项式近似。Collins 等人和 Drescher 和 Christopoulos 的数值结果几乎等于 Zhang 和 Chen 使用变分技术的解,这表明该技术是评估非线性破坏准则的斜坡稳定系数的有效技术。

与 Collins 等人的工作类似,该技术被扩展用于计算采用修正的 H-B 破坏准则的岩体上的条形基座的承载力系数 N_σ。在不考虑附加荷载和岩体重量对条形基底极限承载力的贡献的情况下,与单轴抗压强度有关的承载力系数可以被定义为 $N_\sigma = q_u / (s^{0.5} \sigma_c)$ 与修正的 H-B 破坏准则有关。使用线性 M-C 破坏准则,与内聚力有关的承载力系数 $N_c = q_u / c_t$ 不考虑附加荷载和岩体重量的影响。现在可以通过下式将承载力系数 N_σ 与 N_c 联系起来

$$N_\sigma = N_c c_t / (s^{0.5} \sigma_c) \tag{9-11}$$

其中,c_t 由式(9-6)决定,为 φ_t 的函数。线性 M-C 失效准则的承载力系数 N_c 以闭式解的形式给出 $N_c = [\tan^2(45° + \varphi_t/2) \exp(\pi \tan \varphi_t) - 1] \cot \varphi_t$,它也是 φ_t 的函数。最小上界解是关于 φ_t 最小化方程式(9-11)。

使用方程式(9-11),它避免了复杂的功和能量耗散的计算,使计算简单。但它必须利用以前的数值或分析结果。例如,当 Drescher 和 Christopoulos 以及 Collins 等人用非线性破坏准则评估同质边坡的稳定系数时,他们不得不利用线性 M-C 破坏准则给出的稳定系数 N_L。目前的分析必须利用近似形式的解 $N_c = [\tan^2(45° + \varphi_t/2) \exp(\pi \tan \varphi_t) - 1] \cot \varphi_t$。然而,方程式(9-10)可以直接用于制定目标函数,并通过优化得到最小上界解,这并未利用以前的数值结果 N_c。

9.5.2 对比分析

为了评估所提出方法(广义切线技术)的有效性,在不考虑附加荷载和自重的影响下,提出了一些不同 GSI 的数值结果并进行了比较。表 9-1 使用式(9-10)和式(9-11)且 GSI 为 10~80 时,与非轴向抗压强度相关的承载力系数的值。从表 9-1 中可以发现,使用所提出的方法与单轴抗压强度相关的承载力系数,以及与使用公式(9-11)的承载力系数几乎相等,最大差异小于 0.5%。它们之间良好的一致性表明,所提出的方法是评价修改后的 H-B 破坏准则的承载力的有效方法。

使用广义切向技术,图 9-6 显示了通过优化理论得到的临界滑移面,对应于 $k = 15$,$\gamma = 0$,$D = 0$,$q_0 = 0$,GSI = 60,$\sigma_c = 10.0$ MPa 和 $m_i = 17$。切向角为 $\varphi_t = 30.07°$,内聚力为 $c_t = $

1. 472 MPa 的数值是通过优化理论得到的。利用 Drescher 和 Christopoulos 以及 Collins 等人提出的技术，通过最小化方程式(9-11)获得切向角 $\varphi_t = 30.12°$ 和内聚力 $c_t = 1.473$ MPa。它们之间的差异小于 0.2%。

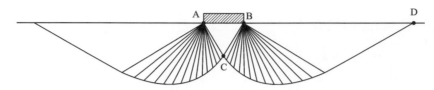

图 9-6　$k=15$，$D=0$，$\gamma=q_0=0$，GSI=60，$\sigma_c=10.0$MPa 和 $m_i=17$ 时所对应的临界破坏面

9.5.3　附加荷载和自重的影响

使用式(9-11)可以不考虑附加荷载和自重的影响。在实践中，附加荷载和自重会影响极限承载力。使用式(9-10)，表 9-2 列出了在岩石块的单位重量等于 20 kN/m³、21 kN/m³、22 kN/m³、23 kN/m³ 和 24 kN/m³ 时，$B_0=1.0$ m，$D=0$，$\sigma_c=10.0$ MPa，GSI=30 和 $m_i=17$ 的条形基底的极限承载力，而附加荷载在 10 kPa 至 40 kPa 之间变化。图 9-7 显示了在 $m_i=10$，$D=0$，$\sigma_c=10$ MPa，GSI=30 和 $\gamma=0$ 的情况下，附加荷载 q_0 对极限承载力的影响。从表 9-2 和图 9-7 可以发现，附加荷载和单位重量对极限承载力有影响。

使用式(9-10)可以发现，与非轴向抗压强度 σ_c 有关的贡献可以从极限承载力中分离出来，而与附加荷载 q_0 和单位重量 γ 有关的贡献不能与极限承载力分离。

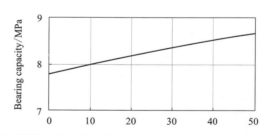

图 9-7　地面超载对临界承载力的影响($m_i=10$，$D=0$，$\sigma_c=10$ MPa，GSI=30 和 $\gamma=0$)

表 9-1　承载力系数 N_σ 对比结果

GSI	方程(10)	方程(11)	差异
10	49. 37	49. 16	0. 43%
20	68. 04	67. 82	0. 32%
30	67. 30	67. 08	0. 33%
40	59. 27	59. 09	0. 30%
50	49. 96	49. 83	0. 32%

续表9-1

GSI	方程(10)	方程(11)	差异
60	41.46	41.36	0.24%
70	34.24	34.16	0.23%
80	28.28	28.21	0.25%

($m_i = 17$，$D = 0$，$q_0 = 0$ 和 $\gamma = 0$)

表 9-2 条形基础极限承载力

q_0(kPa)	γ(kN/m³)				
	20	21	22	23	24
10	14.352	14.367	14.383	14.399	14.413
20	14.540	14.553	14.568	14.582	14.597
30	14.717	14.731	14.745	14.759	14.772
40	14.888	14.901	14.914	14.927	14.940

($m_i = 17$，$D = 0$，$\sigma_c = 10$ MPa，GSI = 30 和 $B_0 = 1.0$ m)；承载力单位：MPa。

9.5.4 扰动系数的影响

根据修正的 H-B 破坏准则，干扰系数 D 的取值为 0（未受干扰的岩体的）~1（非常受干扰的岩体）。$D \geq 0.3$ 对 Ⅳ 级岩体的承载力系数影响较小，$0 \leq D \leq 0.3$ 对 Ⅴ 级岩体的承载力系数影响较大。承载力系数随着 GSI 的增加而增加，然后减少，这是修正的 H-B 破坏准则造成的。

9.5.5 设计表

由于与附加荷载和自重有关的贡献不能从极限承载力中分离出来，研究了五种类型岩石的承载力系数，系数 D 分别为 0、0.1、0.2、0.3 和 0.6，参数 GSI 在 5~80 变化。这些数值是为了在岩石工程中实际使用而给出的。

9.6 本章小结

本章集中研究了使用广义切线技术的修正失效准则的条形基座的极限承载力。利用该技术，提出了 M-C 线性破坏准则。该准则与实际的 H-B 破坏准则相切，用于计算外力做功率和内能耗散率。将外力做功率等同于内部能量耗散率，可以得到目标函数。通过最小化目标函数 α_i，可以得到较好的上界解决方案。其中，$\beta_i(i = 1, \cdots, k)$，$\theta$ 和 φ_t 决定了失效机制和修正的 H-B 失效准则的切点位置。用式(9-10)计算的承载力系数 N_σ 与用式(9-11)计算的解决方案进行了比较，其数值结果有以下结论。

(1)如表 9-1 所示，采用修正的 H-B 破坏准则，承载力系数的最大差异小于 0.5%。

这意味着式(9-10)对确定岩体上条形基脚的极限承载力是有效的。

（2）使用式(9-11)，它避免了复杂的功和能量耗散的计算。但是，它必须利用以前的结果 N_c，而且不能考虑附加荷载和自重对极限承载力的影响。

（3）利用式(9-10)进行计算，以说明附加荷载和自重对修正的 H-B 破坏准则的承载力的影响。从数值结果中发现，附加荷载和自重对极限承载力有影响，与非轴向抗压强度 σ_c 有关的贡献可以从极限承载力中分离出来，而与附加荷载 q_0 和单位重量 γ 有关的贡献则不能从极限承载力中分离出来。使用式(9-10)，无须利用以前的结果 N_c。

（4）本章将 Chen，Soubra 以及 Michalowski 等人使用线性 M-C 破坏准则计算极限承载力的工作扩展到使用修正的 H-B 破坏准则。

第 10 章

考虑土体强度非线性和剪胀性的浅基础承载力

　　基础作为直接承受上部结构传递的荷载的主体，它在保证整个建筑结构的安全和稳定方面起着重要作用，因为基础突然失效破坏，尤其是遭受地震等自然灾害，其后果和伤亡是无法估量的。因此，地震条件下浅埋条形基础的安全问题备受关注。早期，大量研究人员已经用各种方法对地震承载力进行了大量的研究。

　　关于地震加速度的表征，通常有以下几种建议。如传统的拟静力方法、拟动力方法及其修正的拟动力方法，或在数值模拟中直接输入地震信号。最近，Keshavarz 和 Nemati（2011）基于滑移线理论，采用拟静力法研究了位于加固土体上的条形基础的地震极限承载力。根据 Keshavarz 等（2016）提出的 Hoek-Brown 标准，同样的程序也适用于岩石地基。此外，卡萨布兰卡等人（2021）重新讨论了斜坡地基的静态和地震承载力系数问题，其中分别分析了土壤中地震波诱导荷载和结构动态响应产生的惯性力的影响。对于极限平衡法，Ghosh 和 Debnath（2017）对材料中的土壤基础系统进行了地震分析，推导了与重量、超载和黏聚力相关的承载力系数。Izadi 等（2019）考虑了不排水抗剪强度随深度变化对地基承载力的影响，并推导了非均质海洋沉积物上浅条形基础的抗震承载力。Nouzari 等（2021）研究了非饱和土壤沉积物上地基的承载力，使得现场研究更加完整。注意，上述地震分析是由拟静力法考虑的，这直接反映了拟静力法的应用仍然占主导地位。

　　此外，Qin 和 Chian（2017，2018，2019）在极限分析方法的基础上，建立了一种基于离散化的技术，以伪动力方法解决非均匀土质边坡的地震稳定性问题；然后将同样的离散技术应用于类似情况下，以计算受瑞利波（体波传播到表面过程中形成的一种面波）影响的边坡的承载力。这种地震分析考虑了地震波的动态特性，全面了解了动态参数如何影响边坡的极限承载力；解的精度只提高了 5%，这种提高似乎并不明显。此外，上述伪动力分析的定理仍然存在缺陷，例如违反了零应力边界条件，无法考虑岩土材料的阻尼，以及恒定振幅放大系数的假设没有得到彻底解决。此外，实践中的结构设计趋于保守，因此可以提供更安全的结果，以确保安全。因此，本章采用经典的拟静力法代替拟动力法。

　　除了外部不利因素外，还须注意土体强度的固有非线性和塑性流动的非关联特性。实际上，大量的岩土试验和实验表明，由于沉积条件和应力历史，土体的强度包络线在各种应力状态下往往是非线性的，剪胀土的塑性流动并不总是相关联的。常见的非线性破坏准则，如适用于土体的幂律型准则和适用于岩体的 Hoek-Brown 准则及其修正形式。为了使非线性准则在理论分析中易于处理，Zhang 和 Chen（1987）提出了一种广义切线技术来计算等效莫尔-库伦强度参数并评估边坡稳定性。Drescher 和 Detournay（1993）定义了非线性剪

胀系数 ζ，以考虑材料的非关联特性。将这些方法扩展到评估非线性破坏准则条件下的岩土工程稳定性问题，涉及更复杂的条件，包括裂缝边坡、孔隙水压力和隧道拱顶稳定性。

在分析之前，必须首先确定失效机理。根据是否考虑地震荷载的情况，浅基础的破坏机制包括两种类型：一种是适用于地震条件的对称机制，另一种是能够处理地震作用的非对称机制。为了解决地震条件下的承载力问题，Soubra（1999）提出了两种多块平移机制。其中一种多块机制是非对称的，用于地震情况。它由一定数量的刚性块组成，这些刚性块在极限状态下可以相互滑动，使得基础更容易发生失效，能够得出精确的上限解。因此，本章采用非对称多块体机制和拟静力方法，研究土体强度非线性对地基极限承载力的影响。根据内部能量耗散和外部工作速率之间的平衡，推导出条形基础承载力的闭合解析表达式。它被表示为 $2n+1$ 个变量的函数，可以通过序列二次规划（SQP）轻松优化，以搜索最小上限解。以下各节将详细介绍实施步骤。

10.1　计算方法

10.1.1　剪胀土的非线性破坏准则

土体强度非线性普遍存在于自然环境中，已被大量的实验室试验和现场试验所证明。通过不断地从实验和误差拟合，非线性破坏准则的一般形式在 σ_n-τ 应力空间中通常可以表示为：

$$\tau = c_0 \left(1 + \frac{\sigma_n}{\sigma_t}\right)^{\frac{1}{m}} \tag{10-1}$$

式中：σ_n 和 τ 为破坏时滑面中的应力状态；σ_t 为单轴抗拉强度，可从实验中得出；c_0 的物理意义是初始黏聚力；m 为描述强度包络非线性程度的无量纲系数，当 $m=1$ 时，上述非线性准则成为线性莫尔-库伦准则。

目前，还没有适当的措施将非线性准则直接应用于分析。常见的几种线性化方法有：等效莫尔-库伦参数法、切线法和分段线性法，其中切线法由于其概念清晰、易于实现的优点，在极限分析中得到了广泛的应用。因此，本章采用 Zhang 和 Chen（1987）以及 Yang 和 Yin（2004）提出的切线技术。引入一条切线将非线性强度准则线性化，使非线性包络线易于处理。如图 10-1 所示，与非线性包络线相切于任意点 P 处的直线，其切线方程为：

$$\tau_t = c_t + \sigma_n \tan \varphi_t \tag{10-2}$$

式中：c_t 和 φ_t 为等效内聚力和内摩擦角。

基于几何关系，相应的抗剪强度参数与 P-L 破坏准则的参数具有以下关系。

$$c_t = \frac{m-1}{m} c_0 \left(\frac{m\sigma_t \tan \varphi_t}{c_0}\right)^{1/(1-m)} + \sigma_t \tan \varphi_t \tag{10-3}$$

这种线性化操作使非线性强度包络由多条切线表示，每条切线对应的解都是严格的上限解，从中寻求最小的上限解。

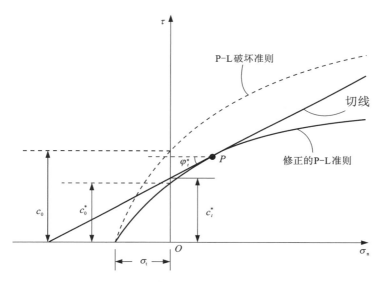

图 10-1　修正后的幂律型强度准则和相应的切线

10.1.2　非关联流规则

在既有文献中，大多数的岩土工程问题是基于相关联的岩土材料进行分析的。实际中，极限状态下的土体的塑性流动通常表现为非关联特征。目前，在极限分析中考虑材料的非关联特性主要有两种研究思路：①在不改变屈服准则的情况下，直接使用非关联流动法则进行计算；②保持关联流动法则不变，修改屈服准则中的参数或引入变量来表示非关联特性。实践表明，前者的计算过程通常是复杂的，更棘手的是，非关联流动法不满足极限分析原理的基本假设，使得分析变得困难。后者思路和方法明确，更适合与上限原理相结合。遵循第二种研究思路，本章引入了 Drescher 和 Detournay(1993)采用的非线性剪胀系数 ζ 来改进强度准则。剪切强度参数可以通过以下表达式进行修正：

$$\begin{cases} c^* = \zeta c \\ \tan \varphi^* = \zeta \tan \varphi \end{cases} \tag{10-4}$$

式中：c^* 和 φ^* 为满足非关联流动法则的材料的抗剪强度参数；ζ 为剪胀系数，定义为：

$$\zeta = \frac{\cos \varphi \cos \psi}{1 - \sin \varphi \sin \psi} \tag{10-5}$$

其中，ψ 是塑性剪切破坏期间的剪胀角，取值范围从 0 到 φ。根据式(10-5)，当 $\psi = \varphi$ 时，剪胀系数达到最大值 1，这是塑性流动规则从非关联变为相关联的情况。剪胀系数的引入使得莫尔-库伦准则适用于非关联材料。因此，幂律型准则也需要作出相应修正以描述材料的非线性和非关联流动特性。

$$\tau = \zeta c_0 \left(1 + \frac{\sigma_n}{\sigma_t}\right)^{\frac{1}{m}} \tag{10-6}$$

将求导运算应用于式(10-6)，得出相应切线斜率为：

$$\tan \varphi_t^{*} = \frac{\mathrm{d}\tau}{\mathrm{d}\sigma_n} = \frac{\zeta c_0}{m\sigma_t}\left(\frac{\sigma_n}{\sigma_t}+1\right)^{(1-m)/m} \tag{10-7}$$

通过整合式(10-2)、式(10-6)和式(10-7),消除应力分量,便得到一个仅包含抗剪强度参数 c_t^{*} 和 φ_t^{*} 的表达式

$$c_t^{*} = \frac{m-1}{m}\zeta c_0\left(\frac{m\sigma_t\tan \varphi_t^{*}}{\zeta c_0}\right)^{1/(1-m)} + \sigma_t\tan \varphi_t^{*} \tag{10-8}$$

10.2　极限承载力的拟静力分析

上限分析的实施需要首先建立运动容许的速度场。图 10-2 为放置在均质岩土材料上的浅埋条形基础。基础水平面到地面的埋深为 D,宽度为 B。假定基础底部粗糙,侧向土压力等效成均布荷载,表示为 $p=\gamma D$。地震时,由于存在水平地震荷载,基础的破坏往往呈非对称,因此必须建立非对称多块体破坏机制。作用在覆盖层上的地震惯性力视为均匀分布的载荷,分别垂直于表面和平行于表面。大多数研究人员认为,降低土体强度或者提高破坏荷载是地震作用影响土-地基系统的两种主要形式,这里只考虑后者。

图 10-2 为极限破坏状态下浅基础的简单示意。整个破坏区域由多块体破坏机制构成,该机制由 n 个刚性楔形块组成,均以点 B 为同一顶点。位于条形基础底部的第一个刚性块与基础同时平移,没有相对滑动。连续块体之间允许发生相对滑动。所有块体的几何形状由总共 $2n$ 个独立的角度参数和决定。

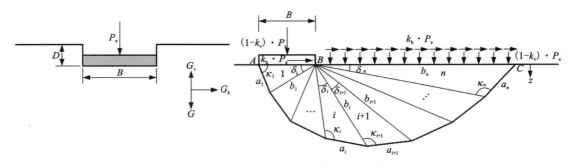

图 10-2　地震条件下浅基础破坏机构示意图

首先,对刚性块进行运动学分析,以建立能量平衡方程。相关联流动法则要求处于塑性流动状态的材料,其塑性应变率应垂直于屈服面。这要求两块体在接触面处有一个正常的分离速度,导致相对速度和滑动面之间形成一个倾斜角度 φ_t^{*}。如图 10-3 左图所示,假设块体 1 的平移速度表示为 v_1,根据上述要求,可以很容易地从速度矢量三角形推导出相对速度 $v_{1,2}$。为简单起见,第 i 块体的速度和 $i+1$ 块体的速度一般递归关系如下:

$$v_{i+1} = \frac{\sin(\delta_i+\kappa_i-2\varphi_t^{*})}{\sin(\kappa_{i+1}-2\varphi_t^{*})}\cdot v_i \tag{10-9}$$

$$v_{i,\ i+1} = \frac{\sin\ (\delta_i + \kappa_i - \kappa_{i+1})}{\sin\ (\kappa_{i+1} - 2\varphi_t^*)} \cdot v_i \tag{10-10}$$

类似地,滑动面和第 i 个楔块的长度可以很容易地推导出来:

$$a_i = \frac{\sin\delta_i}{\sin\ (\delta_i + \kappa_i)} b_{i-1} \tag{10-11}$$

$$b_i = \frac{\sin\kappa_i}{\sin\ (\delta_i + \kappa_i)} b_{i-1} \tag{10-12}$$

其中,第一个块体长度为:

$$a_1 = \frac{\sin\delta_1}{\sin\ (\delta_1 + \kappa_1)} B \tag{10-13}$$

$$b_1 = \frac{\sin\kappa_1}{\sin\ (\delta_1 + \kappa_1)} B \tag{10-14}$$

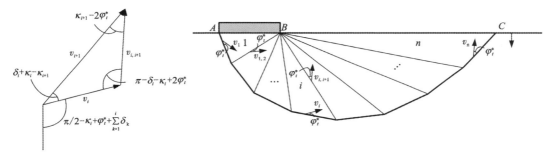

图 10-3　破坏块体速度矢量

10.2.1　外部功率和内部能量耗散率

本小节集中讨论外部功率的计算。土-地基系统中的外部荷载包括土体重力、等效地面超载、上部结构荷载和地震惯性力。

首先,由于土重和惯性力都是位于土体内部的均匀分布的体力,为了方便起见,它们的功率可以通过以下表达式一起计算:

$$W_\gamma = \frac{1}{2}\gamma \sum_{i=1}^{n} b_{i-1} b_i \sin\delta_i v_i \cos\theta_i \tag{10-15}$$

$$W_e = \frac{1}{2}\gamma \sum_{i=1}^{n} b_{i-1} b_i \sin\delta_i v_i (k_h \sin\theta_i - k_v \cos\theta_i) \tag{10-16}$$

其中,γ 表示地基土的容重;如图 10-3 左图所示,θ_i 表示垂直方向的倾斜角度,可通过下式计算:

$$\theta_i = \frac{\pi}{2} - \kappa_i + \varphi_t^* + \sum_{k=1}^{i} \delta_k \tag{10-17}$$

然后,通过计算速度矢量和力矢量的点积可以得到等效荷载产生的功率为:

$$W_p = p b_n v_n \sin\theta_n k_h + p b_n v_n \cos\theta_n (1 - k_v) \tag{10-18}$$

同样地，上部结构荷载 P_e 产生的功率由以下公式给出：

$$W_{P_e} = P_e v_1 [(1-k_v) \sin(\kappa_1 - \varphi_t^*) + k_h \cos(\kappa_1 - \varphi_t^*)] \tag{10-19}$$

最后，通过式(10-15)、式(10-16)、式(10-18)和式(10-19)的组成部分的累加，得出总的外力功率为：

$$W_{ext} = W_\gamma + W_e + W_p + W_{P_e} \tag{10-20}$$

除了外力所做的功率外，窄过渡层中的内能耗散率为：

$$D_{int} = c_t \cos \varphi_t^* \left(\sum_{i=1}^{n} a_i v_i + \sum_{i=1}^{n-1} b_i v_{i,i+1} \right) \tag{10-21}$$

10.2.2　地震极限承载力

根据式(10-20)和式(10-21)之间的平衡，最终得出地震条件下条形基础极限承载力的分析上限解：

$$P_e = (D_{int} - W_e - W_\gamma - W_p) / [v_1 k_h \cos(\kappa_1 - \varphi_t^*) + v_1(1-k_v) \sin(\kappa_1 - \varphi_t^*)] \tag{10-22}$$

为了全面分析不同参数，标准化的极限承载力可以进一步分解为以下三个部分：

$$p_{ce} = \frac{P_e}{B} = \frac{1}{2}\gamma B \cdot N_{\gamma e} + p \cdot N_{P_e} + c_t^* \cdot N_{c_t^* e} \tag{10-23}$$

式中：$N_{\gamma e}$，N_{pe} 和 $N_{c_t^* e}$ 为无量纲函数，也称为承载力系数，分别用于描述土体重力、等效超载和黏聚力对地震承载力的影响。

上述无量纲表达式是关于 δ_i，κ_i，φ_t^* 的函数，即

$$N_{\gamma e} = -\frac{k_h g_1 + (1-k_v) g_2}{\cos(\kappa_1 - \varphi_t^*) k_h + (1-k_v) \sin(\kappa_1 - \varphi_t^*)} \tag{10-24}$$

$$N_{pe} = -\frac{k_h g_3 + (1-k_v) g_4}{\cos(\kappa_1 - \varphi_t^*) k_h + (1-k_v) \sin(\kappa_1 - \varphi_t^*)} \tag{10-25}$$

$$N_{c_t^* e} = \frac{g_5}{\cos(\kappa_1 - \varphi_t^*) k_h + (1-k_v) \sin(\kappa_1 - \varphi_t^*)} \tag{10-26}$$

上述无量纲表达式的详细形式，可在附录 B 中查阅。

从式(10-23)中可以清楚地看出，极限承载力由 $2n$ 个独立的角度变量和一个等效的内摩擦角决定。每一组参数都会给出一个特定的上限解，其中最小的上限解需要通过 SQP 算法优化得到。目标函数须在以下约束条件下进行优化：

$$\min p_{ce} = f(\delta_i, \kappa_i, \varphi_t^*)$$

$$\text{s. t.} \begin{cases} \sum_{i=1}^{n} \delta_i = \pi, \ i = 1, 2, \cdots, n \\ \delta_i + \kappa_i \geq \kappa_{i+1} \end{cases} \tag{10-27}$$

在以往的大多数分析中，地基承载力是通过分别计算式(10-24)~式(10-26)，并将其叠加获得。与直接数值优化方法相比，这种叠加方法倾向于给出一个安全的估计值。因此，本章中采用直接优化式(10-27)的方法计算地基承载力。

10.3　结果和讨论

10.3.1　对比分析

式(10-27)的极限承载力可以被表示为一个多元非线性优化问题,其中优化变量的数量为 2n+1。在计算前,须先确定块体的数量。块体数量的增加会提高解的精度,同时也伴随着计算时间的负担。因此,应在效率和精度之间达成一个平衡。表 10-1 为地震承载力系数值与不考虑地震荷载的砌块数量的变化关系。很明显,地基的极限承载力随着砌块数量的逐渐增加而降低,相应的承载力系数与承载力呈现相同的趋势。注意,当 n 为 2~5 时,承载力的变化效果非常显著;当 n=14 时,变化速率缓慢降低,变化量不超过 0.06%。这表明,此时进一步增加块体的数量对上限解产生的积极影响可忽略不计,导致巨大的时间消耗。因此,在后期参数分析中,块体数量设定为 14。

表 10-1　承载力系数值与块体数量的变化关系

n	$N_{\gamma e}$	N_{p_e}	N_{ce}	p_{ce}/kPa	相对误差/%
2	37.85	28.65	47.89	1106.02	—
3	28.03	21.36	35.26	818.42	26.37
4	26.17	20.07	33.02	766.44	6.62
5	25.50	19.61	32.24	748.05	2.56
6	25.19	19.40	31.88	739.49	1.24
7	25.01	19.29	31.68	734.81	0.69
8	24.91	19.22	31.56	731.99	0.42
9	24.84	19.18	31.48	730.15	0.28
10	24.79	19.15	31.43	728.89	0.19
11	24.76	19.12	31.39	727.99	0.14
12	24.73	19.11	31.36	727.32	0.10
13	24.72	19.10	31.34	726.81	0.08
14	24.70	19.09	31.33	726.41	0.06

Soubra(1999)研究了相同破坏机制下的承载力问题,他分别对三个独立组件进行优化,并通过叠加法获得极限承载力。另一种直接优化式(10-27)的方案也受到许多学者的欢迎。事实证明,后者倾向于保守估计解。因此,在本章中中,采用直接优化(式 10-27)的方法计算地基承载力。

表 10-2　地震承载力值 p_{ce}/kPa

k_h	$\varphi/(°)$							
	15		20		25		30	
	本章结果	Soubra (1999)	本章结果	Soubra (1999)	本章结果	Soubra (1999)	本章结果	Soubra (1999)
0	176.34	168.4	268.60	254.83	429.00	405.24	726.41	684.02
0.1	140.90	134.79	210.81	200.59	330.20	312.86	546.95	516.61
0.2	108.75	102.64	160.22	151.77	246.73	233.66	400.75	378.93
0.3	81.43	64.80	118.43	110.14	179.79	169.02	287.17	270.8
0.4	59.83	51.40	86.27	67.50	129.98	117.92	206.30	189.09
0.5	45.80	39.80	65.63	52.30	98.57	70.20	156.32	128.45

表 10-3　地震承载力系数值 $N_{\gamma e}$

k_h	$\varphi/(°)$							
	15		20		25		30	
	本章结果	Soubra (1999)	本章结果	Soubra (1999)	本章结果	Soubra (1999)	本章结果	Soubra (1999)
0	2.80	2.10	5.77	4.67	11.80	10.06	24.70	21.88
0.1	1.54	1.01	3.46	2.61	7.37	6.04	15.75	13.59
0.2	0.66	0.26	1.78	1.13	4.14	3.14	9.28	7.67
0.3	0.14	—	0.71	0.26	2.02	1.28	4.97	3.80
0.4	—	—	0.21	—	0.97	0.28	2.87	1.51
0.5	—	—	—	—	0.47	—	1.78	0.35

表 10-4　地震承载力系数值 N_{p_e}

k_h	$\varphi/(°)$							
	15		20		25		30	
	本章结果	Soubra (1999)	本章结果	Soubra (1999)	本章结果	Soubra (1999)	本章结果	Soubra (1999)
0	3.98	3.95	6.51	6.41	10.95	10.69	19.09	18.46
0.1	3.10	3.07	5.07	5.02	8.49	8.35	14.70	14.34
0.2	2.22	2.07	3.71	3.62	6.27	6.17	10.87	10.67
0.3	1.42	—	2.50	2.25	4.37	4.22	7.70	7.54
0.4	0.82	—	1.59	—	2.91	2.47	5.27	4.97
0.5	0.50	—	1.03	—	1.99	—	3.71	2.85

表 10-5　地震承载力系数值 $N_{c_f e}$

k_h	$\varphi/(°)$							
	15		20		25		30	
	本章结果	Soubra (1999)	本章结果	Soubra (1999)	本章结果	Soubra (1999)	本章结果	Soubra (1999)
0	11.13	11.00	15.15	14.87	21.33	20.78	31.33	30.25
0.1	9.61	9.50	12.90	12.69	17.89	17.50	25.83	25.09
0.2	8.07	7.96	10.72	10.54	14.67	14.37	20.85	20.32
0.3	6.60	6.48	8.71	8.53	11.80	11.53	16.54	16.12
0.4	5.22	5.14	6.85	6.75	9.21	9.07	12.78	12.58
0.5	4.22	3.98	5.54	5.23	7.45	7.02	10.32	9.68

基于参数：$n=14$，$B=1$ m，$\zeta=1$，$\varphi=30°$，$c=15$ kPa，$p=10$ kPa 和 $\gamma=18$ kN/m³，表 10-2 至表 10-5 列出了 Soubra(1999) 的承载力结果和相应的承载力系数。作为对比，本章的结果与 Soubra(1999) 的结果有很好的一致性。在非地震情况下，最大差值约为 5%。在地震存在的情况下，差异高达 30%。这清楚地表明，直接优化法和叠加法之间的差异可能会因地震荷载而显著放大。无量纲系数的差异在三个分量中最大，其余分量不显著。

10.3.2　参数分析

参数分析是在考虑地震系数和非线性参数的非关联土体中进行的。为了方便起见，将对最终结果没有影响的次要因素设置为常数，其他基本输入参数设置为 $B=1$ m，$\gamma=18$ kN/m³，$k_h=k_v=0.2$，$p=15$ kPa，$\zeta=0.8$，$m=1.6$，$c_0=15$ kPa 和 $\sigma_t=15$ kPa。塑性流动法则的正交性是极限分析的基本假设之一，而土体的剪胀角不一定等于天然岩土材料的内摩擦角，这说明塑性流动是不相关的。因此，图 10-4 分别给出了在关联性土和非关联性土条件下，不同地震系数和非线性系数对基础地震承载力的影响。看起来，非关联条件下的地基承载力明显小于关联性图的解。这意味着先前的塑性流动的正交性假设倾向于高估承载力。此外，与水平地震系数相比，垂直地震系数的影响很小，在分析中通常可以忽略不计。

为了进一步研究土体非关联特性对地基承载力的内在影响，图 10-5 给出了非线性破坏准则下承载力随剪胀系数的变化。结果表明，随着剪胀系数的增大，地基承载力明显增大。在图 10-6 中，破坏准则为线性莫尔-库伦准则，其中剪胀角可以根据式(10-5)计算。观测结果表明，在剪胀角较大的情况下，地基的承载力更大，尤其是对于内摩擦角较大的土体，这种改善更为显著。

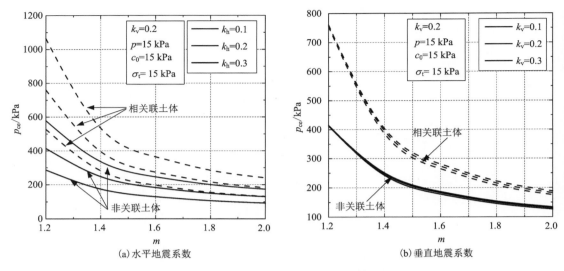

(a) 水平地震系数 (b) 垂直地震系数

图 10-4 地震承载力与非线性系数和地震系数的关系

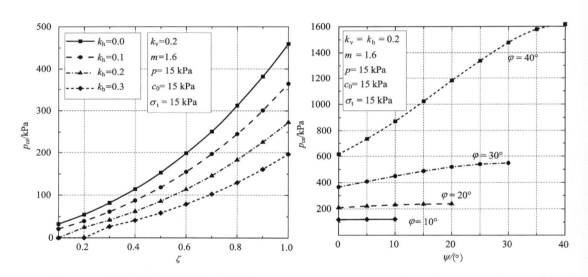

图 10-5 剪胀系数对抗震承载力的影响 **图 10-6 地震承载力与剪胀角和内摩擦角的关系**

对于位于地震多发区的基础，本章依旧采用经典拟静力法进行地震分析。不仅考虑了水平和垂直地震系数，还考虑了作用于土体、基础侧向覆土和上部结构的惯性力。地震承载力随垂直地震系数的变化如图 10-7 所示。有趣的是，当水平地震系数保持在一个较小的范围内（例如不超过 0.2）时，垂直地震系数的增加会对基础的承载力产生负面影响；当水平地震系数相对较大时，会产生积极影响。这种奇怪的现象可能是由以下原因造成的：首先，本工作假设地基的破坏是一个基础下沉和侧向土体向某一方向抬升的过程。假设垂直方向为正，在这种情况下，破坏块体的水平惯性力所做的功率始终为正，而垂直惯性力所做的功率并不总是正，因为基础下的破坏块体产生负功率。当水平地震系数相对较小时，水平和垂直地震荷载的联合作用可能导致承载力呈下降的趋势。

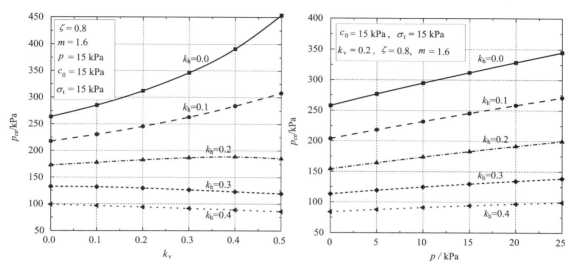

图 10-7　地震系数对地震承载力的影响　　图 10-8　地震承载力与地表超载和水平地震系数的关系

如图 10-8 所示，等效地表超载对承载力有良好的影响，因为它在土-地基系统中产生负功率，并为防止基础破坏提供阻力。在没有水平地震系数的情况下，等效超载的改善是明显的。改善效果随着水平地震系数的增加而逐渐减小。图 10-9 显示了非线性参数对地基地震承载力的影响。非线性系数的增加会导致承载力的显著降低，当非线性系数为1.2~2.0 时，承载力最大折减达到 70.0%。单轴抗拉强度对承载力的影响与非线性系数相同，折减幅度高达 82.4%。初始黏聚力对地基承载力的影响是有利的，初始黏聚力的增加可获得更大的地基承载力。注意，承载力随所有非线性参数的变化呈非线性趋势。

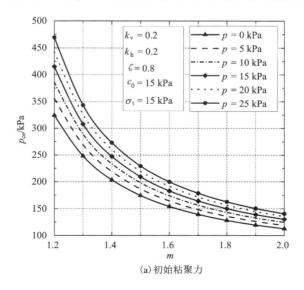

(a)初始粘聚力

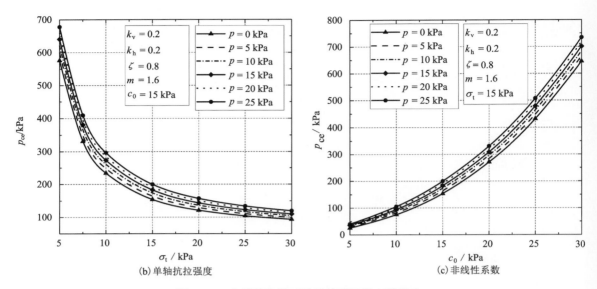

（b）单轴抗拉强度

（c）非线性系数

图10-9　非线性参数对地基地震承载力的影响

10.3.3　临界破坏面

本小节讨论了非线性参数和地震系数对临界滑动面形状的影响。从图10-10（a）可以看出，地面超载对临界破坏区域的影响较小。初始黏聚力的增加导致广泛的破坏区域和更高的地基承载力；相反，非线性系数和单轴抗拉强度的值越大，破坏区域和承载力都会降低。至于地震系数的影响，图10-11显示了临界滑动面的破坏区域随水平和垂直地震系数的变化。可以发现，随着水平地震系数的增加，临界破坏区域变浅。然而，垂直地震系数似乎并不影响破坏区域。

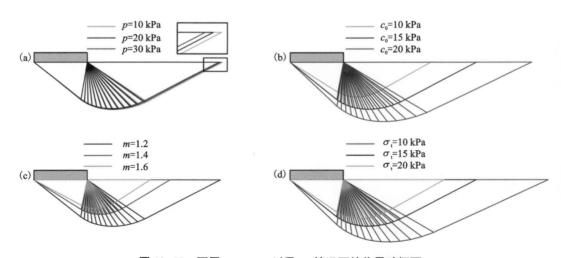

图10-10　不同 p，c_0，m 以及 σ_t 情况下的临界破坏面

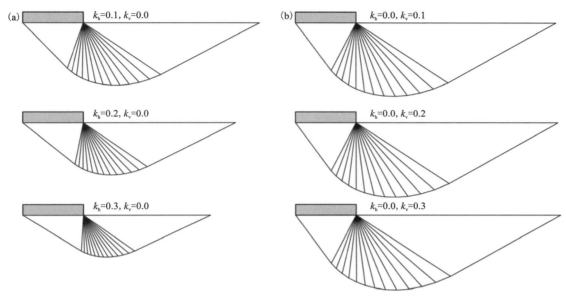

图 10-11　不同 k_h 和 k_v 对应的临界破坏面

10.4　本章小结

　　根据上限分析理论，建立了非对称多块体平移破坏机制，用于研究幂律型强度准则下条形基础的地震承载力问题。通过引入剪胀系数来考虑土体非关联流动特性。从功能平衡方程推导出极限承载力解析解，并将其表示为多元非线性优化问题。本章采用 SQP 算法搜索最小上限解。考虑到效率和精度之间的平衡，讨论了破坏机制的最合适块体数量。为了保证本章工作的正确性，在线性条件下与既有的解进行了比较，比较结果与既有文献结果有很好的一致性。具体结论总结如下。

　　在搜索最小上限解的过程中，两种不同的优化方法在不考虑地震的情况下有大约 5% 的细微差异。在考虑地震影响时，差异值可能会达到 30%。这表明地震的存在会放大不同优化方法的差异。在非关联流动法则控制的土体中，随着剪胀系数的降低，地基的承载力显著降低。特别是在线性条件下，即 $m=1$ 时，内摩擦角越大，非关联特征对承载力的影响越明显。

　　单轴抗拉强度和非线性系数对地基极限承载力的影响是不利的，而初始黏聚力对承载力的影响是有利的。此外，等效地表超载作为一个有利因素，通过提供侧向土压力作为阻力，防止地基发生破坏。水平地震系数通常对地基承载力有不利影响，垂直地震系数对基础的承载力几乎没有影响。有趣的是，当水平地震系数不超过 0.2 时，垂直地震系数的增加可能会对基础产生有益的影响，水平地震系数和地表超载对临界破坏机构的形状几乎没有影响；相反，非线性参数和水平地震系数对临界破坏区域影响显著。这表明，当不利因素明显加剧时，地基的破坏往往发生在靠近地表的小范围内。

第 11 章

非均质各向异性黏土地基承载力上限分析

地基承载力计算是基础设计中的一个重要问题。现有条形基础承载力计算理论主要适用于各向同性和均质介质。由于内外部环境因素的影响，土体和岩石表现出非均匀性和各向异性的特征。这使得地基承载力计算容易受到各种因素的影响，在非均质和各向异性土体中变得困难。非均质各向异性黏土地基的承载力计算引起了人们的广泛关注。

对于非均匀性和各向异性土体的承载力计算，学者们采用了不同的方法，取得了一定的结果。方法包括极限平衡法、滑移线法、极限分析法和有限元法。Skempton（1951）用经验公式法计算了非均质黏土地基的承载力。Reddy 和 Srinivasan（1970）利用极限分析的上限理论，研究了非均质和各向异性土体对地基承载力计算的影响。Davis 和 Booker（1973）采用特征线法分析了非均质土对地基承载力计算的影响。Chen（1975）基于圆形滑动破坏模式上限分析，研究了非均质各向异性黏土对地基承载力计算的影响。Reddy 和 Rao（1981）通过假设一种类似 Randtl 型但楔角变化的机构，利用极限分析，得到了各向异性非均质黏土上条形地基的承载力值。Gourvenec 和 Randolph（2003）利用有限元程序，分析了非均质黏土中条形基础与圆形基础的地基承载力差异。Al-Shamrani（2005）采用极限分析的上界方法，通过平移破坏机理，分析了黏土表面条形基础承载力因子，得到了光滑和粗糙基础下的封闭表达式。Al-Shamrani 和 Moghal（2012）利用极限分析的运动学方法，给出了各向异性黏性土上条形地基不排水承载力的闭合解。

采用极限分析方法，各向异性和非均质黏土承载力的所有解都是基于圆形或普朗特尔型破坏机制的假设。与 Al-Shamrani 和 Moghal（2012）的平移破坏机制和 Reddy 和 Rao（1981）的可变楔角 Prandtl 机制不同，本章的破坏机制是采用离散技术建立的，它可以考虑空间变化材料的性质。这种失效机理更接近于实际情况。对于离散块体，计算了内部能量耗散和外部功率；推导了各向异性和非均质黏土基础承载力系数的表达式，更简明易懂。

极限分析理论因其严格的理论基础而得到广泛的应用。在极限分析上限理论的框架下，采用离散技术研究了非均质、各向异性土体对条形地基承载力系数的影响。为了对结果进行优化，用 Visual Basic 语言编写了相应的优化程序，得到了优化结果。与之前发表的解决方案进行比较发现，现有的 3 种解与上述解几乎相等。因此，本章提出的失效机制是有效的。该方法将所提出的破坏机理与上限分析结合起来，为非均匀各向异性材料的承载力计算提供了一种新的途径。

11.1　黏土的均质性和各向异性

　　根据已有的研究成果，非均质各向异性黏土往往服从线性莫尔-库仑破坏准则。根据 Csaagrande 和 Carillo（1944），黏聚力 c 各向异性的变化规律如图 11-1 所示。ξ 是最大主应力与垂直方向的夹角。土的黏聚力 c_ξ 为：

$$c_\xi = c_h + (c_v - c_h)\cos^2\xi \tag{11-1}$$

式中：c_v 为土体竖向黏聚强度，最大主应力位于水平方向；c_h 为土体水平黏聚强度，最大主应力位于垂直方向。

　　Lo（1965）证明了各向异性系数 k（$k=c_h/c_v$）近似为常数，表明了土壤的各向异性。将 k 引入式（11-1），可以得到：

$$c_\xi = c_v[k + (1-k)\cos^2\xi] \tag{11-2}$$

　　当 $k=1.0$ 时，土壤呈各向同性。Lo（1965）提出 k 的值为 $0.6 \sim 1.3$。Davis 和 Christian（1971）根据不同研究人员报告的大量各向异性强度数据发现，k 的值为 $0.75 \sim 1.56$。本章中 $k=0.4 \sim 1.6$。黏聚力 c 具有明显的各向异性，土摩擦角 φ 的各向异性不明显。因此，本章在考虑土体各向异性时，不考虑土体内摩擦角 φ 的各向异性。

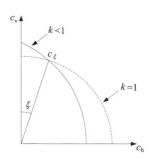

图 11-1　黏聚强度各向异性

　　黏聚力 c 的非均匀性会随着 z 的增加而增加。黏聚力 c 的非均匀性变化规律如图 11-2 所示。图 11-2 表明，黏聚力随深度 z 呈线性变化。在深度 h 处的内聚力为：

$$c_v = c_{v0} + \lambda h \tag{11-3}$$

式中：c_v 为 $z=h$ 时水平黏聚强度值；c_{v0} 为基础底部水平黏聚强度值；λ 是 c_v 随 z 增加的梯度。

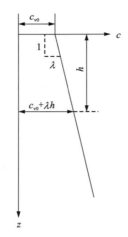

图 11-2　黏结强度与深度的关系

11.2　非均质和各向异性黏土的上界解

11.2.1　极限分析的上限定理

极限分析中的上限定理是基于功方程，即对于任意给定的运动容许速度场 $\dot{u}_i^{p\,*}$ 和应变速率场 $\dot{\varepsilon}_{ij}^{p\,*}$，根据相关联流动法则和速度边界条件（Chen 1975），外力的速率等于内部能量耗散率。在位移 A_T 的边界上，$\dot{u}_i^{p\,*}=0$。根据无功功率方程，得到：

$$\int_{A_\mathrm{T}} T_i \dot{u}_i^{p\,*}\,\mathrm{d}A + \int_V F_i \dot{u}_i^{p\,*}\,\mathrm{d}V = \int_V \sigma_{ij}^{p\,*} \dot{\varepsilon}_{ij}^{p\,*}\,\mathrm{d}V \quad (i,\ j=1,\ 2,\ 3) \tag{11-4}$$

式中：$\dot{\varepsilon}_{ij}^{p\,*}$ 为塑性应变速率场；$\dot{u}_i^{p\,*}$ 为与 $\dot{\varepsilon}_{ij}^{p\,*}$ 满足几何相容性的容许速度场；T_i 为 A_T 边界上的面积分布力向量；F_i 为 V 区域上的体力向量；σ_{ij}^E 为考虑流动规律的应力场。

11.2.2　逐点确定失效机理

Mollon 等（2010）采用离散技术建立了基于向量运算的巷道工作面破坏机理，采用点对点的方法描述了破坏机理，考虑了黏聚力的空间变化。Pan（2014）详细描述了这种技术，并通过将其应用到其他条件下，验证了该技术的可靠性，得到了理想的结果。

本章逐点确定的新的破坏机理如图 11-3 所示。因为它的对称性，所以选择了它的一半，如图 11-4（a）所示。详细描述了如何利用离散技术生成故障模式的速度不连续点。如图 11-4 所示，B_i 是位于速度不连续面 BE 上的一点，B_i 按照一定的规则生成 B_{i+1}。角度参数 $\delta\theta$ 是线 OB_{i+1} 与线 OB_i 的夹角，$\delta\theta$ 的值可以确定生成的失效模式的精度。θ_i 为 OB_i 线与初始方向的夹角。如果 $i=1$，则 $\theta_i=\theta_B$，线 OB_i=线 OB，这是产生速度不连续的初始条件。$(Ox,\ Oy)$ 为点 O 的坐标，$(x_i,\ y_i)$ 为点 B_i 的坐标，$(x_{i+1},\ y_{i+1})$ 为点 B_{i+1} 的坐标。$\vec{v_i}=(x_{vi},\ y_{vi})$ 是点 B_i 的单位速度向量，$\vec{n_i}=(x_{ni},\ y_{ni})=$ 是直线 B_iB_{i+1} 的单位法向量。B_i 点各向量之间的关系如图 11-5 所示。

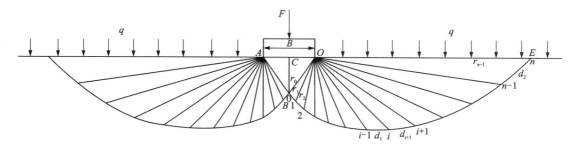

图 11-3　基础承载力计算破坏模式

由图 11-5 的几何关系可知，在点 B_i 处，单位速度矢量 $\vec{v_i}$ 与角度 θ_i 的关系为：

$$\begin{cases} x_{vi} = \sin \theta_i \\ y_{vi} = -\cos \theta_i \end{cases} \qquad (11-5)$$

由相关联流动法则可知，单位速度向量 $\vec{v_i}$ 与单位法向量 $\vec{n_i}$ 在点 B_i 处的夹角为 $\pi/2 + \varphi_i$。所以 $\vec{n_i}$ 和 $\vec{v_i}$ 之间的关系如下：

$$\begin{cases} \vec{v_i} \cdot \vec{n_i} = \cos(\pi/2 + \varphi_i) \\ \| \vec{n_i} \| = 1 \end{cases} \qquad (11-6)$$

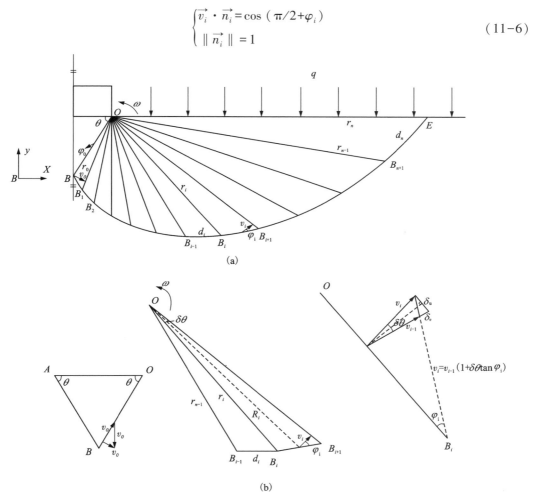

(a)

(b)

图 11-4　破坏机理的一致速度场

将式(11-5)引入式(11-6)，则单位法向量 $\vec{n_i}$ 的表达式为：

$$\begin{cases} x_{ni} = -\cos(\theta_i - \varphi_i) \\ y_{ni} = -\sin(\theta_i - \varphi_i) \end{cases} \tag{11-7}$$

由于 $\vec{n_i}$ 中的单位速度向量垂直于向量 $\overrightarrow{B_iB_{i+1}}$，因此得到：

$$\vec{n_i} \cdot \overrightarrow{B_iB_{i+1}} = 0 \tag{11-8}$$

向量 $\overrightarrow{B_iB_{i+1}}$ 可得：

$$\overrightarrow{B_iB_{i+1}} = \overrightarrow{B_iO} + \overrightarrow{OB_{i+1}} \tag{11-9}$$

将式(11-9)引入式(11-8)可得：

$$\vec{n_i} \cdot (\overrightarrow{B_iO} + \overrightarrow{OB_{i+1}}) = 0 \tag{11-10}$$

为了得到点 B_{i+1} 的坐标，向量 $\overrightarrow{OB_{i+1}}$ 可以用：

$$\overrightarrow{OB_{i+1}} = \lambda_{i+1}\overrightarrow{\delta_{i+1}} \tag{11-11}$$

其中，λ_{i+1} 是点 O 到点 B_{i+1} 的距离；$\overrightarrow{\delta_{i+1}}$ 是单位向量，它表示为：

$$\overrightarrow{\delta_{i+1}} = (-\cos\theta_{i+1}, -\sin\theta_{i+1}) \tag{11-12}$$

将式(11-12)和式(11-11)引入式(11-10)中，λ_{i+1} 的表达式为：

$$\lambda_{i+1} = -\frac{x_{n_i}(x_i - x_O) + y_{n_i}(y_i - y_O)}{x_{n_i}\cos\theta_{i+1} + y_{n_i}\sin\theta_{i+1}} \tag{11-13}$$

将式(11-13)引入式(11-11)，得到点 B_{i+1} 的坐标：

$$\begin{cases} x_{i+1} = x_O - \lambda_{i+1}\cos\theta_{i+1} \\ y_{i+1} = y_O - \lambda_{i+1}\sin\theta_{i+1} \end{cases} \tag{11-14}$$

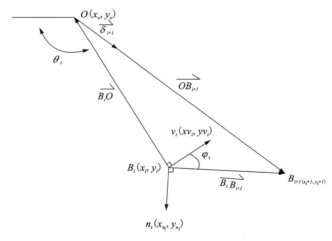

图 11-5　各向量之间的关系

从点 B 生成滑动面，然后依次生成点 B_1，B_2，B_3，……。$\delta\theta$ 的值越小，生成的失效模式越准确。图 11-6 为 $\theta_0 = 60°$，$\varphi_i = 30°$ 和 $r_0 = 4$ m 时，破坏机制与 Prandtl 型破坏机制的差

异。将上述离散过程得到的等高线点分别绘制为角 $\delta\theta$ 的 3 个值，分别为 1°、5°、10°。由图 11-6 可知，当 $\delta\theta$ 为 1° 时，离散技术产生的速度不连续与普朗特尔型机构的对数螺旋线一致。$\delta\theta$ 的值越大，二者的偏差越大。

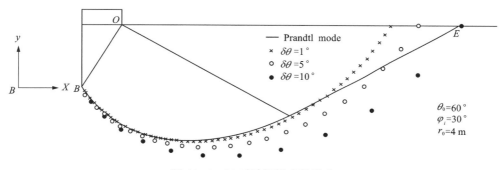

图 11-6　$\delta\theta$ 对破坏模式的影响

11.3　耗散和功率计算

破坏机理遵循相容速度场，利用极限分析的上限定理确定地基的极限承载力的关键在于能量耗散率和外力功率的计算。施加在运动块体上的力为：①构成运动块体的土的重量；②地基的极限承载力；③地面上可能的附加载荷。机构的能量耗散发生在速度不连续面和相邻离散块之间的表面上。利用离散技术从破坏机理的产生过程中可以得出，土体内摩擦角通过改变速度不连续面上各点的位置来影响能量耗散和外功。黏聚力的非均匀性和各向异性会对耗能产生影响。

11.3.1　外力功率的计算

新的失效机制由许多小的离散块组成。这样就可以计算出每个块的重量和耗能的做功率，然后相加。重力的外力功率的计算总和包括三角形元 OB_iB_{i+1} 在 OBE 上和三角形 OBE 的计算总和（图 11-7）。因此，权重功率的总计算可以离散写成：

$$W_\gamma = \gamma\omega \sum_i (S_{B_i} R_{G_{B_i}} \cos\theta_{G_{B_i}}) + \frac{1}{8}\gamma\omega B^2 r_1 \sin\theta \tag{11-15}$$

式中：γ 为单位重量的土壤；ω 为运动块的角速度；OB 线的长度为 r_0，$r_0 = B/(2\cos\theta)$，B 为基础的宽度；S_{B_i} 为三角形 OB_iB_{i+1} 的面积；G_{Bi} 为三角形 OB_iB_{i+1} 的重心；$R_{G_{Bi}}$ 为点 O 和点 G_{Bi} 之间的距离；θ 为 OB 线与 OC 线的夹角；$\theta_{G_{Bi}}$ 为 OG_{Bi} 线与 OC 线的夹角。

$$S_{B_i} = \frac{1}{2}\delta\theta\sqrt{(x_i-x_O)^2+(y_i-y_O)^2}\sqrt{(x_{i+1}-x_O)^2+(y_{i+1}-y_O)^2} \tag{11-16}$$

其中 x_O 和 y_O 分别是点 O 的坐标：

$$\begin{cases} x_O = r_1\cos\theta \\ y_O = r_1\sin\theta \end{cases} \tag{11-17}$$

三角形 OB_iB_{i+1} 的重心 G_{Bi} 坐标为：

$$\begin{cases} x_{GB_i} = \dfrac{x_O + x_{i+1} + x_i}{3} \\ y_{GB_i} = \dfrac{y_O + y_{i+1} + y_i}{3} \end{cases} \tag{11-18}$$

因此，得到点 $R_{G_{Bi}}$ 的坐标如下：

$$R_{GBi} = \sqrt{(x_{G_i} - x_O)^2 - (y_{G_i} - y_O)^2} \tag{11-19}$$

然后

$$\theta_{GB_i} = \pi + \arctan \frac{y_{GB_i} - y_O}{x_{GB_i} - x_O} \tag{11-20}$$

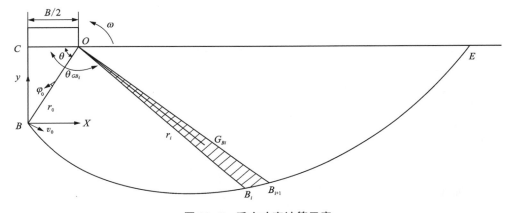

图 11-7   重力功率计算示意

由图 11-4 可知，若 V_0 为 B 处的相对速度，则沿 OB 处的相对速度为 $V_r = V_0 \tan\theta$。三角形 OAB 的垂直速度 $V_0' = V_0 \sec\theta$，其中 $V_0 = r_0\omega$。因此，地基极限承载力与地表附加荷载的做功速率为：

$$W_q = r_n q r_{n-1} \omega \cos\theta_{i-1} + \frac{1}{2} B q_u r_0 \omega \sec\theta \tag{11-21}$$

外力的总功率为：

$$W = W_\gamma + W_q \tag{11-22}$$

11.3.2   内部能量耗散的计算

在图 11-4 中，失效模式的能量耗散发生在旋转机构 OBE 的速度不连续面 OB、BE 和离散三角形之间的接触面 OB_i 处。由于离散技术生成的速度，不连续面 BE 由直线 $B_{i-1}B_i$ 连接。因此首先计算各直线 $B_{i-1}B_i$ 的能量耗散，为 $\omega c_{\xi i} d_i R_{i-1} \cos\varphi_i$。同样的方法也可用于计算接触面 OB_i 上的能量耗散。由于 u 是沿径向 OB_i 的速度，其中 $\delta u = V_{i-1} \cdot \delta\theta = R_{i-1}\omega\delta\theta$，所以 OB_i 线的能量耗散为 $\omega c'_{\xi i} \cdot r_i R_{i-1} \cdot \delta\theta^2$。则速度不连续面的总能量耗散为：

$$D = \frac{c_{\xi 0}}{2\cos\theta} B r_0 \omega \tan\theta + \omega \sum_{i=1} c_{\xi i} d_i R_{i-1} \cos\varphi_i + \omega \sum_{i=1} c'_{\xi i} \cdot r_i R_{i-1} \cdot \delta\theta \tag{11-23}$$

式中：φ_i 为线 $B_{i-1}B_i$ 中点土体内摩擦角；c_{g0} 为线 OB 中点的黏聚力；$c_{\xi i}$ 为线 $B_{i-1}B_i$ 中点的黏聚力；$c'_{\xi i}$ 为径向 OB_i 中点的黏聚力；d_i 为线 $B_{i-1}B_i$ 的距离。

$$d_i=\sqrt{(x_i-x_{i-1})^2+(y_i-y_{i-1})^2} \tag{11-24}$$

R_i 是点 O 到直线 $B_{i-1}B_i$ 中点的距离：

$$R_{i-1}=\sqrt{\left(\frac{x_{i-1}+x_i}{2}-x_O\right)^2-\left(\frac{y_{i-1}+y_i}{2}-y_O\right)^2} \tag{11-25}$$

首先，将式（11-22）的外功率与式（11-23）的耗能率相等，可得地基极限承载力 q_u 的表达式为：

$$q_u=\frac{(c_{g0}Br_0\omega\tan\theta/(2\cos\theta)+\omega\sum_i c_{\xi i}d_iR_i\cos\varphi_i+\omega\sum_i c'_{\xi i}\cdot r_iR_i\cdot\delta\theta)}{Br_0\omega/(2\cos\theta)}-$$
$$\frac{\left[\gamma\omega\sum_i(S_{B_i}R_{G_{B_i}}\cos\theta_{G_{B_i}})+\frac{1}{8}\gamma\omega B^2r_0\sin\theta\right]}{Br_0\omega/(2\cos\theta)}-\frac{r_nr_{n-1}q\omega\cos\theta_{i-1}}{Br_0\omega/(2\cos\theta)} \tag{11-26}$$

在非均质各向异性饱和黏土地基中，图 11-4 中的速度场仍然是相容的，但 $\varphi_i=0$。根据相关联流动法则，饱和黏土地基的土在 $\varphi_i=0$ 时体积不发生变化。由于这种破坏机制的对称性，式（11-26）中土的重量做功率为 0。地基的极限承载力 q_u 只与黏聚力和来自地表 q 的附加荷载有关。黏土的非均匀性和各向异性会对式（11-26）中黏聚力相关耗能计算产生影响。地基土均质各向同性时，土体内摩擦角 φ 和黏聚力 c 为定值。

为了便于工程应用和与其他结果的比较，本章仅考虑地基承载力系数 N_c。式（11-26）中来自地面 q 的附加载荷等于 0。引入非均质系数 $\eta=\lambda B/c_{v0}$，反映土体强度非均质程度。同时，为了区别于均质土，本章定义了地基的等效承载力因子 N'_c：

$$N'_c=q_u/c_{v0}=f(\theta,\ k,\ \eta,\ \delta\theta) \tag{11-27}$$

其中，q_u 为仅考虑黏聚力 c 的地基极限承载力，不同的破坏模式具有不同的 N'_c。目标函数的优化需要有一定的条件。在本章中，θ 是影响 N'_c 值的主要参数。Visual Basic 语言中的优化程序是寻找 N'_c 的最小值的代码，应满足以下条件：

$$0<\theta<\pi/2 \tag{11-28}$$

在图 11-6 中，可以发现，$\delta\theta$ 的值会对 N'_c 产生影响。$\delta\theta$ 越小，N'_c 的精度越高。注意，当 $k=1$，$\eta=0$，$\delta\theta=0.001°$ 时，计算 N'_c 在 Core2 Quad CPU 2 GHz PC 上所需的 CPU 时间为 6 秒，对应的 N'_c 为 5.71246。但在 $k=1$，$\eta=0$，$\delta\theta=0.0001°$ 时，对应的 N'_c 为 5.71240，相同条件下，*CPU* 时间为 24 秒。结果的精度仅提高了 0.00105%，但计算时间增加了 3 倍。因此本章中 $\delta\theta=0.001°$。

图 11-8 中 ψ 为土破坏面与原理面 σ_i 的夹角。已知在饱和 10 黏土地基中，ψ 是近似恒定的，而不是随原理面 σ_i 变化。本章中 ψ 为 35°（Lo, 1965）。

在图 11-8 和图 11-5 中，基底斜线 $B_{i-1}B_i$ 上可以得到 ξ：

$$\xi=|\alpha_i-\psi|=|\theta_i-\varphi_i-\psi| \tag{11-29}$$

在图 11-9 和图 11-5 中，可以在主斜线 OB_i 上得到 ξ：

$$\xi=\left|\frac{\pi}{2}-\theta_i-\psi\right| \tag{11-30}$$

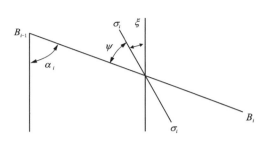

图 11-8　在基准线斜线上的确定 ξ

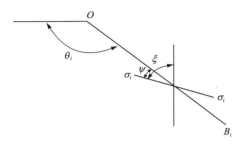

图 11-9　在主斜线上的确定 ξ

11.4　上限解的结果、比较和讨论

用 Visual Basic 语言编制计算程序,得到了离散技术的上界解。为了验证考虑土体非均匀性和各向异性的解的可靠性,将其与已有的结果进行了比较。表 11-1 给出了各向异性黏土承载力系数 N_c' 与最广为人知的承载力解的比较。Al-Shamrani 和 Moghal(2012)采用基于极限分析运动学方法的变楔角平移破坏机制求解。Reddy 和 Srinivasan(1970)提供的解是从基于旋转破坏机制的极限平衡中得到的。对于均质各向同性强度($\eta=0$,$k=1$)的情况,本文给出 $N_c'=5.71$,如表 11-1 所示。与 Prandtl 计算的 $N_c'=5.14$ 相比,本文高估了约 11%。

从表 11-1 中可以发现,与 Al-Shamrani 和 Moghal(2012)以及 Reddy 和 Srinivasan(1970)的结果相比,不考虑土壤的非均质性,本章解的承载力系数仅略高于前者。与 Al-Shamrani 和 Moghal(2012)的解相比,当 $k=0.5$ 和 $k=1.25$ 时,两种解之间的差异为 1.8% 到 1%。与 Reddy 和 Srinivasan(1970)的解相比,当 $k=0.5$ 和 $k=1.25$ 时,两种解之间的差异为 8% 到 2%。在给定的各向异性程度范围内,可以发现本章得到的承载力值比 Al-Shamrani 和 Moghal(2012)和 Reddy 和 Srinivasan(1970)提供的值大不超过 2% 和 8% 左右。这种差异被认为是合理的,对预测承载力的影响远小于剪切强度参数的影响。

Reddy 和 Rao(1981)采用极限分析的运动学方法,以及 Prandtl 型破坏机制。从表 11-1 中可以发现,本解优于 Reddy 和 Rao(1981)的解,当 $k=0.5$ 时,其偏差为 34.7%;当 $k=1.25$ 时,其偏差持续减小,约为 5.8%。

Davis 和 Christian(1971)用滑移线法给出了各向异性黏土不排水承载力的解。与 Davis 和 Christian(1971)的解相比,两种解之间的差异从 $k=0.5$ 时的约 9.5% 增加到 $k=1.25$ 时的约 10.9%。由表 11-1 可知,土体的各向异性会对承载力系数的取值产生深远的影响。将 k 的值从 1.0 改为 2.0,N_c' 的值增加了约 50%,这与 Al-Shamrani 和 Moghal(2012)的结果相似。

在各向同性和非均质土(即土)的情况下,本分析的承载力因子(I.e. $k=1$, $0\leqslant\eta\leqslant30$)与表 11-2 和图 11-10 中先前的解进行比较。

表 11-1 不同分析方法的承载力比较

	方法	各向异性程度 k						
		0.500	0.556	0.625	0.714	0.833	1.000	1.250
本章结果	极限分析	4.284	4.444	4.461	4.895	5.235	5.712	6.426
Al-Shamrani 和 Moghal(2012)	极限分析	4.209	4.376	4.579	4.838	5.181	5.656	6.358
Reddy 和 Srinivasan(1970)	极限平衡	3.964	4.139	4.357	4.636	5.005	5.520	6.288
Reddy 和 Rao(1981)	极限分析	3.179	3.445	3.718	4.035	4.509	5.142	6.071
Davis 和 Christian (1971)	滑移线解	3.913	4.053	4.211	4.430	4.718	5.142	5.796

Al-Shamrani(2005)利用极限分析的上界方法，采用平移破坏机制，提出了黏土表面条形地基承载力的解析解。Livneh 和 Greenstein(1972)用滑移线法求得地基承载力因子。Peck 等人(1953)提出，在均匀强度的情况下，结合等于基础强度平均值的等效强度，使用承载力。采用 Prandtl 型破坏机理，以及极限分析的运动学方法，得到了 Reddy 和 Rao(1981)的解。Reddy 和 Srinivasan(1970)利用极限平衡和极限分析的上限方法得到了解。由图 11-10 可知，承载力因子 N'_c 随着 η 的增大而增大。在所有结果中，随着 η 的增大，非均匀性对承载力的影响更加显著。本章显示的非同质性对承载力的影响小于 Peck 等(1953)，但大于 Al-Shamrani(2005)，Reddy，以及 Rao(1981)和 Reddy 和 Srinivasan(1970)；但与 Livneh 和 Greenstein(1972)的研究结果相似。

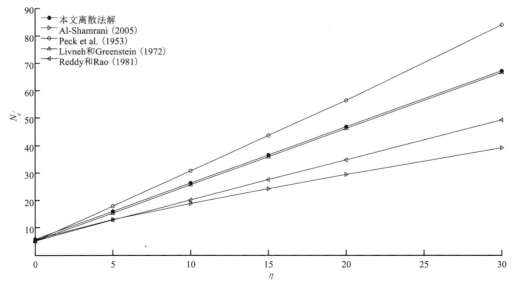

图 11-10 非均质黏土的 N'_c 值比较

表 11-2 显示, 在 η 的较低范围内, 本研究开发的解给出的承载力因子值相对于其他解较高。与 Al-Shamrani(2005)、Livneh 和 Greenstein(1972)、Peck et al. (1953) 以及 Reddy 和 Srinivasan(1970) 相比, 可以看出, 目前的解都高估了它们。在 $\eta = 0$ 处的差异分别为 0.9%、11%、11% 和 3.4%。当 $\eta = 30$ 时, 本解高估 Al-Shamrani(2005)、Reddy 和 Rao (1981) 以及 Reddy 和 Srinivasan(1970) 的解, 差异分别为 71.9%、36.7% 和 43.8%。这篇论文与 Livneh 和 Greenstein(1972) 之间的差异只有 1%。但本章的解小于 Peck et al. (1953), 在 $\eta = 30$ 处差异为 19.8%。

从表 11-2 的结果可以看出, Al-Shamrani(2005) 的解的高估在 $\eta(0 \leqslant \eta \leqslant 2)$ 的低范围下不超过 8.5%。当 η 位于上范围($2 \leqslant \eta \leqslant 30$)时, 对 Livneh 和 Greenstein(1972) 的解的高估不超过 6%。

表 11-2　各向同性非均质黏土地基承载力因子 N'_c

N'_c	N'_c					
	Al-Shamrani (2005)	Livneh 和 Greenstein (1972)	Present results	Peck et al. (1953)	Reddy 和 Rao (1981)	Reddy 和 Srinivasan (1970)
0	5.66	5.14	5.71	5.14	5.14	5.52
0.5	6.66	6.14	6.74	6.43	6.06	6.6
1	7.53	7.2	7.77	7.71	6.89	7.56
2	9.08	9.26	9.83	10.28	8.45	9.31
3	10.49	11.31	11.89	12.85	9.96	10.94
4	11.81	13.37	13.95	15.42	11.44	12.49
5	13.08	15.43	16.01	17.99	12.92	13.99
7	15.49	19.54	20.13	23.31	15.85	16.89
10	18.91	25.71	26.32	30.84	20.24	21.07
15	24.29	35.99	36.62	43.69	27.54	27.77
20	29.43	46.27	46.92	56.54	34.83	34.28
30	39.28	66.84	67.53	84.24	49.41	46.95

对于非均质和各向异性黏土, 承载力因子 N'_c 值比较如表 11-3 所示。由表 11-3 的结果可以发现, 当 $k = 0.4$ 和 $\eta = 30$ 时, 该解高估 Al-Shamrani(2005)、Reddy 和 Rao(1981) 以及 Reddy 和 Srinivasan(1970) 的解, 其差异分别为 92%、37% 和 64.9%。当 $k = 1.6$ 和 $\eta = 30$ 时, 差异分别为 63.5%、36.7% 和 35%。

表 11-3　各向异性非均质黏土地基承载力系数 N_c'

η	N_e'											
	Present results			Al-Shamrani(2005)			Reddy 和 Rao(1981)			Reddy 和 Srinivasan(1970)		
	k			k			k			k		
	0.4	1.0	1.6	0.4	1.0	1.6	0.4	1.0	1.6	0.4	1.0	1.6
0.00	3.99	5.71	7.42	3.91	5.66	7.33	3.58	5.14	6.67	3.65	5.52	7.36
0.50	4.70	6.74	8.78	4.51	6.66	8.74	4.19	6.06	7.92	4.28	6.60	8.89
1.00	5.41	7.77	10.13	5.03	7.53	9.95	4.74	6.89	9.02	4.84	7.56	10.25
2.00	6.82	9.83	12.84	5.97	9.08	12.10	5.81	8.45	11.06	5.88	9.31	12.72
3.00	8.24	11.89	15.55	6.82	10.49	14.06	6.85	9.96	13.04	6.84	10.94	15.00
4.00	9.65	13.95	18.26	7.62	11.81	15.90	7.87	11.44	14.98	7.76	12.49	17.19
5.00	11.06	16.01	20.97	8.39	13.08	17.66	8.88	12.92	16.92	8.65	13.99	19.30
7.00	13.89	20.14	26.38	9.84	15.49	21.02	10.89	15.85	20.78	10.37	16.89	23.38
10.0	18.13	26.32	34.51	11.90	18.91	25.78	13.90	20.24	26.54	12.84	21.07	29.26
15.0	25.20	36.62	48.05	15.14	24.29	33.29	18.89	27.54	36.14	16.81	27.77	38.70
20.0	32.27	46.93	61.60	18.23	29.43	40.47	23.87	34.83	45.72	20.65	40.66	47.86
30.0	46.40	67.54	88.68	24.12	39.28	54.24	33.83	49.41	64.89	28.14	46.95	65.71

　　为了观察土体的非均质性和各向异性对黏土地基承载力的影响，图 11-11 给出了各向异性系数 $k = 0.4 \sim 1.6$，非均质系数 $\eta = 0 \sim 30$ 时，地基承载力系数 N_c' 的曲线。从图 11-11 中可以看出，地基承载力系数 N_c' 随着各向异性系数 k 的增大而增大，随着非均匀性系数

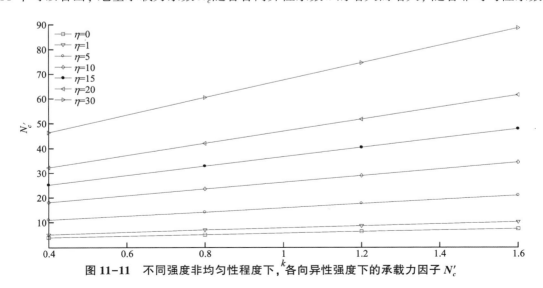

图 11-11　不同强度非均匀性程度下，各向异性强度下的承载力因子 N_c'

h 的增大而增大。这种关系几乎是线性的,这与 Al-Shamrani(2005)的结论有很好的一致性。在剪切强度均匀但各向异性的情况下,N_c' 的增加量约为 86%,k 的值为 0.4~1.6。$\eta =$ 30 时,N_c' 的值增加了约 91%,k 的值为 0.4~1.6。

当各向异性系数 $k = 0.4 \sim 1.6$,非均质系数 $\eta = 0 \sim 1.2$ 时,承载力因子 N_c' 如图 12 所示。从图 11-12 可以看出,土体非均质性对承载力因子的取值有深刻的影响。承载力的值随非均质系数 η 的增大呈线性增大。

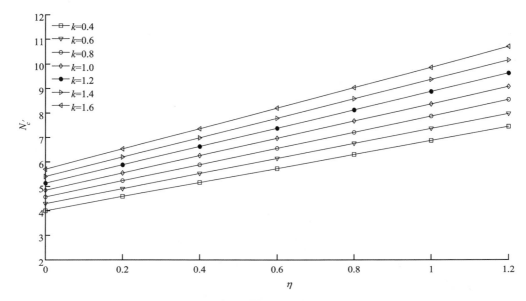

图 11-12   各向异性程度各不相同的承载力因子 N_c'

总之,黏土地基的非均质性和各向异性对地基的承载力产生了很大的影响。因此,在实际工程中有必要考虑土体的非均质性和各向异性。

11.5   本章小结

利用上限定理,结合逐点确定的破坏机理,得到非均质各向异性黏土的承载力。通过与已有研究结果的比较,证明了所提出的失效机制是有效的。研究了各向异性和非均质性对黏土极限承载力的影响。从研究结果可以得出以下结论。

(1)当土体各向同性($k = 1.0$),非均匀性系数 η 较小($0 \leqslant \eta \leqslant 2$)时,本章的解与 Al-Shamrani(2005)的解接近,差异小于 8.5%。当土体为各向同性($k = 1.0$),非均匀性系数 η 较大($2 \leqslant \eta \leqslant 30$)时,本章的解与 Livneh 和 Greenstein(1972)的解接近,差异小于 6%。

(2)承载力因子 N_c' 随各向异性系数 k 的增加呈线性增加。承载力因子 N_c' 随非均质系数 η 的增大呈线性增大。

(3)该方法引入上限定理,结合逐点确定的新的破坏机理,为非均质和各向异性材料的承载力计算提供了一种新的途径。

第 12 章

基于离散法的浅基础极限承载力研究

　　浅基础的承载力评估一般是根据干土或饱和土的计算公式来完成的，忽略了基质吸力的影响。许多浅基础大多建在地下水位以上的土层上，浅基础下的大部分土体实际上是非饱和状态。浅基础的破坏通常与剪力破坏有关，剪力破坏是基础设计中主要工程特性之一。非饱和土的抗剪强度取决于基质吸力，基质吸力通常随深度变化。因为极限分析离散法适合考虑土体参数的变化，采用该方法计算考虑非饱和土体抗剪强度的浅基础承载力。利用该方法进行参数分析，给出了不同土层类型、地基宽度 B，上覆土埋深 D，有效内摩擦角 φ'，土体容重 γ，附加荷载 q_0 条件下浅基础的承载力。

　　承载力是基础设计中最重要的性能之一。在实际情况中，许多浅基础通常建在地下水位之上，而浅基础下的大部分土壤是非饱和的。这种情况下，浅基础的破坏通常与非饱和土的剪切破坏有关。因此，非饱和土的抗剪强度是基础设计中主要工程特性之一。目前所发现的规律认为，基质吸力可以提高非饱和土的抗剪强度。由于土体内部存在这种吸力，其承载力较完全饱和状态有显著提高。传统的地基承载力计算方法是在不考虑基质吸力影响的情况下，根据干土或饱和土的计算公式来计算，这使得传统的地基承载力计算方法不可靠，设计不经济。此外，关于非饱和土承载力评价的文献研究工作有限。因此，非饱和土的承载力越来越受到人们的关注。

　　非饱和土力学作为一种非常有用的工具，在近几十年来得到了广泛的发展，为非饱和土的准确分析提供了依据。一些研究表明，基质吸力对非饱和土的承载力有重要影响。太沙基用有效应力法估算了饱和土的承载力。此后，相关学者多次尝试将非饱和土的基质吸力引入太沙基经典承载力公式中。Oloo 等人基于抗剪强度理论，通过扩展太沙基方程，提出了非饱和土表面基础的线性承载力方程；但实验数据表明，吸力与承载力之间并不是线性关系。为了克服这一缺点，Vahedifard 和 Robinson 提出了一种利用有效饱和度的非饱和土承载力方程，其中利用吸力平均值考虑吸力分布变化的影响。Tang 等人基于有效应力原理，提出了考虑线性吸力线和均匀吸力线的非饱和土基础承载力计算公式。

　　注意，基质吸力不是一个应力量，在任何抗剪强度准则中都不应将其作为一个应力量。现有的研究只把基质吸力看作静水吸力分布，这是不够准确的。理论上，地下水位的基质吸力随地下水位高度的增加而变化。研究发现，非饱和土的基质吸力分布在不同的稳态流速下偏离了静水条件。Lu 和 Likos 引入了考虑不同表面通量边界条件（如入渗或蒸发）的吸应力分布，Griffiths 和 Lu 成功地将其应用于边坡稳定性。

　　基于极限分析的离散法，在现实设计中研究非饱和土浅基础的承载力。由于非饱和土的抗剪强度是由基质吸力贡献的，吸力通常随深度减小，在地下水位处消失，不同深度非饱和土的抗剪强度值不同。Mollon 等人引入的极限分析离散化技术以点对点的方式产生破坏机制，使得它非常适合考虑土体参数的空间变化，如黏聚力随深度的变化。此外，Zhang 等人在实践中发现，基质吸力的剖面并不是随深度线性变化的，基质吸力的均匀或线性分布与客观事实不符。采用 Lu 等人引入的方程，考虑土体饱和度和基质吸力变化引起的有效应力的变化。该定义需要两个参数来描述不同土壤的有效应力，即拟合参数(n)和进气压的倒数(α)。

本项目地处多雨区域，水分充足，土体常年处于饱和状态，且考虑忽略土体中的基质吸力使得结果偏于保守。因此，本项目假定土体处于饱和状态，考虑饱和土体抗剪强度进行承载力计算，并分析相关的土体、几何参数对计算结果的影响。

极限分析方法定义了速度场应满足速度边界条件、相容性和流动规律，可用于评估地基承载力。这种方法认为，内能耗散不应小于外力的功率。本项目采用极限分析法对饱和土浅基础承载力进行了评估。

12.1　根据离散法生成的破坏机构

基于向量运算的离散化技术是由 Mollon 等人提出的。其破坏模型采用点对点的方式生成，非常适合考虑土体参数的空间变化。该技术可靠，结果理想。本项目采用离散化技术来建立浅埋条形地基的破坏机构，同时假定地面上没有超载荷载。

采用离散化技术生成的破坏机构如图 12-1 所示。由于机构是对称的，因此仅选取其中的一半来描述如何用该方法生成破坏机构的速度间断 B_0E。$B_i(I=1, 2, 3, \cdots, m$；其中 m 为离散三角形的个数)为速度不连续间断 B_0E 中的任意点，如图 12-1 所示。B_{i+1} 是由 B_i 按一定规律确定的。θ_0 为线 OB_0 与初始方向的夹角，为产生速度不连续的初始条件。θ_i 为线 OB_i 与初始方向的夹角。$\delta\theta$ 表示线 OB_i 与线 OB_{i+1} 之间的夹角，其值影响失效机理生成的精度。研究发现，$\delta\theta$ 值越小，生成的破坏模型越精确，普朗特尔提出的破坏机构与离散化技术生成的破坏机构的偏差越小。点 B_0 的坐标为$(0, 0)$；点 O 的坐标为(x_o, y_o)，(x_i, y_i) 表示点 B_i 的坐标；$\vec{v}_i(x_{vi}, y_{vi})$ 为点 B_i 的单位速度向量，$\vec{n}_i(x_{ni}, y_{ni})$ 为线 $\overline{B_iB_{i+1}}$ 的单位法向量。

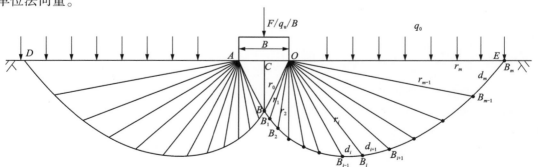

图 12-1　基于离散法生成的地基破坏机构

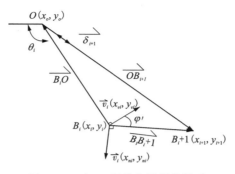

图 12-2　点 B_i 相关向量间的关系

点 B_i 处的各向量关系如图 12-2 所示。从图 12-2 的几何关系中可以看出，单位速度矢量 $\vec{v}_i(x_{vi}, y_{vi})$ 可以用角度 θ_i 表示为：

$$\begin{cases} x_{vi} = \sin \theta_i \\ y_{vi} = -\cos \theta_i \end{cases} \tag{12-1}$$

同样地，单位法向量可以表示为：

$$\begin{cases} x_{ni} = -\cos (\theta_i - \varphi') \\ y_{ni} = -\sin (\theta_i - \varphi') \end{cases} \tag{12-2}$$

速度方向的单位向量 $\vec{n}_i$ 同向量 $\overrightarrow{B_i B_{i+1}}$ 成垂直关系，该关系可以表示为：

$$\vec{n}_i \cdot \overrightarrow{B_i B_{i+1}} = 0 \tag{12-3}$$

如图 12-3 所示，向量 $\overrightarrow{B_i B_{i+1}}$ 可以表示为：

$$\overrightarrow{B_i B_{i+1}} = \overrightarrow{B_i O} + \overrightarrow{OB_{i+1}} \tag{12-4}$$

将式(12-4)代入式(12-5)中，得：

$$\vec{n}_i \cdot (\overrightarrow{B_i O} + \overrightarrow{OB_{i+1}}) = 0 \tag{12-5}$$

向量 $\overrightarrow{OB_{i+1}}$ 可以改写为：

$$\overrightarrow{OB_{i+1}} = \lambda_{i+1} \vec{\delta}_{i+1} \tag{12-6}$$

其中，λ_{i+1} 代表点 O 到点 B_{i+1} 间的距离；$\vec{\delta}_{i+1}$ 代表的单位向量可以表示为：

$$\vec{\delta}_{i+1} = (-\cos \theta_{i+1}, -\sin \theta_{i+1}) \tag{12-7}$$

将式(12-6)和式(12-7)代入式(12-5)，得到参数 λ_{i+1} 的表达式：

$$\lambda_{i+1} = -\frac{x_{ni}(x_i - x_O) + y_{ni}(y_i - y_O)}{x_{ni}\cos \theta_{i+1} + y_{ni}\sin \theta_{i+1}} \tag{12-8}$$

将 λ_{i+1} 表达式代入式(12-6)中，点 B_{i+1} 的坐标可以表示为：

$$\begin{cases} x_{i+1} = x_O - \lambda_{i+1}\cos \theta_{i+1} \\ y_{i+1} = y_O - \lambda_{i+1}\sin \theta_{i+1} \end{cases} \tag{12-9}$$

自点 B_0 开始，按照 B_0，B_1，B_2，$\cdots$，B_m 的顺序，依次生成破坏机构的滑移面。

12.2　功能平衡方程的相关计算

确定基础承载力的关键是根据极限分析计算该破坏机构的外力做功的速率和内部能量耗散功率。假定破坏离散块体为刚性，即破坏模型的能量耗散仅发生在相邻离散块体与速度不连续面之间的表面，而离散块体内部假定不发生能量耗散。作用在离散块上的外力包括：①离散块的土重量和侧向上覆土重；②基础承载力。注意，在本项目中，根据实际工程情况，假定基础是刚性的、土基界面是光滑的，且土体和地基之间不存在相对滑动。

12.2.1　土体重力功率

分析中的外部功率根据土的重量和施加在基础上的竖向荷载 F 计算，这种破坏机构包括有限数量的离散块体。先计算各块体的能量耗散和土重功率，然后将其相加。土体重量做功的功率由 OB_0E 上的三角形单元 OB_iB_{i+1} 和三角形刚体 OB_0C 组成，如图 12-3 所示。

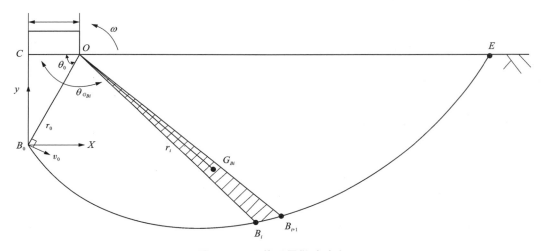

图 12-3　土体重量做功功率

土体重量做功的总功率 W_γ 可表示为：

$$W_\gamma = \gamma\omega\sum_i (S_{B_i}R_{G_{B_i}}\cos\theta_{G_{B_i}}) + \frac{1}{8}\gamma B^2\frac{r_0\omega\cdot\sin\theta_0\cos\varphi'}{\cos\theta_0\cos(\theta_0-\varphi')} \tag{12-11}$$

式中：γ 为土壤的单位重量；ω 为移动块的角速度；$r_0 = B/(2\cos\theta_0)$ 为线 $\overline{OB_0}$ 的长度；点 G_{B_i} 为三角形 OB_iB_{i+1} 的重心；$R_{G_{B_i}}$ 为点 G_{B_i} 到点 O 的距离；θ_0 为 $\overline{OC}$ 线与 $\overline{OB_0}$ 线之间的夹角；$\theta_{G_{B_i}}$ 定义为 $\overline{OC}$ 线和 $\overline{OG_{B_i}}$ 线之间的夹角；S_{B_i} 表示三角形 OB_iB_{i+1} 的面积，可按式（12-11）计算：

$$S_{B_i} = \frac{1}{2}\delta\theta\sqrt{(x_i-x_O)^2+(y_i-y_O)^2}\sqrt{(x_{i+1}-x_O)^2+(y_{i+1}-y_O)^2} \tag{12-11}$$

如图 12-3 所示，点 O 的坐标 x_O 和 y_O 可以按照式(12-12)计算：

$$\begin{cases} x_O = r_0 \cos \theta_0 \\ y_O = r_0 \sin \theta_0 \end{cases} \tag{12-12}$$

在三角形 OB_iB_{i+1} 中，点 G_{B_i} 的坐标为：

$$\begin{cases} x_{G_{Bi}} = \dfrac{x_O + x_{i+1} + x_i}{3} \\ y_{G_{Bi}} = \dfrac{y_O + y_{i+1} + y_i}{3} \end{cases} \tag{12-13}$$

$R_{G_{Bi}}$ 同样可以通过下式简要计算：

$$R_{G_{Bi}} = \sqrt{(x_{G_{Bi}} - x_O)^2 + (y_{G_{Bi}} - y_O)^2} \tag{12-14}$$

参照图 12-4，已知 v_0 为 B_0 点处的相对速度，则三角形 OAB 沿竖向的速度 $v_0' = v_0 \cos \varphi'/\cos(\theta_0 - \varphi')$，沿 OB_0 方向的相对速度 $v_r = v_0 \sin \theta_0/\cos(\theta_0 - \varphi')$，其中 $v_0 = r_0\omega$[3]。

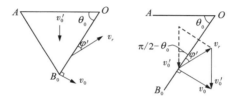

图 12-4 连续速度场

因此，基础承载力 q_{ult} 和侧向上覆土重 q_0 做功的功率之和可表示为：

$$W_q = \frac{1}{2}B \cdot q_{\text{ult}} \cdot \frac{r_0\omega\cos\varphi'}{\cos(\theta_0 - \varphi')} + r_m q_0 r_{m-1}\omega\cos\theta_{m-1} \tag{12-15}$$

其中 $q_{\text{ult}} = F/B$。因此，外力做功的总功率 W 可以表示为：

$$W = W_\gamma + W_q \tag{12-16}$$

12.2.2 内部能量耗散功率

所提出的破坏机构的能量耗散是由于土体黏聚力产生的，黏聚力出现在速度间断面 OB_0、B_0E 和破坏机构 OB_0E 离散三角形之间的接触面 OB_i 处。由于假定土体均质且各向同性、土体黏聚力 c 为常数。因此，速度不连续面的总能量耗散 D_c 可以表示为：

$$\begin{cases} D_c = D_{OB_0} + D_{B_0E} + D_{OB_0E} \\ D_{OB_0} = c \cdot r_0 \cdot \dfrac{r_0\omega\sin\theta_0\cos\varphi'}{\cos(\theta_0 - \varphi')} \\ D_{B_0E} = \omega\sum\limits_{i=1} c \cdot d_i \cdot r_i \cdot \cos\varphi' \\ D_{OB_0E} = \omega\sum\limits_{i=1} c \cdot r_i^2 \cdot \delta\theta \end{cases} \tag{12-17}$$

其中，d_i 表示线 $\overline{B_{i-1}B_i}$ 的长度，得出：

$$d_i = \sqrt{(x_i - x_{i-1})^2 + (y_i - y_{i-1})^2} \tag{12-18}$$

12.2.3　优化计算

将外力做功功率与内部能量耗散功率等价,可得到地基承载力的表达式。为了与其他结果直接比较,在分析中只考虑地基承载力系数 N_c。式(12-15)中来自地面的超载荷载 $q_0 = 0$。分析中使用的基础承载力系数 N_c 可表示为:

$$N_c = f(\theta_0, \delta\theta) = \frac{q_{\text{ult}}}{c} \tag{12-19}$$

为求得 N_c 或 q_{ult} 的最小值,θ_0 应该满足 $\dfrac{\partial N_c}{\partial \theta_0} = 0$ 的条件。基于图 12-1 所示的破坏机构,从几何关系推导出 $0 < \theta_0 < \pi/2$ 的可行域。

$\delta\theta$ 值的大小直接影响地基的承载力。$\delta\theta$ 越小,q_{ult} 的精度越高。计算结果表明,本项目所用计算设备中,当 $\delta\theta = 0.1°$ 时,q_{ult} 的计算时间约为 4 s,对应的 N_c 为 5.5616;当 $\delta\theta = 0.01°$ 时,时间大于 18 min,对应的 N_c 为 5.5516;结果的精度仅提高 0.018%,但计算时间迅速增加。所以在下面的参数分析中采用 $\delta\theta = 0.1°$ 的精度条件。

12.3　参数分析

为分析地基承载能力和土体黏聚力、内摩擦角以及 B/D 的关系,按照如下参数计算地基承载力:$\gamma = 20$ kN/m³、$D = 1$ m、$\delta\theta = 0.1°$。其中,图 12-5~图 12-8 分别对应 $B = 1$ m、$B = 2$ m、$B = 3$ m、$B = 4$ m。

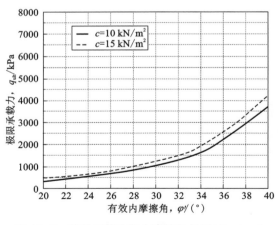

图 12-5　地基承载力与内摩擦角关系($B = 1$ m)

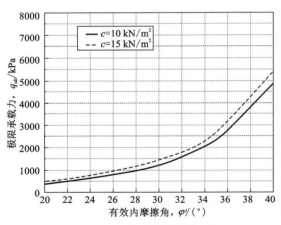

图 12-6　地基承载力与内摩擦角关系($B = 2$ m)

如图 12-5 所示,条形基础的极限承载力 q_{ult} 随着有效内摩擦角 φ' 的增大而增加,对地基承载能力的影响也愈发显著。除此之外,地基承载能力还和基础宽度 B 与上覆土埋深 D 的比值有关,如图 12-5~图 12-8 所示。B/D 的值越大,地基极限承载力越大。不难看出,

土体黏聚力 c 越大，基础的承载力越高；同时，土体黏聚力 c 的变化对计算结果的影响程度随着有效内摩擦角 φ' 的增加而趋于显著，但与 B/D 的值基本无关。

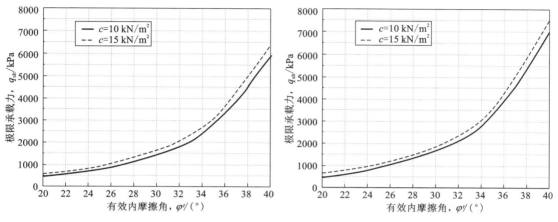

图 12-7　地基承载力与内摩擦角关系 $(B=3 \text{ m})$　　图 12-8　地基承载力与内摩擦角关系 $(B=4 \text{ m})$

如图 12-9 和图 12-10 所示，为分析本项目离散法中的离散块体角度 $\delta\theta$ 取值对计算结果精度的影响，按照如下参数计算地基承载力：$\gamma=20 \text{ kN/m}^3$、$D=1 \text{ m}$、$c=10 \text{ kN/m}^2$。

如图 12-9 所示，在给定基础宽度和有效内摩擦角的情况下，计算结果受到离散块体角度 $\delta\theta$ 的取值影响：随着 $\delta\theta$ 的减小，计算结果逐渐稳定；当 $\delta\theta$ 减小至 $0.1°$ 时，可以认为此时计算得到的地基极限承载力已经达到足够精度要求。对比图 12-9 和图 12-10，不难看出，在本项目中，离散块体角度 $\delta\theta$ 的取值对计算结果精度的控制并不会受到土体有效内摩擦角 φ' 的影响；同时，在不同基础宽度 B 的条件下，对离散块体角度 $\delta\theta$ 的取值对计算结果精度影响是相同的。因此，在本项目的具体计算中，选取 $\delta\theta=0.1°$ 作为精度要求。

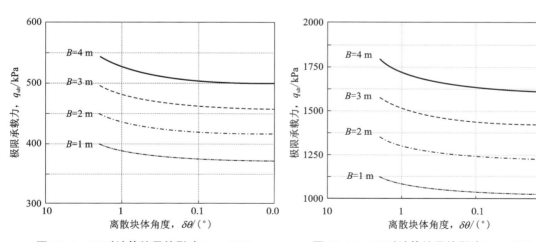

图 12-9　$\delta\theta$ 对计算结果的影响 $(\varphi'=20°)$　　图 12-10　$\delta\theta$ 对计算结果的影响 $(\varphi'=30°)$

12.4　本章小结

非饱和土浅基础的破坏与非饱和土的抗剪强度有关,而抗剪强度取决于基质吸力。众所周知,基质吸力通常随深度变化。极限分析的离散化技术非常适合考虑土体参数的变化,特别是考虑吸力变化引起的抗剪强度的空间变化,因此,基于极限分析离散化技术,对考虑非饱和土抗剪强度的非饱和土浅基础承载力进行了较为贴合实际的设计研究。

采用 Lu 等人引入的吸力应力特征曲线来表示土体饱和度和基质吸力的变化对有效应力的影响。将本方法的计算结果与不同作者的计算结果进行了比较,结果吻合较好。使用本项目所采用的计算方法进行参数分析,得出以下结论:

(1)对于不同类型的土体,地基承载力随地基宽度的增大而增大,且随着有效内摩擦角 φ' 的增大而迅速增大;

(2)在给定的 n 值下,随着进气压力增大 $1/\alpha$,地基承载力增大;

(3)不同的流动条件对黏土、粉土和黄土地基的承载力有显著影响,而对砂土的承载力影响很小,这意味着砂土可以假定为饱和土体进行设计计算;

(4)土体自身的容重对计算结果影响较小;

(5)侧向上覆土重对计算结果有一定影响。

第 13 章

斜坡地基上限承载力分析

13.1　土质斜坡地基地震承载力分析

　　地震承载力的估算是基础设计中的重要要求。浅层地基的抗震承载力通常用 Terzaghi 方程表示，其计算结果往往偏保守。许多研究都试图用极限平衡法、特征法、极限分析法和基于有限元或有限差分的数值方法来修改 Terzaghi 的解决方案。这些地震计算只适用于地基被放置在具有相关流动规则的水平地面上的情况。

　　在实践中，确定土壤坡度上的地基的抗震承载力系数在这个领域是非常有限的。Kumar 和 Mohan-Rao 用应力特性曲线的方法来估计斜坡地表上地基的地震承载力系数。相关文献中也提出了相同问题的极限平衡解。然而，这些研究都是根据相关联流动法则进行计算的。

　　对于砂性土材料的岩土工程，本构关系具有剪胀特性，通常用一个剪胀角表示。根据岩土塑性理论，剪胀的出现意味着材料服从非关联流动法则。既有文献根据非关联流动法则，研究水平地基上静力承载力问题。本节在极限分析理论的框架下，利用相关和非相关联的流动法则，研究了地基在斜坡上的地震承载力。在考虑地震力影响的情况下，将条状浅层地基置于同质各向同性的斜坡上。地震力可以用不同的惯性力来代替。这些惯性力涉及土块重量、附加物和基底剪切荷载。本章研究了相关和非相关联流动规则对地震承载力的影响，并提出了一些不同坡度倾角的地震承载力系数图表，供工程中实际使用。

13.2　地震承载力上限分析

　　当基础底部土体发生破坏时，斜坡地基的动态极限承载力 q_u 等于极限垂直荷载与基底面积之比，其表达式为：

$$q_u = cN_c + q_0 N_q + 0.5\gamma B_0 N_\gamma \tag{13-1}$$

式中：B_0 为基础宽度；N_c、N_q、N_γ 分别为与黏聚力 c，荷载 q_0 和单位容重 γ 有关的承载能力系数。

　　在地震区，地震对土体特性的影响体现在两个方面：一是增加驱动力；二是降低土体的剪切阻力。在地震中，剪切阻力的降低造成的影响仅当地震的量级超过一定的极限和周围的条件有利于这种减少的趋势时发生。本章仅考虑地震产生的驱动力，而不考虑地震引起的阻力减小；驱动力用一个水平地震系数表示。

13.2.1 非关联流动法则

由塑性理论知，当材料的剪胀角与摩擦角不相等时，材料服从非关联流动法则，这时速度矢量与间断线的夹角为剪胀角。剪胀系数可定义为：

$$\eta = \psi/\varphi \tag{13-2}$$

式中：φ 为摩擦角；ψ 为剪胀角。

从理论上讲，剪胀系数为 $0 \leq \eta \leq 1$。$\eta = 1$ 意味着材料服从相关联流动法则。对于同轴的非关联材料，如果土体服从 Mohr-Coulomb 破坏准则，可采用下列表达式进行能量计算[3,12-13]：

$$\tan\varphi^* = \tan\varphi \frac{\cos\psi\cos\varphi}{1-\sin\varphi\sin\psi} \tag{13-3}$$

$$c^* = c \frac{\cos\psi\cos\varphi}{1-\sin\varphi\sin\psi} \tag{13-4}$$

式中：c^* 和 φ^* 是修正的 Mohr-Coulomb 强度参数。

13.2.2 多块体平移破坏机制

在建模过程中，采用多楔平移破坏机制来计算斜坡上条形基座的抗震承载力，如图 13-1 所示。潜在的滑动土块被一系列倾斜的直线分割成若干个三角楔体，每个三角楔体都作为一个刚性体移动。楔体 i 的几何形状由底面的长度 d_i、角度 α_i 和 β_i，以及界面的长度 $L_i(i=1, \cdots, n)$ 来描述。角度 α_i 和 $\beta_i(i=1, \cdots, n)$ 是随机优化变量的。楔体 i 的速度以及楔体 i 相对于楔体 $i+1$ 沿界面的相对速度由速度场确定。如果给定了第一个楔体的速度，就可以找到所有楔体的速度和相对速度。第一个楔体的速度通常被假定为单位速度矢量。

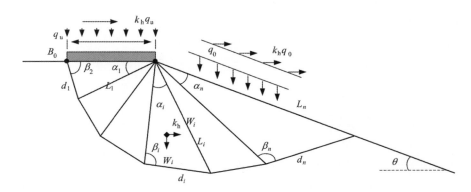

图 13-1　地震力作用下斜坡地基的破坏机制

13.2.3 功率和能量的计算

外荷载所做的功率和内能耗散率可以通过迭代方法来计算。外荷载所做的功率包含下列内容：斜面上荷载 q_0 所做的功率，土体重量 $W_i(i=1,2,\cdots,n)$ 所做的功率，极限承载能力 q_u 所做的功率，以及惯性力所做的功率。其中，惯性力所做的功率包含：荷载 $k_h q_u$ 所做的功率，$k_h q_0$ 荷载所做的功率，$k_h W_i$ 荷载 $(i=1,2,\cdots,n)$ 所做的功率。土体的运动被认为是刚性的，因此内能耗散率仅沿着速度间断面和相对速度间断面。其中，与速度间断面对应的是 $d_i(i=1,2,\cdots,n)$，与相对速度间断面对应的是 $L_i(i=1,2,\cdots,n)$。当外荷载所做的功率等于整个内能耗散率时，可获得目标函数。极限荷载的上限值为目标函数的最小值，可通过增加单元的数目 n 来修正上限值的大小。在本节计算中，单元数目 n 为 15，即含有 30 个变量。

13.3　数值结果

13.3.1　对比

本节应用能量法，将计算结果与 Kumar 和 Mohan-Rao 的特征曲线法结果进行对比。表 13-1 针对 $\varphi=40°$ 和 $\theta=15°$ 列出了承载能力系数值，表中考虑了水平地震力的影响。从表 13-1 可以看出：本节承载能力系数 N_c 和 N_q 几乎等于 Kumar 和 Mohan-Rao 的计算结果。但系数 N_γ 要比 Kumar 和 Mohan-Rao 计算结果稍稍大一点。注意：表 13-1 中 Kumar 和 Mohan-Rao 结果是根据图表来估计的，不是准确结果。

表 13-1　承载力系数的比较（$\varphi=40°$，$\theta=15°$）

k_h		Bearing capacity factors		
		N_c	N_q	N_γ
0.0	本章解	48.3	34.5	52.0
	Kumar 和 Mohan-Rao	48.0	33.2	40.0
0.1	本章解	38.5	24.7	30.6
	Kumar 和 Mohan-Rao	38.3	24.2	24.1
0.2	本章解	30.1	16.9	16.7
	Kumar 和 Mohan-Rao	30.0	16.2	13.2
0.3	本章解	23.2	10.9	8.9
	Kumar 和 Mohan-Rao	23.4	10.3	6.3
0.4	本章解	17.8	6.3	——
	Kumar 和 Mohan-Rao	17.8	6.0	3.0

13.3.2　地震系数的影响

为了研究地震如何影响斜坡地基的动态承载能力，图 13-2 给出了 $\theta=15°\sim\theta=25°$ 和 k_h

=0.10~0.20 情况下的动态承载力系数。从图 13-2 可看出：随着水平地震系数的增加，地基的承载能力减小。例如：对于 $\theta=10°$ 以及 $\varphi=30°$ 这种情况，$k_h=0.1$ 时的承载力系数 N_c=20.23，$k_h=0.2$ 时的承载力系数 N_c=16.41。计算结果绘制图表，以便工程技术人员在工程中应用，如图 13-2 所示。

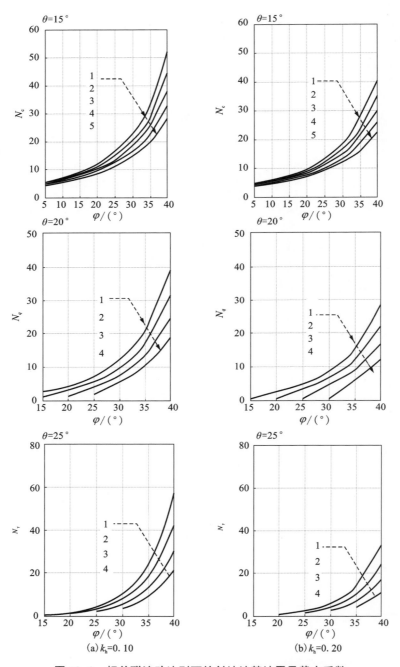

(a) $k_h=0.10$　　　　(b) $k_h=0.20$

图 13-2　相关联流动法则下的斜坡地基地震承载力系数

13.3.3　剪胀系数的影响

从图 13-3 可看出：剪胀角对动态承载能力系数 N_c、N_q 和 N_γ 有重要影响。例如：当 θ = 10°，k_h = 0.1 以及 φ = 30°时，η = 0.75 的承载力系数 N_c = 19.66，η = 0.25 的承载力系数 N_c = 16.37。对于相同的地震系数和相同的坡角，从图 13-2 和图 13-3 的比较可出：相关联时的承载力系数大于非相关联的承载力系数。例如：θ = 10°、k_h = 0.1 以及 φ = 30°时，采用相关联流动法则，即 η = 1.00 时的承载力系数 N_c = 20.23；采用非关联流动法则，即 η = 0.25 时的承载力系数 N_c = 16.37。

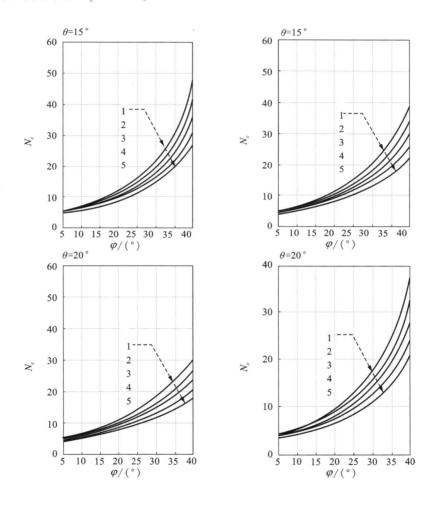

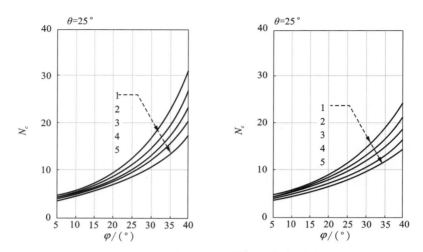

图 13-3　非关联流动法则下的斜坡地基地震承载力系数

13.4　小结

（1）结合相关联流动法则、非关联流动法则以及水平地震力的影响，用极限分析上限法研究了斜坡上条形基座的地震承载力系数。

（2）对于斜坡上的条形地基，用相关联流动法则讨论了地震系数对地震承载力系数的影响。随着地震系数的增加，地震承载力系数下降。提出了地震承载力系数的设计图表，并附有相关的流程以供实际使用。

（3）对于斜坡上的带状地基，讨论了非关联流动法则对抗震承载力系数的影响。在地震系数和坡度角不变的情况下，地震承载力系数随着剪胀系数的增加而增加。论文最后介绍了非关联流动法则下实际使用的地震承载力系数的设计图表。

13.5　岩质斜坡地基地震承载力分析

在地震区，许多结构，如桥台和输电塔，都涉及在斜坡上建造条形地基。坡地上地基的地震承载力的评价是工程师们非常关注的问题。前人对地震承载力进行了广泛的研究，并发表了许多有关论文。这些工作是建立在假设土体服从线性 Mohr-Coulomb（M-C）破坏准则的基础上。

这些岩石的强度包络是非线性的。摩擦角随着最小主应力的增加而减少，导致莫尔包络线的弯曲。在过去，人们提出了各种强度包络，以代表岩石的非线性强度行为。Hobbs（1966）提出了一个幂律准则。基于 Griffith 裂缝理论，Ladanyi（1974）提出了一个非线性破坏准则。Kennedy 和 Lindberg（1978）使用了一个非线性破坏准则的片断线性近似法。著名的 Hoek-Brown（H-B）岩体破坏准则在 τ-σ_n 应力空间中也是非线性的，其中 τ 和 σ_n 是破坏面的剪切和法向分量。在实践和理论研究中经常出现的一个问题是，如何利用非线性破坏准则确定承载力。

在考虑失效准则的非线性对稳定性问题的影响时，Baker 和 Frydman（1983）应用变分微积分方法制定了平坡上表面的条形基座的承载力的方程。Zhang 和 Chen（1987）将复杂的微分方程转换为初始值问题，并提出了一个有效的数值程序，称为逆方法，用于解决使用非线性破坏准则的斜坡稳定性问题。Collins 等人（1988 年）基于上界定理的非线性破坏准则，提出了一种切线技术，用于计算无限的、均质的、自由冲刷的土坡的稳定系数；通过一系列与实际非线性破坏面相切并超过该破坏面的线性破坏面，利用 Chen（1975）给出的先前计算的线性稳定系数，可以得到上界极限分析方案。Yang（2002）提出了一种广义切线技术来估计条形基脚的静态承载力。也就是说，不使用实际的非线性破坏准则，而是使用切线来得出最小化的目标函数。由于使用了一条切线，对于多块体失效机制，作用在所有块体的单位面积的法向应力是恒定的。同样的，作用在块体上的剪应力也是恒定的。这种技术无须利用 Chen（1975）给出的任何先前计算的因素。Yang 和 Yin（2005）采用上界定理和广义切线技术计算了对称破坏机制的水平地表上的条形地基的静态承载力。Yang 等（2003）采用下限法估算了静力承载力。

本章采用非线性 H-B 破坏准则，在极限分析框架下，采用广义切线技术来评估非对称破坏机制的同质岩坡上的条形地基的地震承载力系数。本节将使用线性 M-C 破坏准则计算倾斜地表上条形基座的地震承载力系数的工作扩展到使用非线性破坏准则；提出了不同倾角的数值结果，供岩石工程中实际使用。

13.6　Hoek-Brown 准则条件下的承载力

由于用于土壤材料的线性 M-C 强度理论不能应用于岩体，而岩体在应用压应力条件下通常遵循非线性破坏准则，因此提出了一些非线性强度准则供实际使用。这些标准通常采取幂律的形式，以承认岩石材料的峰值应力和包络通常是向下凹陷的事实。例如，著名的修正 H-B 破坏准则可以用以下形式描述：

$$\sigma_1 - \sigma_3 = \sigma_c \left[m_b \sigma_3 / \sigma_c + s \right]^{\alpha} \tag{13-5}$$

式中：σ_1 为破坏时岩石的单轴无压应力，是破坏时的主要主应力；σ_3 为破坏时的次要主应力或约束压力；m_b、s 和 α 的大小取决于地质强度指数（GSI），而 GSI 表征了岩体的质量并且取决于岩石的结构和接缝的表面状况。

强度参数 m_b、s 和 α 和是由 Hoek 等（2002）定义的，其形式为：

$$\frac{m_b}{m_i} = \exp\left(\frac{\text{GSI}-100}{28-14D}\right) \tag{13-6}$$

$$s = \exp\left(\frac{\text{GSI}-100}{9-3D}\right) \tag{13-7}$$

$$\alpha = \frac{1}{2} + \frac{1}{6}\left[\exp\left(-\frac{\text{GSI}}{15}\right) - \exp\left(-\frac{20}{3}\right)\right] \tag{13-8}$$

其中，D 为干扰系数，取值为 0（未受干扰的原地岩体）~1（非常受干扰的岩体）。m_i

的值从压缩实验中获得，如果没有试验数据，Hoek（1999）提出了五类岩石的近似值：（1）$m_i \approx 7$ 指晶体裂隙发达的碳酸盐岩；（2）$m_i \approx 10$ 指岩性精矿岩；（3）$m_i \approx 15$ 指晶体强而晶体裂隙不发达的火成岩；（4）$m_i \approx 17$ 指细粒多金属火成岩的结晶岩；（5）$m_i \approx 25$ 指粗粒多金属火成岩和变质岩。

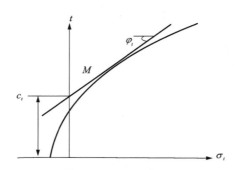

图 13-4　应用非线性破坏准则的广义切线法

通过引入调动的内摩擦角，在图 13-4 所示的切点 M 处曲线的切线为：

$$\tau = c_t + \sigma_n \tan \varphi_t \tag{13-9}$$

式中：φ_t 和 c_t 分别是切向摩擦角和直线与轴的截距。

c_t 采取以下形式：

$$\frac{c_t}{\sigma_c} = \frac{\cos \varphi_t}{2} \left[\frac{m_b \alpha (1 - \sin \varphi_t)}{2 \sin \varphi_t} \right]^{\left(\frac{\alpha}{1-\alpha} \right)}$$
$$- \frac{\tan \varphi_t}{m_b} \left(1 + \frac{\sin \varphi_t}{\alpha} \right) \left[\frac{m_b \alpha (1 - \sin \varphi_t)}{2 \sin \varphi_t} \right]^{\left(\frac{1}{1-\alpha} \right)} + \frac{s}{m_b} \tan \varphi_t \tag{13-10}$$

对于特殊情况，式（13-10）可简化为：

$$\frac{c_t}{\sigma_c} = \frac{m_b (1 - \sin \varphi_t)^2}{16 \sin \varphi_t \cos \varphi_t} + \frac{s}{m_b} \tan \varphi_t \tag{13-11}$$

式（13-11）是由 Collins 等人（1988）推导出来的。修改后的 H-B 破坏准则可以适用于完整的岩石，或者适用于有足够数量的紧密间隔的不连续体的岩体，可以假定涉及不连续体破坏的基本各向同性行为。H-B 破坏准则一般不能适用于含有少量不连续体的岩体，或行为基本为各向异性的岩体。

除非在论文中特别提到，条形浅层地基是在平面应变条件下放置在同质和各向同性的岩体上。这种同质化的方法已经被一些研究人员用来计算岩石结构的稳定性。岩体的破坏遵循修正的 H-B 破坏准则。带状地基受到地震力的作用。地震力可以用拟静力惯性力代替。地基的地震极限承载力等于地基在刚开始破坏的状态下所能支撑的垂直荷载除以条形地基的基础面积，即

$$q_u = s^{0.5} \sigma_c N_\sigma + q_0 N_q + 0.5 \gamma B_0 N_\gamma \tag{13-12}$$

式中：γ 为岩体的单位重量；b 为条形地基的宽度；N_σ、N_q 和 N_γ 分别为与单轴抗压强度 σ_c、附加压力 q_0 和岩体单位重量 γ 有关的承载力系数。

式（13-12）是由 Yang 和 Yin（2005）提出的，用于计算当岩石遵循非线性 H-B 破坏准则时，搁置在水平面上的条形地基的静态承载力。本章将讨论考虑到地震影响的岩石坡面上的条形基脚的承载力系数。

13.7 静态承载力系数 N_σ

Collins 等（1988）提出了一种切线技术来评估非线性破坏准则的边坡稳定系数 N_n，将线性 M-C 破坏准则（切线）的边坡稳定系数定义为 $N_L = H_c \gamma / c_t$，其中 H_c 为临界高度；而非线性 H-B 破坏准则的边坡稳定系数定义为 $N_n = H_c \gamma / (s^{0.5} \sigma_c)$。Collins 等人（1988）通过以下形式将边坡稳定系数 N_n 与 N_L 联系起来：

$$N_n = N_L c_t / (s^{0.5} \sigma_c) \tag{13-13}$$

其中，c_t 由式（13-10）决定，线性稳定系数 N_L 由 Chen（1975）给出，在图表中为 5 度区间。上限解是关于 φ_t 的最小化，它出现在 $c_t(\varphi_t)$ 和 $N_L(\varphi_t)$ 中作为多项式近似值。Collins 等人（1988）的数值结果几乎等同于 Zhang 和 Chen（1987）使用变分技术的解，这表明切线技术是有效的。

与 Collins 等人（1988）的工作类似，切线技术被扩展到计算带状地基在岩石斜坡上的静态承载力系数，并采用修正的 H-B 破坏准则。通过忽略附加荷载和岩体重量对承载力的贡献，可以定义与抗压强度有关的承载力系数为 $N_\sigma = q_u / (s^{0.5} \sigma_c)$。如式（5-8）所示，与修正的 H-B 破坏准则有关。使用线性 M-C 破坏准则，如果忽略附加荷载和岩体重量的影响，则与内聚力有关的承载力系数 $N_c = q_u / c_t$。我们将承载力系数 N_σ 与 N_c 用以下形式联系起来：

$$N_\sigma = N_c c_t / (s^{0.5} \sigma_c) \tag{13-14}$$

线性 M-C 破坏准则的承载力系数 N_c 以闭式解 $N_c = [e^{(\pi - 2\theta)\tan\varphi_t} \tan^2(45° + \varphi_t/2) - 1] \cot\varphi_t$ 的形式给出，其中 θ 为岩石坡面的倾角（Chen 1969）。由公式（13-10）确定的参数 c_t 是 φ_t 的函数，由 Chen（1969）给出的 $N_c = [e^{(\pi - 2\theta)\tan\varphi_t} \tan^2(45° + \varphi_t/2) - 1] \cot\varphi_t$ 也是 φ_t 的函数。上限解是关于 φ_t 的最小化公式（13-10）。从公式（13-10）可以发现，切线技术只处理静态问题，不能考虑地震载荷、附加载荷和单位重量对承载力的影响。

13.8 考虑地震作用的上限解

地震对岩体上的地基的地震承载力有两种可能的影响。一个是增加驱动力，另一个是降低岩体的抗剪能力。地震中岩体抗剪能力的降低，只有当地震的震级超过一定限度，且地面条件有利于这种降低时，才会产生作用。本节研究了地震下驱动力的增加，并假定剪切强度不受影响。对涉及的整个岩体假设一个恒定的水平地震系数，这与一些研究者的假设相同。

13.8.1　广义切线技术

如 Chen(1975)所示，从环绕实际屈服面的屈服面计算出的极限载荷总是提供了实际极限载荷的上限。这是由于环绕的屈服面的强度大于实际屈服面的强度的事实。为了利用上界定理将稳定性问题表述为编程问题，许多研究者用外部多边形近似线性 M-C 失效准则。与外部多边形的屈服面相对应的强度等于或大于线性 M-C 失效准则的强度。通过运动学方法，与外部多边形对应的上界解等于或大于与线性 M-C 失效准则对应的上界解。在本章中，代替非线性 H-B 破坏准则，使用强度等于或超过非线性破坏准则的一条切线，将承载力问题表述为一个优化问题。然后可以通过优化得到一个上界解。通过使用一条切线，根据式(13-14)和式(13-6)可知，作用在所有楔子上的单位面积的法向应力是恒定的。

13.8.2　多块体破坏机构

在土壤和岩石工程中，所有的稳定性计算方法都高度依赖于为问题选择的破坏机制。因此，选择一个合适的破坏机制对于正确估计坍塌荷载非常重要。

Soubra(1999)提出了一种多块体平移的破坏机制，以线性 M-C 破坏准则来评估在水平地表上的条形基础的承载力。由于切线在本章中是线性 M-C 破坏准则，因此采用多块体破坏机制来分析岩坡上条形地基的地震承载力，如图 13-5 所示。潜在的滑动体被一系列倾斜的直线分割成若干个三角形块体。每个三角形块体都作为一个刚性块体移动。第 i 个块体的几何特征是其底部的长度 d_i，角度 α_i 和 β_i，以及界面的长度 $L_i(i=1,2,3,\cdots,n)$。角度 α_i 和 $\beta_i(i=1,2,3,\cdots,n)$ 是未指定的。

图 13-6 显示了两个相邻楔子的速度场和柱状图。第一个块体 ABC 作为一个刚体，以一个向下的速度 V_1 相对于不连续线 AC 平移了一个角度 φ_t。假设条形地基以相同的速度 V_1 移动。相对于地基而言，第 i 个块体的运动速度为 V_i，倾角为 φ_t。同样地，第 $i+1$ 个块体以相同倾角 φ_t 的速度 V_{i+1} 移动。一般来说，第 i 个块体相对于第 $i+1$ 个块体沿界面的速度 $V_{i,i+1}$ 方向是向上的，相对于界面的倾斜度为 φ_t。为了确保分配给平移失效机制的速度在运动学上是可接受的，两个相邻的块体不能移动导致重叠或分离。从图 13-6(a)来看，第 i 个块体的速度和第 $i+1$ 个块体相对于沿界面的块体的相对速度由以下表达式给出：

$$V_{i+1}=\frac{\sin(\alpha_i+\beta_i-2\varphi_t)}{\sin(\beta_{i+1}-2\varphi_t)}V_i \tag{13-15}$$

$$V_{i,i+1}=\frac{\sin(\alpha_i+\beta_i-\beta_{i+1})}{\sin(\beta_{i+1}-2\varphi_t)}V_i \tag{13-16}$$

根据式(13-15)、式(13-11)和式(13-16)、式(13-12)，如果给定了第一个块体的速度 V_1，所有楔子的速度和相对速度可以通过重复使用式(13-15)、式(13-11)和式(13-16)、式(13-12)求出。一般来说，为方便起见，第一个块体的速度 V_1 被假定为统一的。

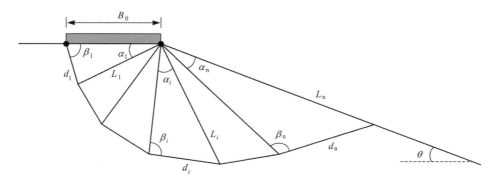

图 13-5　坡上条形地基的破坏机制

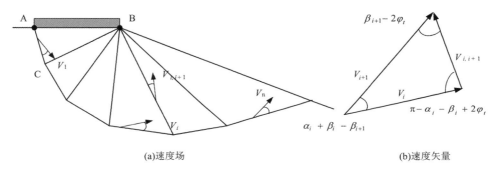

(a)速度场　　　　　　　　(b)速度矢量

图 13-6　地震承载力

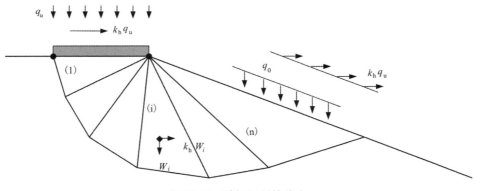

图 13-7　破坏机制的外力

　　由于使用了单一的切线(线性 M-C 失效准则)，计算外力的功率和内能耗散的步骤与 Soubra(1999)的步骤基本相同。外力的功率是由斜面上的荷载 q_0、岩体重量 $W_i(i=1，2，3，\cdots，n)$、极限承载力 q_u，以及用惯性力代替的地震力完成的。这些惯性力涉及基底剪力荷载 $k_h q_u$、附加物 $k_h q_0$ 和岩体重量 $k_h W_i(i=1，2，3，\cdots，n)$，如图 13-7 所示。由于地质材料被认为是完全刚性的，不允许发生塑性变形，所以内部能量只沿静止的岩石和运动的岩石之间的每个速度不连续点 $d_i(i=1，2，3，\cdots，n)$，以及沿两个相邻的块体之间的相对速度不连续界面 $L_i(i=1，2，3，\cdots，n)$ 耗散。将外部载荷的功率等同于总的内能耗散率，可以得到：

$$q_u = \frac{-1}{\sin(\beta_1 - \varphi_t) + k_h \cos(\beta_1 - \varphi_t)} \left((g_1 + k_h g_2) \frac{\gamma B_0}{2} + (g_3 + k_h g_4) q_0 - (g_5 + g_6) c_t \right) \quad (13-17)$$

式中：k_h 为水平地震系数，是 Soubra（1999）给出的非维函数；$g_1 \sim g_6$ 在本章的附录 C 中报告。

在非线性 H-B 破坏准则中，角度 φ_t 是未指定的。失效机制由 $2n$ 个参数 α_i 和 $\beta_i (i=1,$ $2, 3, \cdots, n)$ 控制，这些参数也是未指定的。最低的上界解是通过优化得到的。因此，有 $2n+1$ 变量需要优化。应该指出的是，式（13-13）采用了广义切线技术，允许在有地震载荷、附加载荷和岩体单位重量的情况下计算承载力。

13.9 数值结果

利用极限分析的上界定理，可以通过最小化得到数值结果。对于多块体平移失效机制，应用非线性顺序二次编程算法，通过最小化方程（13-17）中的 α_i、$\beta_i (i=1, 2, 3,$ $\cdots, n)$ 和 φ_t，得到了上界解。通过增加三角形块体的数量 n，可以改善上界解。在下面的章节中，n 的值等于 15，这意味着最小化程序是针对 31 个变量和（见图 13-5）$\sum \alpha_i = \pi - \theta$、$\alpha_i + \beta_i \geqslant \beta_{i+1}$、$0 < \varphi_t < 90°$ 和 $c_t > 0$ 的约束条件进行的。从表 13-2 的比较中可以看出，三角形块体的数量 $n=15$ 是足够的。

13.9.1 对比

在非线性 H-B 破坏准则下，结合倾斜角的影响，已经进行了调查。通过使用式（13-14）和式（13-13）估计静态承载力系数 N_σ。为了评估数值结果的有效性，使用式（13-17）式（13-10）分析了岩石斜坡上的条形地基。提出了不同参数 GSI 和不同倾角 θ 的数值结果，并进行了相互比较。表 13-2 列出了对应于 $m_i = 17$、$k_h = 0$、$q_0 = 0$、$\gamma = 0$ 和倾角 θ 为 10°、20°和 30°时，采用非线性 H-B 的静态承载力系数值 N_σ。从表 13-1 中可以发现，使用式（13-14）和式（13-10）的静态承载力系数 N_σ 与使用式（13-17）式（13-13）的静态承载力系数 N_σ 几乎相等，最大差异小于 0.5%。

表 13-2　静态承载力系数 N_σ 的比较：$m_i = 17$、$k_h = 0$、$q_0 = 0$ 和 $\gamma = 0$

$\theta/(°)$		GSI							
		10	20	30	40	50	60	70	80
10	式（13-13）	36.33	52.21	52.64	46.81	39.69	33.06	27.39	22.70
	式（13-10）	36.18	52.06	52.50	46.70	39.60	32.99	27.33	22.66
20	式（13-13）	25.71	38.68	39.87	35.87	30.62	25.64	21.34	17.78
	式（13-10）	25.62	38.58	39.78	35.80	30.56	25.59	21.30	17.75
30	公式（13-13）	17.38	27.42	28.99	26.45	22.78	19.21	16.10	13.52
	式（13-10）	17.33	27.36	28.94	26.41	22.75	19.18	16.08	13.50

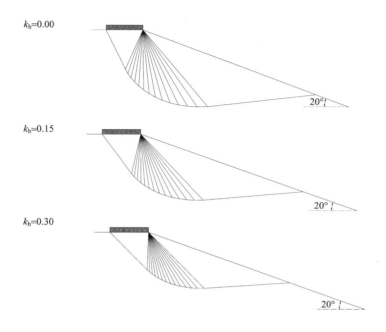

图 13-8 水平地震系数对临界滑移面的影响：$m_i = 10$、$\theta = 20°$、$GSI = 40$ 和 $\gamma = 0$

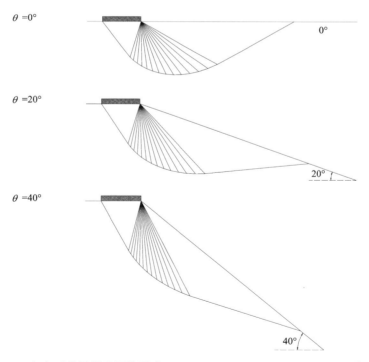

图 13-9 倾角对临界滑移面的影响：$m_i = 10$、$k_h = 0.10$、$GSI = 40$、$q_0 = 0$ 和 $\gamma = 0$

13.9.2　坡角和地震系数的影响

对于置于岩石斜坡上的地基，地震对临界滑移面有不利的影响。为了研究当使用非线性 H-B 破坏准则时，临界滑移面是如何被影响的，图 13-8 显示了当水平地震系数等于 0、0.15 和 0.30 时，$m_i = 10$、$\theta = 20°$、$GSI = 40$ 和 $\gamma = 0$ 的临界滑移面。从图 13-8 中可以发现，随着地震系数的增加，破坏面变得更浅。

图 13-9 显示了对应于 $m_i = 10$、$k_h = 0.10$、$GSI = 40$、$q_0 = 0$、$\gamma = 0$ 而倾斜角等于 0°、20° 和 40° 的临界滑移面。从图 13-9 中可以发现，倾斜角对临界滑移面有重要影响。

13.9.3　地震和静态承载力的计算

当目标函数式 (13-17) 和式 (13-13) 被优化时，单轴抗压强度 σ_c 不应该是零。这表明，与附加荷载和单位重量有关的贡献不能与总的极限承载力分开。给定一个正的 σ_c 值，可以计算出地震和静态承载力。

数据：一个条形地基被放置在一个均匀的岩石斜坡上，斜坡的倾斜角 $\theta = 30°$，条形基脚的宽度为 $B_0 = 1.0$ m。坡地是无负荷的，附加荷载 $q_0 = 0$。岩石块的 $GSI = 50$。岩石的强度是指单轴压缩强度 $\sigma_c = 20$ MPa。参数 $m_i = 10$，单位重量 $\gamma = 26$ kN/m³。

解决方案：对于静态情况 $k_h = 0$，极限承载力为 $q_u = 25.456$ MPa，优化后的切线角度 $\varphi_t = 40°$。对于地震情况 $k_h = 0.20$，极限承载力为 $q_u = 15.438$ MPa，优化后的切线角度 $\varphi_t = 44.34°$。

13.10　小结

使用塑性的上界方法研究了水平地震对岩坡上条形地基的承载力系数的影响。用广义切线技术代替实际的非线性 H-B 破坏准则，制定目标函数。通过优化获得上界解决方案。在非线性 H-B 破坏准则下，使用式 (13-17)、式 (13-13) 的静态承载力系数 N_σ 与使用式 (13-14)、式 (13-10) 的静态承载力系数几乎相等，最大误差小于 0.5%。这意味着广义切线是评价非线性 H-B 破坏准则下承载力系数的有效技术。数值结果导致了以下结论：

(1) 使用式 (13-14)、式 (13-10)，可以发现 Collins 等 (1988) 提出的切线技术必须利用 Chen (1969) 使用线性 M-C 破坏准则给出的先前结果 $N_c = [\mathrm{e}^{(\pi - 2\theta) \tan \varphi_t} \tan^2 (45° + \varphi_t / 2) - 1] \cot \varphi_t$，且式 (13-14)、式 (13-10) 只涉及静态承载力系数 N_σ。使用式 (13-10)，不能考虑岩体的单位重量、地震力和附加荷载的影响，也不能研究滑动面。切向技术最初是用于评估具有非线性破坏准则的斜坡稳定性。本章扩展了该技术，以获得静态承载力系数 N_σ。

(2) Yang (2002) 提出的广义切线技术可以直接用于制定对应于能量耗散的目标函数，并通过优化得到上界解。由于使用了一条切线，作用在所有块体的单位面积法向应力是恒定的。该技术的优点是：

①可以使用式(13-17)和式(13-13)研究临界滑移面；

②可以使用式(13-17)和式(13-13)处理地震和静态问题，同时可以考虑岩体的单位重量和附加载荷的影响；

③由于使用了一条切线，广义方法保留了运动学方法的优点，避免了计算变化（多个变量）的外力功率和能量耗散的困难。

当目标函数，式(13-17)、式(13-13)被优化时，单轴抗压强度不应该是零。这表明与附加荷载和单位重量有关的不能与总的极限承载力分开。因此，本章只讨论了承载力系数 N_σ。

13.11　模型实验研究斜坡基础上承载力系数

在地基设计中，根据 Terzaghi 的经典方程，条形基脚的极限承载力被表示为与黏聚力、附加物和单位重量有关的承载力的总和。使用 Terzaghi 方程，承载力被低估了。许多研究已经进行了修改和扩展 Terzaghi 的解决方案，使用极限平衡法、特征法、极限分析法和基于有限元或有限差分的数值方法。这些研究只对地基置于水平地面的情况有效。

在实践中，对于大多数工程师来说，确定土坡上地基的承载力系数是一个非常重要的问题。例如，许多桥墩、建筑和挡土墙都涉及在土壤斜坡上建造条形基座。然而，在这一领域发表的文献非常有限。Michalowski 使用运动学方法提出了水平地面上条形基脚的数值结果和封闭式解法。Zhu 也用极限平衡法给出了数值结果。Yang 等人用能量耗散法分析了斜坡的稳定性。

本章在极限分析理论和全尺寸模型实验的框架下，研究了土坡上条形地基的承载力系数。带状浅层地基被放置在均质和各向同性的土壤坡面上。本章将水平地面上的地基承载力系数的计算工作扩展到土坡上。提出了一些不同坡度倾角下的承载力系数图表，供实际使用。

13.12　能量耗散分析

能量耗散定理指出，在任何运动学上可接受的速度场中，实际力所做的功率都小于或等于能量耗散率。运动学上可接受的速度场受常态规则的制约，并与土体边界的速度相适应。能量耗散定理的应用导致了作用在材料上的真实极限载荷的上限，这些材料被假定为服从 M-C 失效准则和相关联流动法则。通过尝试各种可能的运动学上可接受的破坏机制，用一个优化方案寻求最低可能的能量耗散解决方案。

地基的极限承载力等于地基在初始破坏状态下所能承受的垂直极限荷载除以条形地基的基底面积，可写为：

$$q_u = cN_c + q_0N_q + 0.5\gamma B_0 N_\gamma \tag{13-18}$$

式中：B_0 为基底宽度；N_c、N_q 和 N_γ 分别是与黏聚力 c、等效附加荷载 q_0 和单位重量 γ 有关的承载力系数。

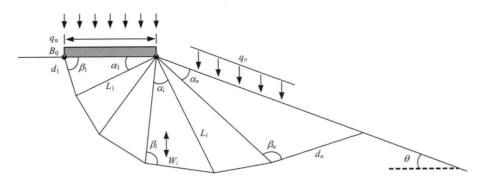

图 13-10 土质斜坡上地基的破坏机制的外力

多楔平移破坏机制通常被用来计算搁置在水平地表上的条形基础的承载力。在本分析中，多楔失效机制被扩展到分析土坡上的条形基座的承载力系数，如图 13-10 所示。潜在的滑动土壤被一系列倾斜的直线分割成若干个三角楔子。每个三角楔都作为一个刚性的楔子移动。第 i 块楔子的几何特征是由基座的长度 d_i、角度 α_i 和 β_i，以及界面的长度 L_i 组成（$i=1$，$\cdots$，n）。角度 α_i 和 β_i 是未指定的（$i=1$，$\cdots$，n）。第 i 块楔形的速度和第 i 块楔形相对于第 $i+1$ 块楔形沿界面的相对速度由以下表达式给出。

$$V_{i+1} = \frac{\sin(\alpha_i+\beta_i-2\varphi)}{\sin(\beta_{i+1}-2\varphi)}V_i \qquad (13-19)$$

$$V_{i,\,i+1} = \frac{\sin(\alpha_i+\beta_i-\beta_{i+1})}{\sin(\beta_{i+1}-2\varphi)}V_i \qquad (13-20)$$

根据式（13-19）和式（13-20），如果给定了第一个楔子的速度 V_1，所有楔子的速度和相对速度可以通过重复使用式（13-19）和式（13-20）求得。一般来说，为方便起见，第一个楔子的速度 V_1 被假定为统一的。

外部载荷和内部能量耗散率所做的功可以通过叠加计算。外部功率是由斜面上的加载 q_0、土块重量 W_i 和极限承载力 q_u 完成的（$i=1$，$\cdots$，n）。由于土体被认为是完全刚性的，不允许发生一般的塑性变形，所以内部能量只沿静止的土体和运动的土体之间的速度间断面 d_i（$i=1$，$\cdots$，n），以及沿相邻的两个楔形的相对速度不连续界面 L_i 耗散（$i=1$，$\cdots$，$n-1$）。将外部载荷的功率等同于总的内部能量耗散率，可以得到极限载荷的上限。通过最小化极限载荷可以得到最低的能量耗散方案。

13.13 实验设计

土壤坡度和装载设备的几何形状如下。模型的仪器尺寸为 160 cm×160 cm×200 cm。模型的坡度和坡面基础形式与原模型相同，如图 13-10 所示。模型的基础高度、土坡的高度和宽度与原尺寸的比例为 1∶20。图 13-11 显示了本模型实验的总体布置，包括坡度和载荷配置。斜坡是用粗砂回填的。土坡上的带状地基被加载，直到达到失效点。进行全尺

寸实验以确定倾斜地基的极限承载力。模型试验的几何形状如图 13-11 所示，斜坡的仪器
布置如图 13-12 所示。

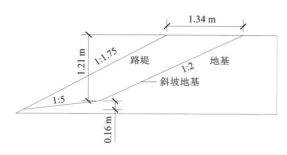

图 13-11　模型实验的概况

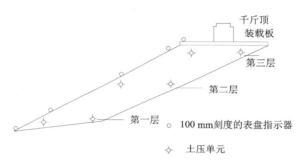

图 13-12　模型实验的仪器位置

　　沿着路堤的脚趾挖掘了一条深 2 m、宽 7.5 m 的沟槽，以减少路堤达到破坏所需的填
充量，并确保破坏发生在预定的方向。

　　在实验室里建造了一条深 3.0 m、长 6 m、宽 1.6 m 的沟槽模型，三块混凝土底板构成
了土壤模型的刚性限制。在沟槽的一侧，板上有调查孔，用有机玻璃将其固定。

　　斜坡框架是由沙土和混凝土组成的。混凝土和沙土的比例为 5∶100。在斜坡上制作了
长度和高度均为 20 cm 的台阶。在斜坡上覆盖 40 cm 厚的由红砂岩风化而成的试验土，并
压实。图 13-11 中给出了试验用的土壤坡度。实验材料为红土砂岩，材料的物理和机械性
能见表 13-3。

表 13-3　土壤材料的特性

土体						
重度/(kN·m⁻³)	最佳含水量/%	液限/%	塑限/%	摩擦角/(°)	黏聚力/kPa	塑性指数
24.0	8.0	27.9	17.9	8.0	29.0	10.0

13.14　数值结果

通过极限分析的能量耗散定理，可以通过优化得到数值结果。对于图 13-10 所示的多楔形平移破坏机制，通过最小化关于 α_i 和 β_i 的目标函数得到能量耗散方案（$i=1，\cdots，n$）。通过增加三角楔的数量 n，可以改善能量耗散的解决方案。在目前的计算中，三角形楔子的数量 n 等于 15。这意味着最小化程序是针对 30 个变量和一个约束条件（$\sum \alpha_i = \pi - \theta$，如图 13-10 所示）进行的。从下面的比较中可以看出，三角形楔子的数量 $n=15$ 是足够的。

表 13-4 和图 13-14 中总结了数值结果。其中：（1）对目前的解决方案和已公布的解决方案进行了比较；（2）提出了各种倾角的数值结果供实际使用。

对于土质斜坡上的地基，本方案采用运动学方法，并与 Michalowski 和朱发表的方案进行了比较。表 13-4 中给出了静力承载力系数的比较，可以发现，本方案结果与 Michalowski 和朱的数值非常一致。

使用全尺寸模型实验，也发现数值结果与测试结果几乎一致，差异小于 12%。

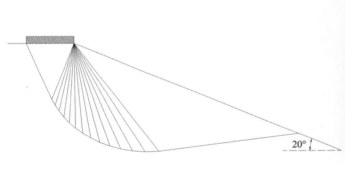 

(a) 使用能量耗散法的滑移面　　　　　　　　　　　　(b) 使用模型测试的滑移面

图 13-13　两种失效机制的比较

为了研究当地基位于土壤坡度上时，临界滑移面是如何被影响的，图 13-13 显示了对应于 $\theta=20°$ 和 $\varphi=35°$ 的临界滑移面。从图 13-13 中可以发现，使用能量耗散法的破坏面与使用模型试验的破坏面不同。在图 13-13(a) 没有考虑附加荷载和土壤重量的影响，这表明 $q_0=\gamma=0$；图 13-13(b) 考虑了这些影响。这种差异可能是由坡面的附加荷载和土壤重量造成的。

表 13-4　水平地面上基础的 N_γ 的比较

$\varphi/(°)$	朱		本章结果	Michalowski	
	对称的	单侧的		数值模拟	闭合形式
10	0.706	0.845	0.846	0.706	0.840
20	4.466	4.659	4.668	4.468	4.523
30	21.384	21.805	21.874	21.394	21.348
40	111.750	120.150	120.863	118.827	118.199
50	1025.064	1033.480	1046.0	1025.980	1017.676

　　利用能量耗散法计算了土坡上条形地基的三个承载力系数，并在图 13-14 中给出了一些承载力系数 N_c、N_q 和 N_γ 与各种参数 φ 和 θ 相关的图表。这些图表是为了在岩土工程中实际使用而给出的。

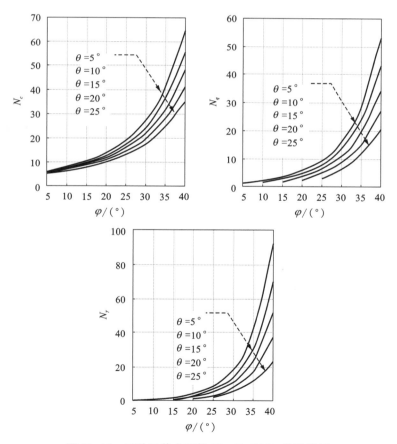

图 13-14　三种承载力系数 N_c，N_q 和 N_γ 的设计图

13.15　本章小结

（1）结合不同坡度倾斜角的影响，利用塑性的能量耗散方法和全尺寸模型实验，研究了条形地基的承载力系数。

（2）通过优化得到能量耗散方案，并与模型实验结果进行比较。利用能量耗散定理得出的破坏机理与通过测量观察到的机理进行了比较。良好的一致性表明，能量耗散法是估算土坡上条形基座承载力系数的一种有效方法。

（3）本章将水平地表上的地基承载力系数计算工作扩展到土坡上的地基承载力系数计算，最后介绍了工程中实际使用的承载力系数设计图。

第 14 章

基于拟动力方法的浅基础极限承载力评估

　　本章采用拟动力方法研究浅埋条形基础在地震作用下的承载力。根据极限分析的运动学原理，采用非对称多块体机构来描述条形基础的破坏。该机构由一系列在破坏区域平移的刚性三角形块体组成。采用考虑地震波动特性的拟动力法来表示地震荷载随时间和空间的变化规律。为了便于计算地震引起的外力做功功率，提出了一种能够适应惯性力随时间和深度变化的条分法。将外部功率和内部耗散率联立，明确推导出需要用 MATLAB 工具箱中的序列二次规划（SQP）进行优化的稳定系数的准确上限解。通过与一些已发表成果的比较，验证了所提出方法的合理性和准确性。具体的参数分析说明了动力参数对条形基础承载力的影响。本章以图表和表格的形式给出了数值计算结果，为岩土领域的相关工程实践提供一定的参考。

14.1　引言

　　浅埋条形基础作为建筑结构的重要组成部分，在自然灾害特别是地震的作用下极易发生破坏。由于地基的破坏而导致的建筑物倒塌，可能会造成巨大的财产损失和人员伤亡。因此，有必要对条形基础的抗震承载力进行研究，为地震条件下基础的设计提供指导。为此，许多学者进行地震作用下的浅条形基础的极限承载力估算，并且使用了不同的理论方法，如极限平衡法、极限分析的运动学方法以及应力特征法。在针对地震力作用分析方法中，常用的传统拟静力方法，用地震系数 k_v 和 k_h 来简化作用在基础上的地震荷载。由于对地震加速度的假设过于简单，对应的条形基础承载力的估算往往相对保守。此外，传统拟静力法也无法反映出地震的波动特性，诸如周期、波速和相位差等。

　　为了表现更加符合实际的地震情况，提高解的精度，Steedman 和 Zeng 提出了一种拟静力分析，其中考虑了压缩波、剪切波和振幅放大对垂直挡土墙主动土压力的影响。从某种程度上说，拟静力法为拟动力法提供了基本形式。Choudhury 和 Nimbalkar 对拟动力法的加速度表达式进行了修正，并将其应用于地震作用下的挡墙被动土压力估算。此外，许多研究者基于拟动力法进行大量研究，分析边坡、挡土墙结构和隧道掌子面在地震作用下的稳定性。近期，针对材料的非均质性和一些复杂的外部条件，Qin 和 Chian 提出了一种新颖的离散化技术来生成破坏机构，并将拟动力方法引入土质边坡稳定性评估和岩质边坡承载力估算中。关于动荷载作用下地基承载力的理论研究主要依靠拟静力法，很少涉及拟动力法。早期的浅埋条形基础承载力问题中拟动力分析由是由 Ghosh 完成的。在该研究中，采用一种更加便于地震作用功率计算的双块体破坏机构来描述地基的向上破坏。相比拟静力解，在上界定理的框架下推导出的拟动力解更优。由于刚性块体数量有限，这种运动学许可的破坏机构限制了滑移面的自由衍生，并且本项目所采用的拟动力方法假定压缩波与剪切波之间不存在相位差。

回顾该领域文献中关于浅埋基础的运动容许破坏机构，总的来说分为对称和非对称的破坏机构。Soubra 构造了两种由三角形主动块体、受剪辐射区和三角形被动块体依次组成的非对称机构，用拟静力法计算其极限承载力。两种机制的主要区别在于受剪辐射区的滑移线分别为圆弧线和对数螺旋线。Soubra 用多块体破坏机构代替了既有的机制，并分别对对称和非对称情况下的地震极限承载力进行估算。这种多块体机构相比于弓形机构更容易沿滑动面发生破坏，而相关地震分析仅局限于拟静力法。因此，本项目着眼于多块体机构，对库仑材料中的浅埋条形基础极限承载力进行拟动力分析，进一步填补了这一研究领域的空白。

本项目结合多块体机构(以 n 为块体数目)和拟动力法，提供了条形基础极限承载力的理论表达式。该解析解是 n 组独立的角度变量 α_i 和 β_i 以及时间变量 t 的函数，通过 MATLAB 工具箱中的序列二次规划(SQP)寻找最小上界解。选用 Soubra 构造的非对称破坏机构，因为其更适合考虑条形基础的承载能力估算中的地震作用。本项目详细讨论了相关地震动力参数和摩擦角 φ 对条形基础极限承载力稳定系数的影响。

14.2　问题描述和假设

14.2.1　问题描述

浅埋条形基础的破坏通常表现为基础沉降和邻近地表隆起。若忽略地震作用的影响，破坏区域沿基础呈对称分布。当考虑地震荷载时，地基会沿某一特定方向发生破坏，破坏机构通常是不对称的。如图 14-1 所示，库仑材料中的浅埋条形基础的深度为 D、宽度为 B。在基础底部之上的上覆土层作用由沿着表面 BC 均布的正应力 $q = \gamma D$ 替代。拟动力加速度引起的惯性力均匀作用于刚性块体和基础水平以上的侧向土。此外，还考虑了水平和垂直地震加速度。通过拟动力方法，地震作用在覆盖层上的水平惯性力和竖向惯性力可分别转化为沿表面均匀分布的剪应力和正应力。

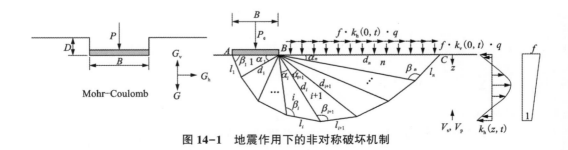

图 14-1　地震作用下的非对称破坏机制

14.2.2　假设

（1）假设条形基础的底部是粗糙的，地基所在的土壤是均匀的。为保证地基的倒塌向地表扩展，假设埋深足够浅，省略侧土提供的抗剪阻力。

（2）材料的力学参数如剪切模量(G)和弹性模量(E)保持不变。

（3）地震效应的放大与许多因素有关，包括刚度、场地特性周期、材料阻尼等。为了降低所考察问题的复杂性，本项目采用了一个简化的线性幅值放大因子。

（4）材料的破坏由莫尔-库伦强度准则控制，并考虑相关的正态流动规则。

14.3　理论基础和破坏机构

14.3.1　拟动力法

考虑地震波随时间和空间的循环变化，提出了一种拟动力方法。该方法已被广泛应用于挡土墙地震土压力的极限平衡法和边坡稳定性的上限极限分析。与其他研究一样，本项目采用正弦函数输入水平和垂直加速度。注意，可以采用相同的方法来使用任意加速度表达式。

在地震发生时，主波和横波的速度可以分别表示为 $V_p = [2G(1-v)/\rho(1-2v)]^{0.5}$ 和 $V_s = (G/\rho)^{0.5}$，其中 G 为随深度变化的剪切模量，v 为泊松比，ρ 为土体的密度。为了简化，在破坏区域内，将主波速度和横波速度设为常数，忽略 G 的变化。对于大多数地质物质来说，$V_p/V_s = 1.87$ 的水平波周期与纵波周期的差值为 0.3，是可以忽略不计的。在多数情况下，在正弦加速度输入下，作用于回填体的同一位置时，水平加速度与垂直加速度之间没有时间差或相位差。为了适用于更广泛的情况，本研究考虑了相位差。在地震发生期间，土体的振动随着地震波向回填面靠近而增大。因此，假设水平和垂直加速度幅值都随深度线性变化，底部等于输入加速度，顶部等于放大加速度。

假设输入的水平加速度 $k_h g$ 和垂直加速度 $k_v g$ 分别为振幅和谐波，其中 g 为重力加速度，k_h 和 k_v 分别为水平和垂直地震加速度系数。因此，时刻 t 位置 y_i 的加速度可由下式求得：

$$\begin{cases} a_h = \left[1 + \dfrac{H-z}{H}(f-1) \right] \cdot k_h g \cdot \sin\left[2\pi\left(\dfrac{t}{T} - \dfrac{H-z}{\lambda_s} \right) \right] \\ a_v = \left[1 + \dfrac{H-z}{H}(f-1) \right] \cdot k_v g \cdot \sin\left[2\pi\left(\dfrac{t}{T} - \dfrac{H-z}{\lambda_p} + \dfrac{t_0}{T} \right) \right] \end{cases} \tag{14-1}$$

式中：$\lambda_s(=TV_s)$ 和 $\lambda_p(=TV_p)$ 分别为剪切波和主波的波长；f 为放大系数；t_0 为底部水平和垂直加速度的初始时间差，其值根据实际地质和地震情况推算。

14.3.2　极限分析运动学理论

塑性极限分析定理经过几十年的发展和应用，逐渐被研究所认识。在前人工作的基础上，Chen 对极限分析理论及其在岩土工程中的应用进行了系统的阐述和总结。极限分析包括两个基本理论：上限及下限定理。它从运动学分析和应力分布的角度来解决岩土问题。由于采用理论方法将局部应力分布扩展到整个研究区域的局限性，本项目不涉及下界分析，只考虑运动学分析。在进行条形基础抗震极限承载力上限分析之前，需要满足以下假设：

（1）土体表现为理想弹塑性本构关系。

（2）屈服面为凸面，根据相应的流动规律和屈服函数可导出塑性应变速率，其表达式为：

$$\dot{\varepsilon}_{ij} = \dot{\lambda} \frac{\partial f(\sigma'_{ij})}{\partial \sigma'_{ij}}, \ \dot{\lambda} \geq 0 \tag{14-2}$$

式中：$\dot{\varepsilon}_{ij}$ 为塑性应变率；σ'_{ij} 为有效应力；$f(\sigma'_{ij}) = 0$ 为屈服函数；$\dot{\lambda}$ 为非负系数。

（3）工程结构在极限荷载作用下的几何变形很小。

根据极限分析的描述，上限定理可以解释为：在任意运动允许的速度场内，外力诱导的功率等于或小于内部能量耗散率。内部能量耗散率可以表示为：

$$\int_S T_i v_i^* \, \mathrm{d}S + \int_V F_i v_i^* \, \mathrm{d}V \leq \int_V \sigma_{ij}^* \dot{\varepsilon}_{ij}^* \, \mathrm{d}V \tag{14-3}$$

式中：T_i 为外力；F_i 为体积力；v_i^* 为速度场；σ_{ij}^* 为有效应力；$\dot{\varepsilon}_{ij}^*$ 为塑性应变率场；V 和 S 分别为物体的体积和边界面积。

因此，通过建立外部功率与内部能量耗散率之间的平衡方程，可以计算出大于真实极限载荷的极限载荷。

14.4 地震作用下极限承载力的拟动力分析

图 14-2 为一种由 n 个三角形刚体块组成的非对称多块机构。该运动学容许机构能够处理条形基础在地震作用下的承载能力。学者们都知道，地震荷载通常会对地基体系产生两种不利影响：增大动力和降低材料的抗剪强度。本项目不考虑地震荷载对土体抗剪强度的影响，只考虑地震荷载对增长驱动力的影响。

与包含等腰三角形楔的对称机构相比，非对称机构全部由三角形楔组成，并包含了所有需要优化的 $2n$ 个独立角变量。崩塌块体在极限状态下呈平移运动，接触块体之间存在相对滑动。地基承受上部结构的荷载，也作为刚体与第一楔以相同的速度 V_1 平移。考虑正态流动规律，块体的绝对速度 V_i 和相对速度 $V_{i,i+1}$ 与滑移面保持一个倾斜角 φ。根据图 14-2 所示的几何条件和速度，区块 1 和区块 2 的速度保持如下关系：

$$V_2 = \frac{\sin(\pi - \alpha_1 - \beta_1 + 2\varphi)}{\sin(\beta_2 - 2\varphi)} \cdot V_1 \tag{14-4}$$

区块 1 和区块 2 之间的相对速度为：

$$V_{1,2} = \frac{\sin(\alpha_1 + \beta_1 - \beta_2)}{\sin(\beta_2 - 2\varphi)} \cdot V_1 \tag{14-5}$$

同样，$i+1$ 块速度的递归关系可以推广为：

$$V_{i+1} = \frac{\sin(\pi - \alpha_i - \beta_i + 2\varphi)}{\sin(\beta_{i+1} - 2\varphi)} \cdot V_i \quad (i = 1, 2, 3, \cdots, n) \tag{14-6}$$

$$V_{i,i+1} = \frac{\sin(\alpha_i + \beta_i - \beta_{i+1})}{\sin(\beta_{i+1} - 2\varphi)} \cdot V_i \quad (i=1,2,3,\cdots,n) \tag{14-7}$$

第一刚性块体的速度间断面和为基础宽度的函数，即

$$l_1 = \frac{\sin\alpha_1}{\sin(\alpha_1 + \beta_1)} B \tag{14-8}$$

$$d_1 = \frac{\sin\beta_1}{\sin(\alpha_1 + \beta_1)} B \tag{14-9}$$

速度不连续与 $i+1$ 刚性块的递推关系表示为：

$$l_i = \frac{\sin\alpha_i}{\sin(\alpha_i + \beta_i)} d_{i-1} \quad (i=1,2,3,\cdots,n) \tag{14-10}$$

$$d_i = \frac{\sin\beta_i}{\sin(\alpha_i + \beta_i)} d_{i-1} \quad (i=1,2,3,\cdots,n) \tag{14-11}$$

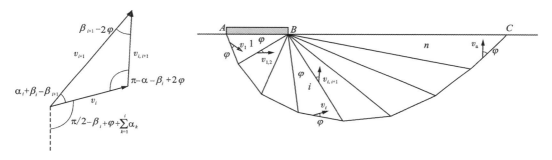

图 14-2　非对称破坏机构的速度

14.4.1　外力做功功率

对于整个基础结构，外部荷载由块体自重、侧向土压力和作用于破坏块体及基础之上覆盖层的地震惯性力组成。以第 i 块为例，土壤重力产生的功率可表示为：

$$W_\gamma = \frac{1}{2}\gamma \sum_{i=2}^{n} d_{i-1} d_i \sin\alpha_i V_i \cos\theta_i + \frac{1}{2}\gamma d_1 B \sin\alpha_1 V_1 \cos\theta \tag{14-12}$$

注意，由于地震加速度随时间和空间而变化，在地震波从地下传播到地表的过程中，作用于塌陷块体的惯性力随深度和时间变化。本项目采用切片法来考虑惯性力随深度的变化，如图 14-3 所示。以该点 B 为坐标原点，指定右、下为 x、z 坐标的正方向，建立直角坐标系。将第 i 块体切片成许多条单元，这些条单元的厚度足够小，可将微单元中的惯性力看作是一个常数，则块体阴影部分产生的地震功率可以表示为：

$$\mathrm{d}W_e = \gamma/g \cdot S_{ij} V_i (a_h \sin\theta + a_v \cos\theta_i) \tag{14-13}$$

综合刚性块的所有功率，惯性力所做的外部总功为：

$$W_e = \gamma/g \sum_{i=1}^{n} \sum_{j}^{m} S_{ij} a_h V_i \sin\theta_i + \gamma/g \sum_{i=1}^{n} \sum_{j}^{m} S_{ij} a_v V_i \cos\theta_i \tag{14-14}$$

式中：γ 和 g 分别为土壤的单位重量和重力加速度；θ_i 为 V_i 和垂直方向的倾斜度，如图 14-2 左侧所示；S_{ij} 为阴影梯形的面积，下标 ij 为第 i 个刚性块的第 j 个阴影梯形；θ_i 和 S_{ij}

可以表示为：

$$\theta_i = \frac{\pi}{2} - \beta_i + \varphi + \sum_{k=1}^{i} \alpha_k \quad (i = 1, 2, 3, \cdots, n) \tag{14-15}$$

$$S_{ij} = \frac{1}{2} (|x_{i,j} - x_{i,j'}| + |x_{i,j+1} - x_{i,j+1'}|) |z_{i,j+1} - z_{i,j}| \quad (j = 1, 2, 3, \cdots, m) \tag{14-16}$$

其中，$(x_{i,j}, z_{i,j})$，$(x_{i,j'}, z_{i,j'})$，$(x_{i,j+1}, z_{i,j+1})$，$(x_{i,j+1'}, z_{i,j+1'})$ 表示阴影梯形的四个顶点的坐标，如图 14-3 所示，下标 j' 为 i 的补充索引；m 为土层层数，控制计算精度，需要根据时间消耗和精度之间的折衷来确定。

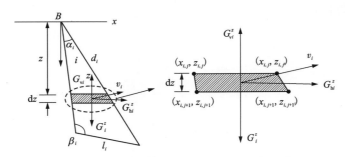

图 14-3　计算第 i 块体地震荷载功率的分层法图解

当地震波向基础底部传播时，即 $z = 0$，地震加速度可以表示为：

$$\begin{cases} a_{qh} = f \cdot k_h g \cdot \sin\left[2\pi\left(\frac{t}{T} - \frac{H}{\lambda_s}\right)\right] \\ a_{qv} = f \cdot k_v g \cdot \sin\left[2\pi\left(\frac{t}{T} - \frac{H}{\lambda_p} + \frac{t_0}{T}\right)\right] \end{cases} \tag{14-17}$$

侧向土自重和作用于侧向土体的惯性力的等效荷载所产生的地震功率为：

$$W_q = q l_n V_n \cdot \sin\theta_n a_{qh}/g + q l_n V_n \cdot \cos\theta_n (1 + a_{qv}/g) \tag{14-18}$$

计算地基极限承载力的功率为：

$$\begin{aligned} W_{P_e} &= P_e V_1 \sin(\beta_1 - \varphi) - P_e V_1 a_v \sin(\beta_1 - \varphi)/g + P_e V_1 a_h \cos(\beta_1 - \varphi)/g \\ &= P_e V_1 [\cos(\beta_1 - \varphi) a_h|_{z=0}/g + (1 - a_v|_{z=0}/g)\sin(\beta_1 - \varphi)] \end{aligned} \tag{14-19}$$

最终由式（14-12）、式（14-14）、式（14-18）、式（14-19）的和得到总的外部功率：

$$W_{ext} = W_\gamma + W_e + W_q + W_{P_e} \tag{14-20}$$

14.4.2　内部能量耗散功率

内能沿速度不连续面（包括径向线 d_i 和径向线 l_i）耗散的形式表示为随时间的累积：

$$D_{int} = c \cdot \cos\varphi \sum_{i=1}^{n} l_i V_i + \sum_{i=1}^{n-1} d_i V_{i,i+1} \tag{14-21}$$

式中：c 和 φ 为土材料抗剪强度参数。

14.4.3　地震作用下的极限承载力稳定系数

通过建立总外功率和内部能量耗散的平衡方程，可以明确得到地震条件下基础的极限承载力公式：

$$P_e = (D_{int} - W_e - W_\gamma - W_q) / [V_1 \cos(\beta_1 - \varphi) a_h |_{z=0} / g + V_1 (1 - a_v |_{z=0} / g) \sin(\beta_1 - \varphi)]$$

$$(14-22)$$

将式（14-22）重新排列，单位面积极限承载力可进一步表示为由不同分量组成的标准形式：

$$q_{ce} = \frac{P_e}{B} = \frac{1}{2} \gamma B \cdot N_{\gamma e} + q \cdot N_{qe} + c \cdot N_{ce} \qquad (14-23)$$

式中：$N_{\gamma e}$，N_{qe} 和 N_{ce} 为承载力因子，分别表示土体自重、基础水平以上堆载量和土体黏聚力对极限承载力的影响。

这些无因次表达式为 α_i 和 β_i 的函数，具体表达式为：

$$N_{\gamma e} = -\frac{f_1 + k_h f_2 + k_v f_3}{\cos(\beta_1 - \varphi) a_h |_{z=0} / g + (1 - a_v |_{z=0} / g) \sin(\beta_1 - \varphi)} \qquad (14-24)$$

$$N_{qe} = -\frac{k_h f_4 + k_v f_5}{\cos(\beta_1 - \varphi) a_h |_{z=0} / g + (1 - a_v |_{z=0} / g) \sin(\beta_1 - \varphi)} \qquad (14-25)$$

$$N_{ce} = \frac{f_6}{\cos(\beta_1 - \varphi) a_h |_{z=0} / g + (1 - a_v |_{z=0} / g) \sin(\beta_1 - \varphi)} \qquad (14-26)$$

式中：$f_i(i = 1, 2, \cdots, 6)$ 为无量纲函数，可在附录 D 中查阅。

由式（14-23）可知，地基极限承载力由自变量角 α_i、β_i 和时间 t/T 决定，需要采用 SQP 算法进行优化，寻找最小上界解。对象函数应受以下约束：

$$\min q_{ce} = f(\alpha_i, \beta_i, t/T)$$

$$\text{s. t.} \begin{cases} \sum\limits_{i=1}^{n} \alpha_i = \pi & i = 1, 2, \cdots, n \\ \alpha_i + \beta_i \geq \beta_{i+1} \end{cases} \qquad (14-27)$$

14.5　数值结果与讨论

14.5.1　比较分析

在研究动力参数对条形基础极限承载力的影响之前，本节将与 Soubra 的现有工作进行对比。在文献中，叠加法将基础极限承载力分解为三个分量（γ、c 和 q），分别计算每个分量。因为各因素对极限承载力的贡献可以分别反映出来，所以受学者们青睐。叠加法通常是在安全的方面估计结果，这表明得到的解是保守的。因此，本项目通过直接优化 q_{ce}［式（14-23）］来寻找最优解，并将其承载力因子与 Soubra 计算得到的承载力因子进行比较。

设波长为无穷大，即 $\lambda_s = \infty$。本项目求得的拟动力解在理论上等于拟静力解。基于相同的 14 个刚性块组成的破坏机理并给出以下输入参数：$B = 1$ m，$\varphi = 30°$，$c = 10$ kPa，$q = 10$ kPa，$\gamma = 18$ kN/m³，$k_v/k_h = 0.0$，$T = 0.2$ s，$f = 1.0$。通过数值优化和叠加法、拟静力法得到的极限承载力的数值结果列在表 14-1～表 14-4。预期直接数值优化的计算结果总是大于叠加法的计算结果。当 $k_h=0.0$ 时，两种优化方法的极限承载力差值最大可达 5% 左右；当 $k_h \neq 0.0$ 时，极限承载力差值最大可达 30%，说明地震的存在对两种优化方法有重要影响。本项目计算的承载力系数均大于叠加法计算的承载力系数，且两种方法的承载力系数 $N_{\gamma e}$ 差异显著，而 N_{ce} 与 N_{qe} 的差异不明显。

表 14-1　地震作用下的极限承载力 q_{ce}/kPa

k_h	$\varphi/(°)$							
	15		20		25		30	
	本章结果	Soubra (1999)	本章结果	Soubra (1999)	本章结果	Soubra (1999)	本章结果	Soubra (1999)
0	176.18	168.4	268.36	254.83	428.62	405.24	725.71	684.02
0.05	158.19	151.39	236.65	227.23	381.18	357.69	633.01	596.77
0.1	140.75	134.79	210.56	200.59	329.82	312.86	546.85	516.61
0.15	124.17	118.32	184.28	175.4	286.08	271.55	469.75	443.95
0.2	108.65	102.64	160.03	151.77	246.46	233.66	400.37	378.93
0.25	94.38	87.06	138.03	130.08	210.95	199.61	340.02	321.39
0.3	81.35	64.80	118.29	110.14	179.56	169.02	287.02	270.8
0.35	69.78	57.90	100.80	90.70	152.08	142.01	241.76	226.91
0.4	59.80	51.40	86.21	67.50	129.86	117.92	206.30	189.09
0.45	52.06	45.40	74.80	59.60	112.50	95.96	178.64	156.39
0.5	45.80	39.80	65.62	52.30	98.53	70.20	157.24	128.45

表 14-2　地震作用下的承载力因数 $N_{\gamma e}$

k_h	$\varphi/(°)$							
	15		20		25		30	
	本章结果	Soubra (1999)	本章结果	Soubra (1999)	本章结果	Soubra (1999)	本章结果	Soubra (1999)
0	2.77	2.10	5.74	4.67	11.76	10.06	24.62	21.88
0.05	2.11	1.51	4.44	3.57	9.69	7.91	19.87	17.43
0.1	1.52	1.01	3.43	2.61	7.33	6.04	15.66	13.59
0.15	1.04	0.58	2.51	1.80	5.58	4.45	12.18	10.35
0.2	0.64	0.26	1.75	1.13	4.11	3.14	9.23	7.67
0.25	0.34	0.04	1.15	0.62	2.93	2.09	6.81	5.51
0.3	0.13	—	0.69	0.26	1.99	1.28	4.94	3.80

续表14-2

k_h	$\varphi/(°)$							
	15		20		25		30	
	本章结果	Soubra (1999)	本章结果	Soubra (1999)	本章结果	Soubra (1999)	本章结果	Soubra (1999)
0.35	0.00	—	0.36	—	1.29	0.69	3.61	2.49
0.4	—	—	0.20	—	0.95	0.28	2.59	1.51
0.45	—	—	0.08	—	0.68	0.04	2.25	0.81
0.5	—	—	—	—	0.47	—	1.78	0.35

表 14-3 地震作用下的承载力因数 N_{qe}

k_h	$\varphi/(°)$							
	15		20		25		30	
	本章结果	Soubra (1999)	本章结果	Soubra (1999)	本章结果	Soubra (1999)	本章结果	Soubra (1999)
0	3.98	3.95	6.52	6.41	10.95	10.69	19.09	18.46
0.05	3.54	3.52	5.73	5.72	9.73	9.51	16.85	16.35
0.1	3.10	3.07	5.07	5.02	8.49	8.35	14.72	14.34
0.15	2.65	2.59	4.37	4.32	7.35	7.24	12.73	12.44
0.2	2.22	2.07	3.71	3.62	6.27	6.17	10.88	10.67
0.25	1.81	1.46	3.08	2.94	5.28	5.17	9.22	9.04
0.3	1.42	—	2.50	2.25	4.37	4.22	7.70	7.54
0.35	1.07	—	1.98	1.46	3.56	3.33	6.37	6.19
0.4	0.83	—	1.59	—	2.92	2.47	5.38	4.97
0.45	0.65	—	1.29	—	2.41	1.56	4.42	3.86
0.5	0.50	—	1.04	—	1.99	—	3.76	2.85

表 14-4 地震作用下的承载力因数 N_{ce}

k_h	$\varphi/(°)$							
	15		20		25		30	
	本章结果	Soubra (1999)	本章结果	Soubra (1999)	本章结果	Soubra (1999)	本章结果	Soubra (1999)
0	11.14	11.00	15.15	14.87	21.33	20.78	31.33	30.25
0.05	10.38	10.26	13.94	13.79	19.67	19.14	28.56	27.64

续表14-4

k_h	$\varphi/(\degree)$							
	15		20		25		30	
	本章结果	Soubra (1999)	本章结果	Soubra (1999)	本章结果	Soubra (1999)	本章结果	Soubra (1999)
0.1	9.61	9.50	12.90	12.69	17.89	17.50	25.87	25.09
0.15	8.83	8.72	11.79	11.60	16.24	15.91	23.29	22.64
0.2	8.07	7.96	10.72	10.54	14.67	14.37	20.85	20.32
0.25	7.32	7.21	9.68	9.51	13.19	12.91	18.65	18.14
0.3	6.60	6.48	8.70	8.53	11.79	11.53	16.55	16.12
0.35	5.91	5.79	7.78	7.61	10.49	10.25	14.56	14.26
0.4	5.22	5.14	6.85	6.75	9.21	9.07	12.92	12.58
0.45	4.66	4.54	6.12	5.96	8.23	8.00	11.42	11.05
0.5	4.22	3.98	5.54	5.23	7.45	7.02	10.36	9.68

对于 $k_v/k_h = 0.5$、1.0，$\lambda_s = \infty$，$k_h = 0-0.5$ 间隔为 0.05。表 14-5 给出了 Budhu 和 Al-Karni(1993) 与 Choudhury 和 Subba Rao(2005) 的拟静力解，以及 Ghosh(2008) 的拟动力解进行比较。研究发现，与 Budhu 和 Al-Karni(1993) 和 Choudhury 和 Subba Rao(2005) 的结果相比，本项目推导出的拟动态解偏高。这可能是由于本工作考虑了地震加速度随时间和空间变化的特点，而上述工作采用地面加速度峰值来简化地震效应。此外，目前分析的失效机理也与比较的不同。Ghosh(2008) 提供的解决方案比目前的研究偏差更大。虽然 Ghosh(2008) 的结果也采用拟动力法计算，但没有考虑主波和横波的初始相差，破坏块数有限，基础难以发生上拔破坏，提高了条形基础的承载力。

表 14-5　地震作用的极限承载力因数 $N_{\gamma e}$($k_v = 0.5\,k_h$)

k_h	本章结果 ($f=1$)		Ghosh(2008) ($f=1$)		Choudhury 和 Subba Rao(2005)		Budhu 和 Al-Karni(1993)	
	$k_v = 0.5k_h$	$k_v = 1.0k_h$	$k_v = 0.5k_h$	$k_v = 1.0k_h$	$k_v = 0.5k_h$	$k_v = 1.0k_h$	$k_v = 0.5k_h$	$k_v = 1.0k_h$
0.1	15.09	15.08	20.39	20.04	8.40	7.76	10.21	9.46
0.2	8.80	8.65	9.98	8.82	2.85	2.00	3.81	2.86
0.3	4.60	4.22	3.85	2.35	0.98	0.29	1.21	0.56
0.4	2.68	2.36	0.82	—	0.15	—	0.32	—

14.5.2　参数分析

建立了多块体破坏机构，描述了浅基础上扬性破坏模式。刚性块的个数对上界解的精度影响很大，需要优化的因变量会随着块数的增加而增加。随着上界解的改进，时间消耗也会随之增加。因此，为了在时间和精度之间找到一个平衡点，笔者绘制了图 14-4。在图 14-4 中体现了 $\varphi = 30°$，$n = 2 \sim 11$ 的关键失效机理。这表明最初的块的数量增加对精度有明显提高，但极限承载力随着块数增加而迅速减少，达到 0.06%。这表明进一步增加区块数量成本太高。因此，本项目采纳了 Soubra 的建议，取 $n = 14$。

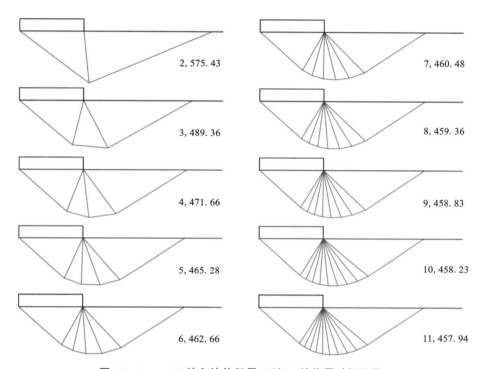

图 14-4　$\varphi = 30°$ 的多块体数量 2 到 11 的临界破坏机构

图 14-5 为 $\varphi = 30°$、$k_v = 0.0$、$f = 1.0$ 时的临界破坏机理及对应的抗震承载力因子，k_h 分别为 0.0、0.15、0.3。结果表明，随着地震烈度的增强，承载力因子逐渐减小，破坏区域明显缩小，破坏深度变浅。

由式（14-23）可知，条形基础的抗震承载力与拟动力参数、土体抗剪强度和基础埋深有关。为了揭示这些参数对抗震承载力 q_{ce} 的内在影响，在 $k_h = 0.5$，$k_v/k_h = 0.5$，$f = 1.0$，$c = 10$ kPa，$q = 10$ kPa，$\lambda_s = 60$ m，$\varphi = 10° \sim 30°$ 的条件下进行了具体参数研究。水平和竖向地震系数对极限承载力的影响如图 14-6 和图 14-7 所示。地震系数的增大导致极限承载力减小，这种减小效应随着内摩擦角的增大而变得显著。值得一提的是，竖向地震加速度相对于水平地震系数而言，对 q_{ce} 的影响较小。例如，当 $\varphi = 30°$，k_h 和 k_v 为 0.0 ~ 0.5，q_{ce} 分别减小 79.2% 和 9.0%。可见，竖向地震加速度的影响有时被研究人员忽略。

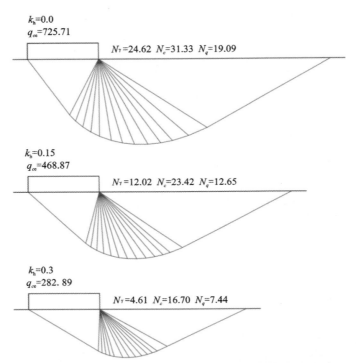

图 14-5　$\varphi = 30°$，$k_{\mathrm{v}} = 0.0$，$f = 1.0$ 的临界破坏机构

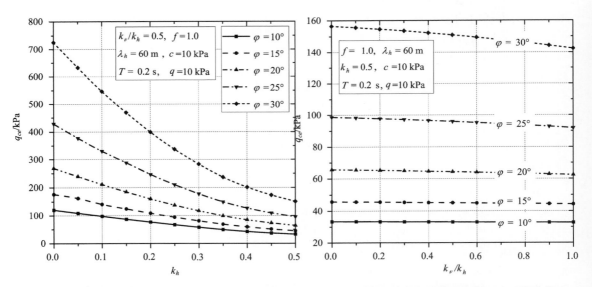

图 14-6　条形基础极限承载力随水平地震系数的变化　　图 14-7　条形基础极限承载力随 k_{ν}/k_h 的变化

　　为便于分析，假定地震波周期相同，主波速度与横波速度的关系 $V_{\mathrm{p}}/V_{\mathrm{s}} = 1.87$，泊松比 $\upsilon = 0.3$。根据物理关系（$\lambda = TV$），波长与波速保持相同的关系。从图 14-8 可以看出，$\lambda_h = 0 \sim 200$ m 时，极限承载力的波动是不规则的。随着内摩擦角的增大，波动幅度趋于显著。

从曲线的趋势发现，随着波长保持在一个较小的值不超过失败的深度区域，q_{ce} 最初的波动频率保持在一个更高的水平，然后逐渐减少波长足够大。这时，相应的极限承载力趋近于一个常数，与拟静力解一致。

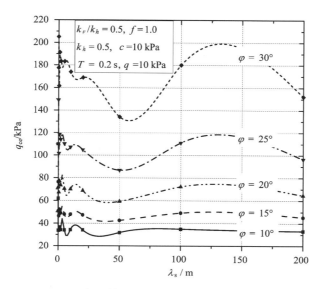

图 14-8　条形基础极限承载力随水平波长的变化

当波传播到地表时，土壤对加速度幅值有放大效应，用一个因子 f 表示。振幅放大系数对极限承载力的影响与水平地震系数相似，如图 14-9 所示。从加速度表达式可以看出，f 和 k_h 控制加速度幅值来直接影响其承载能力。此外，初始相位滞后作为一种普遍存在于主波和横波中的现象，在以往的伪动力方法的贡献中仅被考虑。

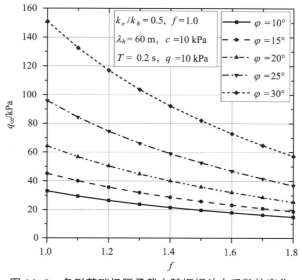

图 14-9　条形基础极限承载力随振幅放大系数的变化

图 14-10 考虑了初始相位差的影响，给出了在 $t_0/T = 0.0 \sim 1.0$ 时，q_{ce} 的完整周期变化，说明了地震的周期性和规律性。有必要再次指出，q_{ce} 的波动范围受到内摩擦角 φ 的影响显著。在没有地震的情况下，较高的抗剪强度通常意味着较高的承载力；当发生地震时，动荷载对承载力的不利影响随之增强，内摩擦角也随之增大。因此，地震行动应受到高度重视。

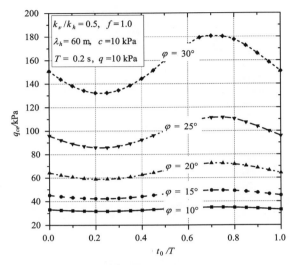

图 14-10　初始相位差下条形基础极限承载力的变化

黏聚力和侧向附加荷载的影响如图 14-11、图 14-12 所示。黏聚力和附加荷载越大，极限承载力越高，且黏聚力的强化效果比附加荷载更明显。为了给实际使用提供一些参考，图 14-13 ~ 图 14-15 根据上述参数 $k_h = 0.1，0.3，0.5，q = 0 \sim 30$ kPa 间隔 10 kPa 绘制承载力图。

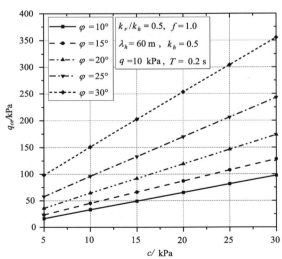

图 14-11　条形基础极限承载力随黏聚力的变化

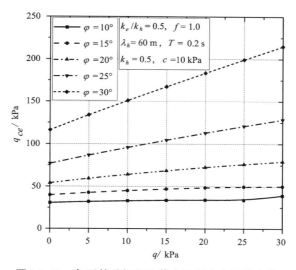

图 **14-12** 条形基础极限承载力随侧土自重的变化

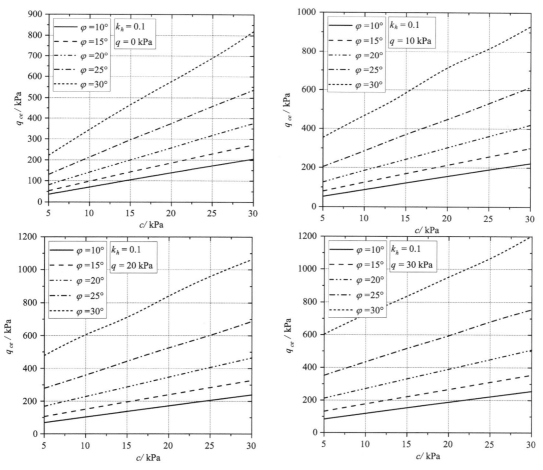

图 **14-13** $k_h = 0.1$ 和 $q = 0 \sim 30$ kPa 的条件下的极限承载力

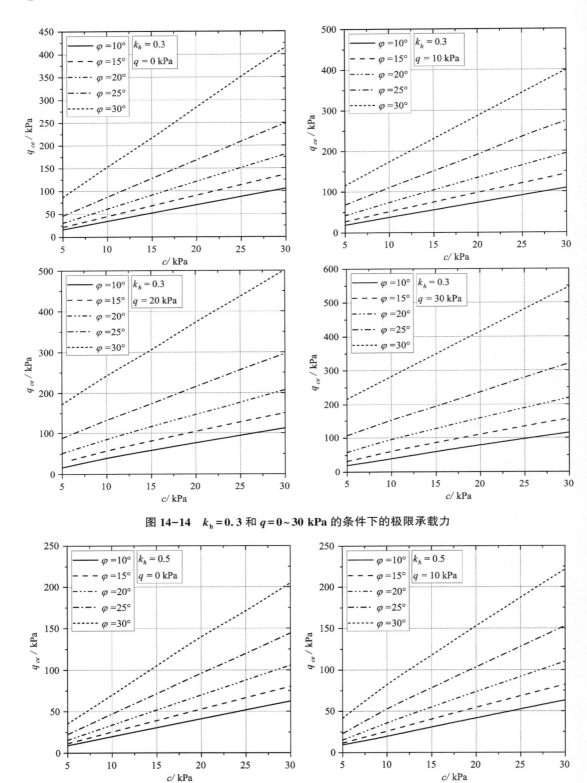

图 14-14 $k_{\mathrm{h}}=0.3$ 和 $q=0\sim30\ \mathrm{kPa}$ 的条件下的极限承载力

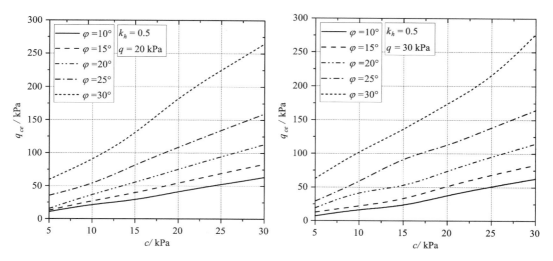

图 14-15　$k_h = 0.5$ 和 $q = 0 \sim 30$ kPa 的条件下的极限承载力

14.6　本章小结

本章在极限分析定理的基础上，采用拟动力法对浅条形基础的抗震承载力进行了研究。在此基础上建立了非对称运动容许多块体机制。利用序列二次规划（SQP）方法求解依赖于 28 个因变量和时间的严格上界解。与文献进行比较，以保证所提程序的有效性和合理性。详细研究了地震波动力参数对承载力的影响。通过对比和参数化研究，得出以下结论：

（1）基于比较结果，直接优化目标函数通常比保守的叠加法得到更小的上界解。两种优化方法的差异主要存在于 $N_{\gamma e}$，而 N_{ce} 与 N_{qe} 的差异较小。

（2）地震系数 k_h 和振幅放大系数 f 的增大导致极限承载力的降低，这种降低效应随着内摩擦角的增大而显著。相比于水平向，竖向地震加速度对 q_{ce} 的影响较小，这可能是忽略竖向地震加速度的原因。

（3）波长对极限承载力的影响是不规则的，波长保持在一个小于破坏区域深度的值，q_{ce} 波动频率较高。当波长足够大时，趋于一个常数，即拟静力解。

（4）初始相位差对 q_{ce} 的影响具有一定的周期性和规律性，体现了地震的动力特性。此外，还强调了内摩擦角对 q_{ce} 波动范围的显著影响。实际中，在不考虑地震的情况下，较高的内摩擦角通常会带来较大的承载力。当发生地震时，动荷载对承载力的不利影响随着内摩擦角的增大而增大。因此，地震行动应受到高度重视。此外，黏聚力和超载荷载越大，极限承载力越高，黏聚力的强化效果比超载荷载的强化效果更明显。

附　录

附录 A

$$L_i = \frac{B_0}{2\cos\theta} \prod_{j=1}^{i-1} \frac{\sin\beta_j}{\sin(\alpha_j+\beta_j)} \tag{A-1}$$

$$d_i = \frac{B_0}{2\cos\theta} \frac{\sin\alpha_i}{\sin(\alpha_i+\beta_i)} \prod_{j=1}^{i-1} \frac{\sin\beta_j}{\sin(\alpha_j+\beta_j)} \tag{A-2}$$

$$S_i = \frac{B_0^2}{2} \frac{\sin\alpha_i \cdot \sin\beta_i}{4\cos^2\theta\sin(\alpha_i+\beta_i)} \prod_{j=1}^{i-1} \frac{\sin^2\beta_j}{\sin^2(\alpha_j+\beta_j)} \tag{A-3}$$

$$f_1 = \frac{\tan\theta}{2} \tag{A-4}$$

$$f_2 = \frac{\cos(\theta-\varphi_t)}{2\cos^2\theta\sin(\beta_1-2\varphi_t)} \cdot \sum_{i=1}^{k} \Big[\frac{\sin\alpha_i\sin\beta_i}{\sin(\alpha_i+\beta_i)}$$
$$\cdot \sin\Big(\beta_i-\theta-\sum_{j=1}^{i-1}\alpha_j-\varphi_t\Big) \prod_{j=1}^{i-1} \frac{\sin^2\beta_j\sin(\alpha_j+\beta_j-2\varphi_t)}{\sin^2(\alpha_j+\beta_j)\sin(\beta_{j+1}-2\varphi_t)} \Big] \tag{A-5}$$

$$f_3 = \frac{\cos(\theta-\varphi_t)}{\cos\theta\sin(\beta_1-2\varphi_t)} \cdot \sin\Big(\beta_n-\theta-\sum_{j=1}^{k-1}\alpha_j-\varphi_t\Big) \times \frac{\sin\beta_k}{\sin(\alpha_k+\beta_k)} \prod_{j=1}^{k-1} \frac{\sin\beta_j\sin(\alpha_j+\beta_j-2\varphi_t)}{\sin(\alpha_j+\beta_j)\sin(\beta_{j+1}-2\varphi_t)} \tag{A-6}$$

$$f_4 = \frac{\cos\varphi_t\cos(\beta_1-\theta-\varphi_t)}{2\cos\theta\sin(\beta_1-2\varphi_t)} \tag{A-7}$$

$$f_5 = \frac{\cos\varphi_t\cos(\theta-\varphi_t)}{2\cos\theta\sin(\beta_1-2\varphi_t)} \times \sum_{i=1}^{k} \left[\frac{\sin\alpha_i}{\sin(\alpha_i+\beta_i)} \prod_{j=1}^{i-1} \frac{\sin\beta_j\sin(\alpha_j+\beta_j-2\varphi_t)}{\sin(\alpha_j+\beta_j)\sin(\beta_{j+1}-2\varphi_t)} \right] \tag{A-8}$$

$$f_6 = \frac{\cos\varphi_t\cos(\theta-\varphi_t)}{2\cos\theta\sin(\beta_1-2\varphi_t)} \times \sum_{i=2}^{k} \left[\frac{\sin(\beta_{i-1}-\beta_i+\alpha_{i-1})}{\sin(\beta_i-2\varphi_t)} \prod_{j=1}^{i-1} \frac{\sin\beta_j}{\sin(\alpha_j+\beta_j)} \prod_{j=1}^{i-2} \frac{\sin(\alpha_j+\beta_j-2\varphi_t)}{\sin(\beta_{j+1}-2\varphi_t)} \right]$$
$$\tag{A-9}$$

附录 B

$$v_{i+1}=v_1 \cdot \prod_{k=1}^{i} \frac{\sin (\delta_i+\kappa_i-2\varphi_t^*)}{\sin (\kappa_{i+1}-2\varphi_t^*)} \quad (i=1,2,3,\cdots,n) \tag{B-1}$$

$$v_{i,i+1}=v_1 \cdot \frac{\sin (\delta_i+\kappa_i-\kappa_{i+1})}{\sin (\kappa_{i+1}-2\varphi_t^*)} \prod_{k=1}^{i} \frac{\sin (\delta_i+\kappa_i-2\varphi_t^*)}{\sin (\kappa_{i+1}-2\varphi_t^*)} \tag{B-2}$$

$$a_i=B \cdot \frac{\sin \delta_i}{\sin (\delta_i+\kappa_i)} \prod_{k=2}^{i} \frac{\sin \kappa_k}{\sin (\delta_k+\kappa_k)} \tag{B-3}$$

$$b_i=B \cdot \frac{\sin \kappa_1}{\sin (\delta_1+\kappa_1)} \prod_{k=2}^{i} \frac{\sin \kappa_k}{\sin (\delta_k+\kappa_k)} \tag{B-4}$$

$$g_1=\frac{\sin^2\kappa_1}{\sin^2(\delta_1+\kappa_1)} \sum_{i=2}^{n} \left[\frac{\sin \delta_i\sin \kappa_i}{\sin (\delta_i+\kappa_i)} \prod_{k=2}^{i-1} \frac{\sin^2\kappa_k}{\sin^2(\delta_k+\kappa_k)} \cdot \prod_{k=1}^{i-1} \frac{\sin (\delta_k+\kappa_k-2\varphi_t^*)}{\sin (\kappa_{k+1}-2\varphi_t^*)} \sin \theta_i \right]$$
$$+\frac{\sin \kappa_1}{\sin (\delta_1+\kappa_1)}\sin \delta_1\sin \theta_1 \tag{10-5}$$

$$g_2=\frac{\sin^2\kappa_1}{\sin^2(\delta_1+\kappa_1)} \sum_{i=2}^{n} \left[\frac{\sin \delta_i\sin \kappa_i}{\sin (\delta_i+\kappa_i)} \prod_{k=2}^{i-1} \frac{\sin^2\kappa_k}{\sin^2(\delta_k+\kappa_k)} \cdot \prod_{k=1}^{i-1} \frac{\sin (\delta_k+\kappa_k-2\varphi_t^*)}{\sin (\kappa_{k+1}-2\varphi_t^*)} \cos \theta_i \right]$$
$$+\frac{\sin \kappa_1}{\sin (\delta_1+\kappa_1)}\sin \delta_1\cos \theta_1 \tag{10-6}$$

$$g_3=\frac{\sin \delta_i}{\sin (\delta_i+\kappa_i)} \prod_{k=2}^{i} \frac{\sin \kappa_k}{\sin (\delta_k+\kappa_k)} \cdot \prod_{k=1}^{i-1} \frac{\sin (\delta_i+\kappa_i-2\varphi_t^*)}{\sin (\kappa_{i+1}-2\varphi_t^*)}$$
$$\cdot \cos \left(\kappa_n-\varphi_t^*-\sum_{k=1}^{n} \delta_k\right) \tag{B-7}$$

$$g_4=\frac{\sin \delta_i}{\sin (\delta_i+\kappa_i)} \prod_{k=2}^{i} \frac{\sin \kappa_k}{\sin (\delta_k+\kappa_k)} \cdot \prod_{k=1}^{i-1} \frac{\sin (\delta_i+\kappa_i-2\varphi_t^*)}{\sin (\kappa_{i+1}-2\varphi_t^*)}$$
$$\cdot \sin \left(\kappa_n-\varphi_t^*-\sum_{k=1}^{n} \delta_k\right) \tag{B-8}$$

$$g_5=\cos \varphi_t^* \sum_{i=1}^{n} \frac{\sin \delta_i}{\sin (\delta_i+\kappa_i)} \cdot \prod_{k=2}^{i} \frac{\sin \kappa_k}{\sin (\delta_k+\kappa_k)} \cdot \prod_{k=1}^{i-1} \frac{\sin (\delta_i+\kappa_i-2\varphi_t^*)}{\sin (\kappa_{i+1}-2\varphi_t^*)}$$
$$+\cos \varphi_t^* \sum_{i=1}^{n-1} \frac{\sin \kappa_1}{\sin (\delta_1+\kappa_1)} \frac{\sin (\alpha_i+\kappa_i-\kappa_{i+1})}{\sin (\kappa_{i+1}-2\varphi_t^*)} \prod_{k=2}^{i} \frac{\sin \kappa_k}{\sin (\delta_k+\kappa_k)} \prod_{k=1}^{i} \frac{\sin (\delta_i+\kappa_i-2\varphi_t^*)}{\sin (\kappa_{i+1}-2\varphi_t^*)}$$
$$\tag{B-9}$$

附录 C

$$L_i = B_0 \frac{\sin \beta_1}{\sin (\alpha_1 + \beta_1)} \prod_{j=2}^{i} \frac{\sin \beta_j}{\sin (\alpha_j + \beta_j)} \tag{C-1}$$

$$d_i = B_0 \frac{\sin \beta_1}{\sin (\alpha_1 + \beta_1)} \frac{\sin \alpha_i}{\sin \beta_i} \prod_{j=2}^{i} \frac{\sin \beta_j}{\sin (\alpha_j + \beta_j)} \tag{C-2}$$

$$S_i = \frac{B_0^2}{2} \frac{\sin^2 \beta_1}{\sin^2 (\alpha_1 + \beta_1)} \frac{\sin \alpha_i \cdot \sin (\alpha_i + \beta_i)}{\sin \beta_i} \prod_{j=2}^{i} \frac{\sin^2 \beta_j}{\sin^2 (\alpha_j + \beta_j)} \tag{C-3}$$

$$g_1 = \frac{\sin^2 \beta_1}{\sin^2 (\alpha_1 + \beta_1)} \cdot$$

$$\sum_{i=1}^{n} \left[\frac{\sin \alpha_i \cdot \sin (\alpha_i + \beta_i)}{\sin \beta_i} \sin \left(\beta_i - \sum_{j=1}^{i-1} \alpha_j - \varphi_t \right) \prod_{j=2}^{i} \frac{\sin^2 \beta_j}{\sin^2 (\alpha_j + \beta_j)} \prod_{j=1}^{i-1} \frac{\sin (\alpha_j + \beta_j - 2\varphi_t)}{\sin (\beta_{j+1} - 2\varphi_t)} \right] \tag{C-4}$$

$$g_2 = \frac{\sin^2 \beta_1}{\sin^2 (\alpha_1 + \beta_1)} \cdot$$

$$\sum_{i=1}^{n} \left[\frac{\sin \alpha_i \cdot \sin (\alpha_i + \beta_i)}{\sin \beta_i} \cos \left(\beta_i - \sum_{j=1}^{i-1} \alpha_j - \varphi_t \right) \prod_{j=2}^{i} \frac{\sin^2 \beta_j}{\sin^2 (\alpha_j + \beta_j)} \prod_{j=1}^{i-1} \frac{\sin (\alpha_j + \beta_j - 2\varphi_t)}{\sin (\beta_{j+1} - 2\varphi_t)} \right] \tag{C-5}$$

$$g_3 = \frac{\sin \beta_1}{\sin (\alpha_1 + \beta_1)} \sin \left(\beta_n - \sum_{j=1}^{n-1} \alpha_j - \varphi_t \right) \prod_{j=2}^{n} \frac{\sin \beta_j}{\sin (\alpha_j + \beta_j)} \prod_{j=1}^{n-1} \frac{\sin (\alpha_j + \beta_j - 2\varphi_t)}{\sin (\beta_{j+1} - 2\varphi_t)} \tag{C-6}$$

$$g_4 = \frac{\sin \beta_1}{\sin (\alpha_1 + \beta_1)} \cos \left(\beta_n - \sum_{j=1}^{n-1} \alpha_j - \varphi_t \right) \prod_{j=2}^{n} \frac{\sin \beta_j}{\sin (\alpha_j + \beta_j)} \prod_{j=1}^{n-1} \frac{\sin (\alpha_j + \beta_j - 2\varphi_t)}{\sin (\beta_{j+1} - 2\varphi_t)} \tag{C-7}$$

$$g_5 = \frac{\sin \beta_1 \cos \varphi_t}{\sin (\alpha_1 + \beta_1)} \cdot \sum_{i=1}^{n} \left[\frac{\sin \alpha_i}{\sin \beta_i} \prod_{j=2}^{i} \frac{\sin \beta_j}{\sin (\alpha_j + \beta_j)} \prod_{j=1}^{i-1} \frac{\sin (\alpha_j + \beta_j - 2\varphi_t)}{\sin (\beta_{j+1} - 2\varphi_t)} \right] \tag{C-8}$$

$$g_6 = \frac{\sin \beta_1 \cos \varphi_t}{\sin (\alpha_1 + \beta_1)} \cdot \sum_{i=1}^{n-1} \left[\frac{\sin (\beta_i + \alpha_i - \beta_{i+1})}{\sin (\beta_{i+1} - 2\varphi_t)} \prod_{j=2}^{i} \frac{\sin \beta_j}{\sin (\alpha_j + \beta_j)} \prod_{j=1}^{i-1} \frac{\sin (\alpha_j + \beta_j - 2\varphi_t)}{\sin (\beta_{j+1} - 2\varphi_t)} \right] \tag{C-9}$$

附录 D

$$l_i = B \cdot \frac{\sin \alpha_i}{\sin (\alpha_i + \beta_i)} \prod_{k=2}^{i} \frac{\sin \beta_k}{\sin (\alpha_k + \beta_k)} \quad (i = 1, 2, 3, \cdots, n) \tag{D-1}$$

$$d_i = B \cdot \frac{\sin \beta_1}{\sin (\alpha_1 + \beta_1)} \prod_{k=2}^{i} \frac{\sin \beta_k}{\sin (\alpha_k + \beta_k)} \quad (i = 1, 2, 3, \cdots, n) \tag{D-2}$$

$$V_{i+1} = V_1 \cdot \prod_{k=1}^{i} \frac{\sin (\pi - \alpha_i - \beta_i + 2\varphi)}{\sin (\beta_{i+1} - 2\varphi)} \quad (i = 1, 2, 3, \cdots, n) \tag{D-3}$$

$$V_{i,i+1} = V_1 \cdot \frac{\sin (\alpha_i + \beta_i - \beta_{i+1})}{\sin (\beta_{i+1} - 2\varphi)} \prod_{k=1}^{i} \frac{\sin (\pi - \alpha_i - \beta_i + 2\varphi)}{\sin (\beta_{i+1} - 2\varphi)} \quad (i = 2, 3, \cdots, n) \tag{D-4}$$

$$f_1 = \frac{\sin^2 \beta_1}{\sin^2 (\alpha_1 + \beta_1)} \sum_{i=2}^{n} \left[\frac{\sin \alpha_i \sin \beta_i}{\sin (\alpha_i + \beta_i)} \prod_{k=2}^{i-1} \frac{\sin^2 \beta_k}{\sin^2 (\alpha_k + \beta_k)} \cdot \prod_{k=1}^{i-1} \frac{\sin (\pi - \alpha_k - \beta_k + 2\varphi)}{\sin (\beta_{k+1} - 2\varphi)} \cos \theta_i \right]$$
$$+ \frac{\sin \beta_1}{\sin (\alpha_1 + \beta_1)} \sin \alpha_1 \cos \theta_1 \tag{D-5}$$

$$f_2 = \sum_{i=1}^{n} \sum_{j}^{m} (|x_{i,j} - x_{i,j'}| + |x_{i,j+1} - x_{i,j+1'}|) |z_{i,j+1} - z_{i,j}| \cdot \left[1 + \frac{H - z_i}{H}(f - 1) \right]$$
$$\cdot \sin \left[2\pi \left(\frac{t}{T} - \frac{H - z_i}{\lambda_s} \right) \right] \cdot \prod_{k=1}^{i-1} \frac{\sin (\alpha_i + \beta_i - 2\varphi)}{\sin (\beta_{i+1} - 2\varphi)} \cos \left(\beta_i - \varphi - \sum_{k=1}^{i} \alpha_k \right) \tag{D-6}$$

$$f_3 = \sum_{i=1}^{n} \sum_{j}^{m} (|x_{i,j} - x_{i,j'}| + |x_{i,j+1} - x_{i,j+1'}|) |z_{i,j+1} - z_{i,j}| \cdot \left[1 + \frac{H - z_i}{H}(f - 1) \right]$$
$$\cdot \sin \left[2\pi \left(\frac{t}{T} - \frac{H - z_i}{\lambda_p} + \frac{t_0}{T} \right) \right] \cdot \prod_{k=1}^{i-1} \frac{\sin (\alpha_i + \beta_i - 2\varphi)}{\sin (\beta_{i+1} - 2\varphi)} \sin \left(\beta_i - \varphi - \sum_{k=1}^{i} \alpha_k \right) \tag{D-7}$$

$$f_4 = \frac{\sin \alpha_i}{\sin (\alpha_i + \beta_i)} \prod_{k=2}^{i} \frac{\sin \beta_k}{\sin (\alpha_k + \beta_k)} \cdot \prod_{k=1}^{i-1} \frac{\sin (\alpha_i + \beta_i - 2\varphi)}{\sin (\beta_{i+1} - 2\varphi)}$$
$$\cdot \cos \left(\beta_n - \varphi - \sum_{k=1}^{n} \alpha_k \right) \left[1 + \frac{H - z}{H}(f - 1) \right] \cdot \sin \left[2\pi \left(\frac{t}{T} - \frac{H - z}{\lambda_s} \right) \right] \tag{D-8}$$

$$f_5 = \frac{\sin \alpha_i}{\sin (\alpha_i + \beta_i)} \prod_{k=2}^{i} \frac{\sin \beta_k}{\sin (\alpha_k + \beta_k)} \cdot \prod_{k=1}^{i-1} \frac{\sin (\alpha_i + \beta_i - 2\varphi)}{\sin (\beta_{i+1} - 2\varphi)}$$
$$\cdot \sin \left(\beta_n - \varphi - \sum_{k=1}^{n} \alpha_k \right) \left(1 + \left[1 + \frac{H - z}{H}(f - 1) \right] \cdot \sin \left[2\pi \left(\frac{t}{T} - \frac{H - z}{\lambda_p} + \frac{t_0}{T} \right) \right] \right) \tag{D-9}$$

$$f_6 = \cos \varphi \sum_{i=1}^{n} \frac{\sin \alpha_i}{\sin (\alpha_i + \beta_i)} \cdot \prod_{k=2}^{i} \frac{\sin \beta_k}{\sin (\alpha_k + \beta_k)} \cdot \prod_{k=1}^{i-1} \frac{\sin (\alpha_i + \beta_i - 2\varphi)}{\sin (\beta_{i+1} - 2\varphi)}$$
$$+ \cos \varphi \sum_{i=1}^{n-1} \frac{\sin \beta_1}{\sin (\alpha_1 + \beta_1)} \frac{\sin (\alpha_i + \beta_i - \beta_{i+1})}{\sin (\beta_{i+1} - 2\varphi)} \prod_{k=2}^{i} \frac{\sin \beta_k}{\sin (\alpha_k + \beta_k)} \prod_{k=1}^{i} \frac{\sin (\alpha_i + \beta_i - 2\varphi)}{\sin (\beta_{i+1} - 2\varphi)}$$
$$\tag{D-10}$$

参考文献

［1］ Drucker D C, Prager W, Greenberg H J. Extended limit design theorems for continuous media, 1951, Quart. Appl. Math, 9: 381-389.

［2］ Chen WF. Limit analysis and soil plasticity. Eisevier Science, Amsterdam, 1975.

［3］ Chen WF, Liu XL. Limit analysis in soil mechanics. Elsever Science, Amsterdam, 1990.

［4］ 龚晓南. 土塑性力学. 浙江: 浙江大学出版社, 1990.

［5］ Lysmer J. Limit analysis of plane problems in soil mechanics. Journal of the Soil Mechanics and Foundations Division, ASCE, 1970, 96: 1311-1334.

［6］ 钟万勰. 极限分析中新的上、下限定理.《力学学报》, 1983(4): 341-350.

［7］ 钟万勰. 极限分析中新的上、下限定理及其算法,《计算力学及其应用》, 1984(1): 21-27。

［8］ 钟万勰. 关于极限分析中新的上、下限定理中的权因子的讨论.《固体力学学报》, 1984(2): 157-162.

［9］ 程耿东. 极限分析中新的上、下限定理的线性规划算法及其讨论.《固体力学学报》, 1985(4): 436-443.

［10］ 李亮, 杨小礼. 圆形浅基础地基承载力极限分析的上限解析解.《铁道学报》. 2001(1): 94-97.

［11］ Soubra A H. Upper-bound solution for bearing capacity of foundations. Journal of Geotechnical and Geoenvironmental Engineering. ASCE, 1999, 125(1): 59-68.

［12］ Soubra A H. Seismic bearing capacity of shallow strip footing in seismic conditions. Proceedings of the Institution of Civil Engineers, Geotechnical Engineering, 1997, 125(4): 230-241.

［13］ Soubra A H. Static and seismic passive earth pressure coefficients on rigid retaining structure. Can Geotech, J. 2000, 37: 463-478.

［14］ Soubra A H, Regenass P. Three-dimensional passive earth pressure by kinematical approach Journal of Georenvironmental Engineering. ASCE, 2000, 126(11): 969-978.

［15］ Bottero A, Negre R. Finite element method and limit analysis theory for soil mechanics problems. Comp. Methods in Appl. Mech. of Engng. 1980, 22: 131-149.

［16］ Drescher A, Detournzy E. Limit load in translational failure mechanics for associationie and non-associative materials. Geotechique. London, 1993, 43(3): 443-456.

［17］ Michalowski R L, Shi L. Bearing capacity of footing over two-layer foundationsouls. J. Geotech. Engng. ASCE, 1995, 121(5): 421-428.

［18］ Sloan SW, Kleeman PW. Upper bound limit analysis using discontinuous velocity fields. Comp. Methods in Appl. Mech. of Engng. 1995, 127: 293-314.

[19] Sloan SW. A steepest edge active set algorithm for solving sparse linear programming problems, International Journal for Numerical Methods in Engineering. 1988, 26: 2671-2685.

[20] Sloan SW, Upper bound limit analysis using finite elements and linear programming. International Journal for Numerical Methods in Engineering. 1989, 13: 263-282.

[21] S. W. Sloan(1988), Lower bound limit analysis using finite elements and linear programming. International Journal for Numerical Methods in Engineering. 12, 61-67.

[22] Ukritchon B, whittle J, Sloan SW. Undrained limit analysis for combined loading of strip footings on Clay. Journal of Geotechnical and Geoenvironmental Engineering. ASCE, 1998, 124(1): 1-11.

[23] Yu HS, Salgado R, SloanSW. Limit analysis versus limit equilibrium for slope stability. Journal of Geotechnical and Geoenvironmental Engineering. ASCE, 1998, 124(3): 265-276.

[24] J. Kim, R. Salgado, H. S. Yu(1999), Limit analysis of slopes subjected to pore-water pressures. Journal of Geotechnical and Geoenvironmental Engineering, ASCE, 125(1), 49-58.

[25] R. Michalowski (1997), Stability of uniformly reinforced slopes. Journal of Geotechnical and Geoenvironmental Engineering. ASCE, 123(3), 546-556.

[26] J. Gong-liang (1995), Non-linear finite element formulation of kinematic limit analysis. International Journal for Numerical Methods in Engineering. Vol. 38, 2775-2807.

[27] J. Gong-liang (1994), Regularized method in limit analysis. J. Engng. Mechanics, ASCE, Vol. 120, 1179-1197.

[28] J. Cong-liang, J. P. Mangan (1997), Stability analysis of embankments comparison of limit analysis with method of slices. Geotechnique. London, 47(4), 857-872.

[29] 姜功良.浅埋软土隧道稳定性极限分析,《土木工程学报》, 1998 年 64-72.

[30] 沈卫平.极限分析的改进迭代方法.《计算力学及其应用》.1985 年 2 期. 34-38.

[31] 张丕辛, 极限分析的无搜索数学规划算法及其应用. 清华大学博士学位论文. 1989.

[32] X. L. Zhang, W. F. Chen (1987), Stability analysis of slopes with general nonlinear failure criterion. International journal for numerical and analytical methods in Geomechanics. 11, 33-50.

[33] R. Baker, S. Frydman(1983), Upper bound limit analysis of soil with nonlinear failure criterion. Soil and Foundations, Vol. 23(4), 34-42.

[34] A. W. Bishop(1955), The use of the slip circle in the stability analysis of slopes. Geotechnique, 5(1), 7-17.

[35] N. Janbu (1957), Earth pressures and bearing capacity calculations by generalized procedure of slices. Proc. 4th Conf. Soil Mech. Engng. Vol. 2, 207-212. London: Butterworths.

[36] N. R. Morgenstern, V. E. Price(1965), The analysis of the stability of general slip surface. Geotechnique, 15(1), 79-93.

[37] E. Spencer (1967). A method of analysis the stability of embankments assuming parallel inter-slice forces. Geotechnique, 17(1), 11-26.

[38] P. V. Lade(1977), Elasto-plastic stress-strain theory for cohesionless soil with curved yield surface. Int J. Soilds Struct, 13, 1019-1035.

[39] D. Nash(1987), A comparative review of limit equilibrium methods of stability analysis. Slope stability. New York: Wiley.

[40] J. R. Franco, R. S. Ponter(1997), A general approximate technique for the finite element shakedown and limit analysis of axisymmetrical shells. Part one: Theory and fundamental relations. International Journal for

Numerical Methods in Engineering. 40. 3495-3513.

[41] J. R. Franco, R. S. Ponter(1997), A general approximate technique for the finite element shakedown and limit analysis of axisymmetrical shells. Part two. International Journal for Numerical Methods in Engineering. 40, 3515-3536.

[42] A. Capsoni, L. Corradi(1997), A finite element formulation of the rigid-plastic limit analysis problem. International Journal for Numerical Methods in Engineering. 40, 2063-2086.

[43] Famiyesin OO. Modelling and computational aspects of the nonlinear finite element analysis of general concrete structures. University of Swansea, 1990, PhD thesis.

[44] Vermeer PA, de BorstR. (1984), Non-associated plasticity for soils, concrete and rock. Heron 29, 1-64.

[45] deBorst, R, Vermeer, P. A. (1984), Possibilities and limitations of finite elements for limit analysis, Geotechnique. 34(2), 199-210.

[46] Shield R. T(1955). The plastic indentation of a layer by a flatpunch. Q. Appl. Math. (1): 27-46.

[47] 钱令希, 钟万勰. 论固体力学中的极限分析并建议一个一般变分原理.《力学学报》, 1963 年第 4 期.

[48] 薛大为. 建议一组关于极限分析的原理.《科学通报》. 1975 年第 4 期. 175-181.

[49] 王长兴. 试论极限分析变分式中乘子的不唯一性,《力学学报》, 1981 年第 6 期. 629-633.

[50] T. Mura, S. L. Lee(1963). Application of variational principles of limit analysis. Q Appl. Math. 21(3), 243-248.

[51] R. Casciaro, L. Cascini (1982). A mixed formulation and mixed finite element for limit analysis. International Journal for Numerical Methods in Engineering. 18, 211-243.

[52] 高扬, 黄克智. 理想弹塑性介质的余能原理,《中国科学 A 辑》, 1987 年 11 期.

[53] D. Hayes, P. Marcal (1967). Determination of upper bounds for problems in plane stress using finite element technique. Int. J. Mech. Sci. 9, 245-251.

[54] T. Belyschko, P. Hodge(1970), Plane stress limit analysis by finite element. J. Engr. Mech. Dix ASCE 96, 981-944.

[55] G. Maier, D. Grierson, M. Best(1977), Mathematical programming methods for deformation analysis at plastic collapse. J. Com. Strut 7, 599-612.

[56] Maier G, Mumro L. Mathematical programming application to engineering plastic analysis. Appl. Mech. Rew. 1982, 35(32): 1631-1643.

[57] Grierson D, Maier G. Mathematicalprogramming and nonlinear finite element analysis. Comp. Meth. Appl. Mech. Engr. 1979, 17: 497-518.

[58] M. Cohn, G. Maier. Engineering plasticity by mathematical programming, Proceedings of the NATO advanced study institute, University ofWalterloo, Aug. 1977, Pergamon press.

[59] A. Z. Rossi, A new linear programming approach to limit analysis in variational method in engineering (H. Tottenhan and C. Brebbia, ed.), Southampton University press, 1972.

[60] YangWH. A Variational principle and algorithm for limit analysis of beam and plate. Comp. Meth. Appl. Mech. Engr. 1982, 33: 575-582.

[61] Terzashi, K, Peck, R. B. , Soil mechanics in engineering practice. 2nd, edn. London: Wiley. 1948.

[62] Vesic AS. Bearing capacity of shallow foundations. Foundation engineering handbook, pp. 121-147. New York: Van Nostrand Reinhold. 1975.

[63] Meyerhof GG. Limit equilibrium plasticity in soil mechanics. Proceedings of asymposlum on application of

plasticity and generalized stress-strain in geotechnical engineering, 7-24, ASCE New York. 1980.

[64] Taiebat HA, Carter JP. Numerical studies of the bearing capacity of shallow foundations on cohesive soil subjected to combined loading. Geotechnique. 2000, 50(4): 409-418.

[65] Khachiyan LG. A polynomial time algorithm in linear programming. Soviet mathematics doklady. 1979, 20: 191-194.

[66] N. Karmarker (1984), A New Polynomial-time Algorithm for Linear Programming. Combinatorica. 4: 375-395.

[67] E. R. Bames (1986), A Variation of Karmarker's Algorithm for Solving Linear Programming Problems. Mathematical Programming. Vol. 36: 174-182.

[68] R. J. Vanderbei, M. S. Meketon, B. A. Freedman (1986). A Modification of Karmarker's Linear Programming Algorithm. Algorithmica. 1: 395-407.

[69] M. J. Todd, Recentdevelopments and new directions in linear programming. Mathematical programming: Recent developments and applications. M. Ini, K. Tanabe (ed.), Kluwer Academic publishers, 1989, 109-157.

[70] Miller TW, Hamilton JM. A new analysis procedure to explain a slope failure at Martin Lake Mine. Geotechnique. 1989, 39(1): 107-123.

[71] Miller TW, Hamilton J M. A new analysis procedure to explain a slope failure at Martin Lake Mine. Discussion by R. L. Michalowski, Geotechnique. 1990, 40(1), 145-147.

[72] Michalowski R. Limit analysis of slope subjected to pore pressure. Proc. Conf. On Comp. And advances inGeomech. Siriwardane and Zaman, eds, Balkema, 1994, Rotterdam, The Netherlands.

[73] Michalowski R. Slope stabilityanalysis: a kinematical approach. Geotechnique. 1995, 45(2): 283-293.

[74] Fin W D. Application of limit plasticity in soilmechanics. J. Soil\ech. and Found. Div. ASCE, 1967, 93: 101-120.

[75] Hobbs D. A study of thebehaviour of broken rock under trial compression and its application to mine roadways. International Journal of Rock Mechanics and Mining Science, 1966, 3: 11-43.